水利工程特色高水平骨干专业（群）建设系列教材

施工组织设计

主 编 张 昊 凌颂益

副主编 张佳丽 成重虎 李卫民 刘 爽

主 审 高 嘉

·北京·

内 容 提 要

本书根据高等职业教育“以素质为基础、以能力为本位、以就业为导向”的要求，按照土木建筑类专业、水利工程类专业的职业岗位需求，以培养高职学生的职业素质和职业能力为目标进行编写。内容的编排通俗易懂、深入浅出，具有很强的实用性、系统性和先进性，便于读者接受和掌握。

本书主要包括施工组织设计概述、施工准备工作、流水施工原理、网络计划技术、施工组织总设计、单位工程施工组织设计、建设工程施工进度管理、施工组织设计实例等内容。

本书可作为高职高专建筑工程技术、水利水电工程技术、工程监理专业、工程管理专业、工程造价专业等专业的教学用书，也可作为相关专业教材及岗位培训教材，还可供土建工程、水利工程有关技术、管理人员学习参考。

图书在版编目（CIP）数据

施工组织设计 / 张昊，凌颂益主编. -- 北京 : 中国水利水电出版社，2022.3
水利工程特色高水平骨干专业（群）建设系列教材
ISBN 978-7-5226-0603-3

Ⅰ. ①施… Ⅱ. ①张… ②凌… Ⅲ. ①建筑工程－施工组织－设计－高等职业教育－教材 Ⅳ. ①TU721.1

中国版本图书馆CIP数据核字(2022)第054367号

书 名	水利工程特色高水平骨干专业（群）建设系列教材 **施工组织设计** SHIGONG ZUZHI SHEJI
作 者	主 编 张 昊 凌颂益 副主编 张佳丽 成重虎 李卫民 刘 爽 主 审 高 嘉
出版发行	中国水利水电出版社 （北京市海淀区玉渊潭南路1号D座 100038） 网址：www.waterpub.com.cn E-mail：sales@mwr.gov.cn 电话：(010) 68545888（营销中心）
经 售	北京科水图书销售有限公司 电话：(010) 68545874、63202643 全国各地新华书店和相关出版物销售网点
排 版	中国水利水电出版社微机排版中心
印 刷	清淞永业（天津）印刷有限公司
规 格	184mm×260mm 16开本 13.75印张 350千字 5插页
版 次	2022年3月第1版 2022年3月第1次印刷
定 价	**59.50元**

前言

施工组织设计作为土木建筑工程类、水利工程类相关专业的一门专业课，其主要任务是研究建筑工程、水利工程项目施工阶段的组织方式、施工方案、施工进度、资源配置、施工现场平面布置等的规划设计方法。它涉及建设法规、组织、技术、经济、合同等各方面的专业知识，是进行统筹规划和施工管理的一门综合性学科。

本教材在编写过程中，充分考虑到高等职业教育的要求。高等职业教育是以培养技术应用型人才为目标，为社会培养能力够用、上岗顶用的实用型人才。因此，本教材贯彻以能力为本位、以岗位需求为依据的原则来选取教材内容。本教材参考了国内工程施工企业先进的施工组织和管理方法，依据《工程网络计划技术规程》（JGJ/T 121—2015）和《施工现场临时建筑物技术规范》（JGJ/T 188—2009）等规范编写而成。具体说来，本教材具有如下特点：

1. 精选教学内容

与传统的教材相比，本教材在教学内容上删减了一些与工程实践技能关系不大的教学内容，而对与工程实际紧密相连的知识点、技能点进行了扩充。

2. 搭建教学框架

施工组织设计内容庞杂，本教材把相关联的内容整合成一个项目，每个项目又分成几个任务。采用项目、任务的框架进行编写，使得本门课脉络清晰，有助于学生理清思路，系统、清晰地掌握本课程内容。

3. 注重实际应用

为培养学生解决实际工程问题的能力，达到学以致用的目的，本教材的每个项目先介绍理论知识，然后通过“工程案例”环节把理论知识应用于工程实际中。

4. 适应岗位需求

本教材按照行业最新的法规、规范进行编写，反映了当前新技术、新材料、新工艺、新方法的要求，紧密贴合岗位需求。

本教材由校企合作共同开发，由北京农业职业学院张昊、北京通成达水务建设有限公司凌颂益任主编，北京农业职业学院张佳丽、北京中旭辉建筑工程咨询有限公司成重虎、北京京水建设集团有限公司李卫民、北京市朝阳水利工程有限公司刘爽任副主编。全书由北京清河水利建设集团有限公司高嘉任主审，张昊负责全书的统稿和校订。

本教材在编写中参考了规程规范、专业文献和相关单位的施工组织设计资料。在此，对有关作者表示诚挚的谢意。

由于编者水平有限，书中难免出现疏漏和不妥之处，恳请各位读者批评指正。

编者

2021年11月

目录

项目1 施工组织设计概述

学习目标：

能 力 目 标	知 识 要 点
能够了解建筑产品和施工的特点	建筑产品和施工的特点
能够掌握基本建设项目的组成及施工程序	1. 基本建设项目的组成 2. 工程施工程序
能够掌握施工组织设计的分类及编制内容	1. 施工组织设计的分类 2. 施工组织设计的内容

建设工程施工的综合特点表现较为复杂，要使施工全过程有条不紊地顺利进行，以期达到预定的目标，就必须用科学的方法加强施工管理，精心组织施工全过程。施工组织是施工管理的重要组成部分，是施工前就整个施工过程如何进行而作出的全面的计划安排，它对统筹工程施工全过程、推动企业技术进步及优化工程施工管理起到重要作用。

任务1.1 课程研究的对象及任务

随着社会经济的发展和工程施工技术的进步，工程建设施工已成为一项十分复杂的生产活动。一个大型建设项目的施工活动，不但包括组织成千上万的各种专业建设工人和数量众多的各类机械、设备有条不紊地投入到工程施工中，而且还包括组织种类繁多的、以数十吨甚至几百万吨计的建筑材料及制品和构（配）件的生产、转运、储存和供应工作，组织施工机具的供应、维修和保养工作，组织施工现场临时供水、供电、供热以及安排施工现场的生产和生活所需要的各种临时建筑物等工作。这些工作的组织协调，对于多快好省地进行工程建设具有十分重要的意义。

施工组织是针对工程施工的复杂性来研究工程建设的统筹安排与系统管理的客观规律的一门学科。它研究如何组织、计划一项拟建工程的全部施工，寻求最合理的组织与方法。具体地说，施工组织的任务是根据建筑产品生产的技术经济特点，以及国家基本建设方针和各项具体的技术政策，实现工程建设计划和设计的要求，提供各阶段的施工准备工作内容，对人力、资金、材料、机械和施工方法等进行科学合理的安排，协调施工中各施工单位、各工种之间、资源与时间（进度）之间、各项资源之间的合理关系。在整个施工过程中，按照客观的技术、经济规律，做出科学、合理的安排，使工程施工取得相对最优的效果。

任务 1.2　建筑产品及其施工的特点

建筑业生产的各种建筑物或构筑物等统称为建筑产品，它与一般的工业产品相比较，具有特有的一系列技术经济特点，这主要体现在产品本身及其施工过程上。

1.2.1　建筑产品的特点

建筑产品具有各不相同的性质、设计、类型、规格、档次、使用要求，它具有以下共同特点。

1. 建筑产品的固定性

建筑产品在选定的地点上建造和使用，与选定地点的土地不可分割，从建造开始直至拆除一般不能移动。所以，建筑产品的建造和使用地点在空间上是固定的。

2. 建筑产品的多样性

建筑产品除了要满足使用功能的要求外，还要考虑到所在地区的自然条件、风俗文化等因素的限制，使建筑产品在规模、结构、构造、形式、装饰等诸多方面变化纷繁，因此建筑产品的类型多样。对于每一个建筑物，它所具有的建筑结构特点都是独一无二的，是无法像工业产品那样进行批量生产的。

3. 建筑产品体形庞大

建筑产品为了满足其使用功能的要求，需要占据广阔的平面与空间，体形比较庞大。

1.2.2　建筑产品施工的特点

施工（建筑生产）的特点是由建筑产品的特点决定的。同工业产品相比，建筑产品具有许多特点。这些特点对施工影响较大的主要是：建筑产品（建筑物和构筑物）的体形庞大、复杂多样、整体难分、固定不能移动。这就使得建筑产品的生产（施工）与一般工业产品的生产具有不同的特点，最基本的就是：施工的流动性，施工的单件性，施工的工期长，露天和高空作业多，施工的复杂性。

1. 施工的流动性

施工的流动性是由建筑产品固定不能移动的特点决定的。一般的工业产品、生产者和生产设备是固定的，产品在生产线上流动。而建筑产品则相反，产品是固定的，生产者和生产设备不仅要随着建筑物（或构筑物）建造地点的变更而流动，而且还要随着建筑物施工部位的改变而在不同的空间流动。

2. 施工的单件性

由于建筑产品具有复杂多样性并固着于地上不能移动，这就决定了不同施工对象具有各不相同的个别性特点。建筑物和构筑物的用途不同，就各有其特别的功能要求。

每个工程都各有其所需要的不同工种与技术，不同的材料品种、规格与要求。随着因工程特点不同而采取的施工方法的变化，所需的机械设备、工序的穿插、劳动力的组织也必然彼此各异，施工的进度当然也就因而不同了，各种生产要素在数量上的比例关系和供应的时间也就不会一样，它们的空间关系和整个施工场地的平面布置也要分别加以处理。

总之，每个工程的施工都各具特点，必须分别对待，每个工程的施工组织都必须单独进行设计，制订出相应的施工方案与计划。

3. 施工的工期长

建筑产品所具有的固定不能移动和体形庞大的特点，决定了建筑施工的工期比较长。建筑产品体形庞大，使得其在建造过程中要投入大量的劳动力、材料、机械等，这些要素的准备和组织要耗用一定的时间。因而与一般工业产品相比，其生产周期较长，少则几个月，多则几年。

4. 露天和高空作业多

建筑产品体形庞大的特点决定了建筑施工露天和高空作业多。

因为体形庞大的建筑产品不可能在工厂、车间内直接进行施工。即使建筑产品生产达到了高度的工业化水平，也只能在工厂内生产其各部分的构件和配件，最后的装配工作仍需在施工现场进行。因此，建筑产品的生产具有露天作业的特点。

同时，建筑产品体形庞大的特点也决定了建筑产品具有高空作业的特点。特别是随着城市现代化的发展，高层建筑的施工任务日益增多，有的建筑物或构筑物高达数百米。因此，高空施工作业的特点日益突出。

5. 施工的复杂性

从以上所述可以看出，建筑产品的特点集中表现为复杂多样和体形庞大，建筑施工的特点集中表现为施工条件的变化多端与施工活动的异常复杂。它们给建筑施工造成了很大的困难，给做好施工组织工作提出了艰巨的任务。可以说，事先不做好施工组织的计划安排工作，是无法胜任复杂的施工任务的，更谈不上取得经济效益。

任务 1.3　基本建设项目的分类与建设程序

1.3.1　基本建设项目的含义及分类

1. 基本建设

基本建设是指固定资产的建设，是利用国家预算内的资金、自筹资金、国内外基本建设贷款以及其他专项资金进行的，以扩大生产能力或新增工程效益为主要目的的新建、扩建工程及有关工作。基本建设是国民经济的重要组成部分，是社会扩大再生产、提高人民物质文化生活水平和加强国防实力的重要手段。有计划有步骤地进行基本建设，对于扩大和加强国民经济的物质技术基础，调整国民经济重大比例关系，调整部门结构，合理分配生产力，不断提高人民物质文化生活水平等方面都具有十分重要的意义。

2. 基本建设项目

基本建设项目，简称建设项目，是指有独立计划和总体设计文件，并能按总体设计要求组织施工，工程完工后可以形成独立生产能力或使用功能的工程项目。例如：在工业建设中，一个拟建的工厂就是一个建设项目；在民用建设中，一所拟建的学校也是一个建设项目。大型分期建设的工程，如果分为几个总体设计，则就有几个建设项目。凡执行基本建设项目投资的企业或事业单位称为基本建设单位，简称建设单位。

（1）建设项目的分类。按照不同的角度，可以将建设项目分为不同的类别。

1）按照建设性质分类，建设项目可分为基本建设项目和更新改造项目。基本建设项目为新建项目、扩建项目、拆建项目和重建项目，更新改造项目包括技术改造项目和技术引进项目。

2）按照建设规模分类，基本建设项目按照设计生产能力和投资规模分为大型项目、中型项目和小型项目三类。

3）按照建设项目的用途分类，建设项目可分为生产性建设项目（包括工业、农田水利、交通运输、商业物资供应、地质资源勘探等）和非生产性建设项目（包括文教、住宅、卫生、公用生活服务事业等）。

4）按照建设项目投资的主体分类，建设项目可分为国家投资、地方政府投资、企业投资、“三资企业”以及各类投资主体联合投资的建设项目。

（2）建设项目的组成。一个建设项目，由若干个单项工程组成。

1）单项工程。单项工程是指具有独立的设计文件，能独立组织施工，竣工后可以独立发挥生产能力和使用功能的工程。一个建设项目可以由一个或几个单项工程组成。例如，一个工业建设项目中，一个工厂中各个独立的生产车间、办公楼；一个民用建设项目中，一所学校的教学楼、食堂、图书馆等，这些都可以称为一个单项工程。

一个单项工程按建筑工程质量验收规范划分为单位工程、分部（子分部）工程、分项工程和检验批。

2）单位工程。单位工程是指具有单独设计图样，可以独立施工，但竣工后不能独立发挥生产能力和使用功能的工程。一个单项工程通常由若干个单位工程组成。例如，一个工厂车间通常由土建工程、管道安装工程、设备安装工程、电气安装工程等单位工程组成。水利工程中，水库枢纽工程的大坝工程、溢洪道工程、输水洞工程、发电系统等都属于单位工程。

3）分部（子分部）工程。组成单位工程的若干个构成部分称为分部工程。分部工程的划分应按照建筑部位、专业性质确定。当分部工程较大或较复杂时，可按材料种类、施工特点、施工程序、专业系统及类别等划分为若干个子分部工程。一个单位工程一般由若干个分部（子分部）工程组成。例如，一幢建筑的土建单位工程，按其部位可以划分为基础、主体、屋面、装修等分部工程。装修工程作为一个分部工程，其中的地面工程、墙面工程、顶棚工程、门窗工程、幕墙工程等为子分部工程。

4）分项工程。分项工程是按分部工程的施工方法、使用材料、结构构件的规格等不同因素划分的，用简单的施工过程就能完成的工程。例如，房屋的基础分部工程可以划分为挖土方、混凝土垫层、砌筑毛石基础、回填土等分项工程。

5）检验批。分项工程可由一个或若干个检验批组成。检验批可根据施工及质量控制和专业验收需要按楼层、施工段、变形缝等进行划分。

1.3.2　基本建设程序

基本建设程序是建设项目在整个建设过程中各项工作必须遵守的先后顺序，它是几十年来我国基本建设工作实践经验的总结，是拟建项目在整个建设过程中必须遵循的客观规

律。基本建设程序一般可分为四个阶段。

1. 决策阶段

这个阶段是基本建设项目及其投资的决策阶段，它是根据国民经济中、长期发展规划进行项目的可行性研究，编制建设项目的计划任务书（又称设计任务书）。其主要工作包括调查研究、经济论证、选择与确定建设项目的地址、规模和时间要求。

2. 准备阶段

这个阶段是基本建设项目的工程准备阶段。它主要是根据批准的计划任务书进行勘察设计，做好建设准备工作，安排建设计划。其主要工作包括工程地质勘察、初步设计，扩大初步设计和施工图设计，编制设计概算，设备订货，征地拆迁，编制分年度的投资及项目建设计划等。

3. 实施阶段

这个阶段是基本建设项目及其投资的实施阶段，是根据设计图纸和技术文件进行建筑施工，做好生产或使用准备，以保证建设计划的全面完成。施工前要认真做好图纸的会审工作，编制施工图预算和施工组织设计，明确投资、进度、质量的控制要求。施工中要严格按照施工图施工，如需要变更应取得设计单位的同意，要坚持合理的施工程序和顺序，要严格执行施工验收规范，按照质量评定标准进行工程质量验收，确保工程质量。对质量不合格的工程要及时采取措施，不留隐患，不合格的工程不得交工。施工单位必须按合同规定的内容全面完成施工任务。

4. 竣工验收、交付使用阶段

这个阶段是全面考核建设成果、检验设计和施工的重要步骤，也是建设项目转入生产和使用的标志。对于建设项目的竣工验收，要求生产性项目经负荷试运转和试生产合格，并能够生产合格产品；非生产性项目要符合设计要求，能够正常使用。验收结束后，要及时办理移交手续，交付使用。

1.3.3　工程施工程序

施工程序是拟建工程项目在整个施工阶段中必须遵循的先后顺序，这个顺序反映了整个施工阶段必须遵循的客观规律。施工程序具有明显的阶段性，一般地说，前一阶段的活动为后一阶段提供必要的前提和基础。根据施工组织与管理的需要，按照工作内容和重点的不同，施工程序一般可分为如下几个阶段：承接任务阶段，施工准备阶段，工程施工实施阶段，竣工验收阶段。大中型建设项目的工程施工程序如图 1.1 所示，小型建设项目的施工程序可简单些。

1. 承接任务阶段

承接任务阶段的主要工作内容包括投标、中标、签订施工合同。有些施工任务可以通过议标或上级主管部门直接下达给施工企业的方式承接。不论哪种方式承接施工任务，均应签订施工合同。

2. 施工准备阶段

签订施工合同后，施工单位应全面展开施工准备工作，这一阶段的重点工作是施工组织。施工组织是施工前对施工活动进行的全面的计划安排，这种计划安排称为施工组织设

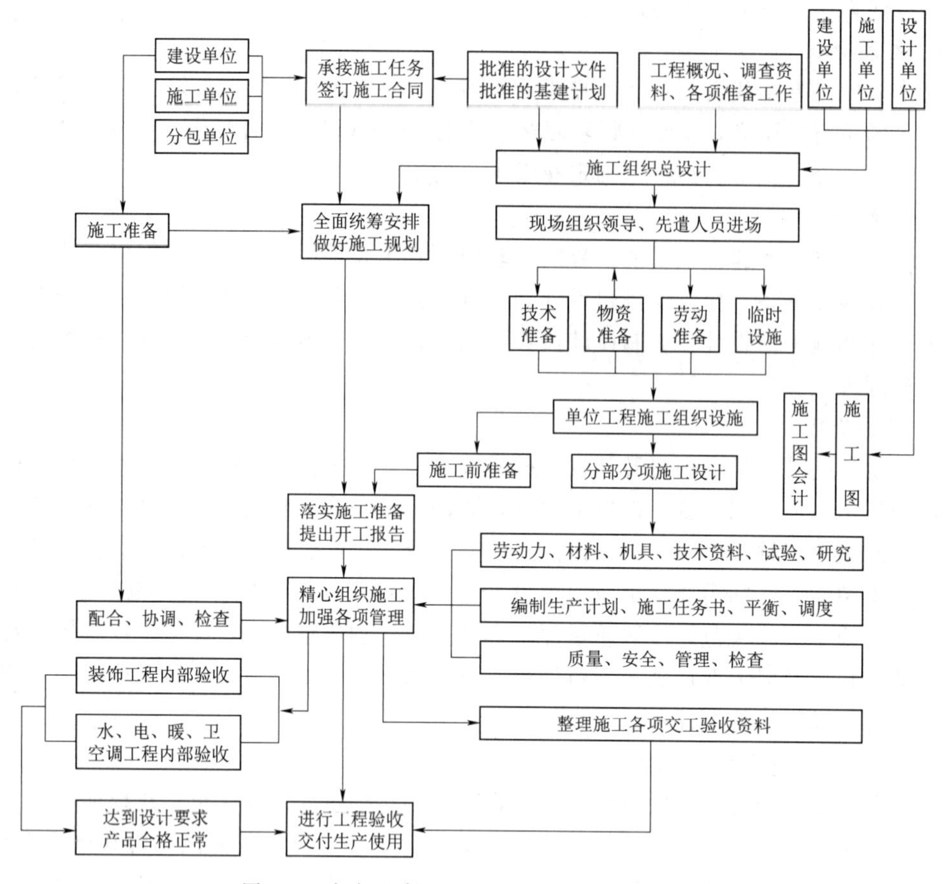

图1.1 大中型建设项目的工程施工程序简图

计。根据施工项目的特点，施工单位应首先编制施工组织总设计，然后根据批准后的施工组织总设计，编制单位工程施工组织设计。施工组织设计一般应明确施工方案、施工的技术组织措施、施工准备工作计划、施工平面布置、施工进度计划、施工生产要素供给计划、落实执行施工项目计划的责任人和组织方式。有了施工组织设计，施工单位可据此进行具体施工条件的准备和组织实施施工计划。具备开工条件后，提出开工报告并经审查批准，即可正式开工。

3. 工程施工实施阶段

工程施工实施阶段应按照施工组织设计精心施工，这一阶段是施工管理的重点。从广义上讲，施工管理工作应涉及施工全过程。从狭义上讲，针对具体的施工活动，施工管理工作是为落实施工组织设计对施工活动的统一安排而进行的协调、检查、监督、控制等指挥调度工作。一方面，应从施工现场的全局出发，加强各个单位、各部门的配合与协作，协调解决各方面问题，使施工活动顺利开展。另一方面，应加强技术、材料、质量、安全、进度等各项管理工作，落实施工单位内部承包的经济责任制，全面做好各项经济核算与管理工作，严格执行各项技术、质量检验制度。这一阶段最终应按合同规定完成施工任务，并做好施工收尾工作和必要的交工准备工作。

4. 竣工验收阶段

竣工验收是施工程序的最后阶段。在竣工验收前，施工单位内部应先进行预验收，检查各分部、分项工程的施工质量，整理各项交工验收的技术经济资料。在此基础上，由建设单位或委托监理单位组织竣工验收，经有关部门验收合格后，办理验收签证书，并交付使用。

任务 1.4　施工组织设计的概念、作用和分类

1.4.1　施工组织设计的概念

施工组织设计是以拟建工程项目为对象，具体指导施工全过程各项活动的技术、组织、经济的综合性文件。它的任务是要对具体的拟建工程（建筑群或单个建筑物）的施工准备工作和整个的施工过程，在人力和物力、时间和空间、技术和组织上，作出一个全面而合理，符合好、快、省、安全要求的计划安排。

1.4.2　施工组织设计的作用

1. 统一规划和协调复杂的施工活动

做任何事情之前都不能没有通盘的考虑，不能没有计划，否则是不可能达到预定的目的的。施工的特点综合表现为复杂性，如果施工前不对施工活动的各种条件、各种生产要素和施工过程进行精心安排，周密计划，那么复杂的施工活动就没有统一行动的依据，就必然会陷入毫无头绪的混乱状态。所以要完成施工任务，达到预定的目的，一定要预先制订好相应的计划，并且切实执行。对于施工单位来说，就是要编制生产计划；对于一个拟建工程来说，就是要进行施工组织设计。有了施工组织设计这种计划安排，复杂的施工活动就有了统一行动的依据，就可以据此统筹全局，协调方方面面的工作，保证施工活动有条不紊地进行，顺利完成合同规定的施工任务。

2. 对拟建工程施工全过程进行科学管理

施工全过程是在施工组织设计的指导下进行的。在接受施工任务并得到初步设计以后，就可以开始编制建设项目的施工组织设计。施工组织设计经主管部门批准以后，再进行全场性施工的具体实施准备。随着施工图的出图，按照各工程项目的施工顺序，逐一制定各单位工程的施工组织设计，然后根据各个单位工程施工组织设计，指导实施具体施工的各项准备工作和施工活动。在施工工程的实施过程中，要根据施工组织设计的计划安排，组织现场施工活动，进行各种施工生产要素的落实与管理，进行施工进度、质量、成本、技术与安全的管理等。所以，施工组织设计是对拟建工程施工全过程进行科学管理的重要手段。

3. 使施工人员心中有数，工作处于主动地位

施工组织设计根据工程特点和施工的各种具体条件科学地拟定施工方案，确定施工顺序、施工方法和技术组织措施，排定施工的进度；施工人员可以根据相应的施工方法，在进度计划的控制下，有条不紊地组织施工，保证拟建工程按照合同的要求完成。

通过施工组织设计，可以对每一拟建工程，在开工之前就了解到它们所需要的材料、机具和人力，并根据进度计划拟定先后使用的顺序，确定合理的劳动组织和施工材料、机具等在施工现场的合理布置，使施工得以顺利地进行；还可以合理地安排临时设施，保证物资保管和生产与生活的需要。

通过施工组织设计，可以大体估计到施工中可能发生的各种情况，从而预先做好各项准备工作，清除施工中的障碍，并充分利用各种有利的条件，对施工的各项问题予以最合理、最经济的解决。

通过施工组织设计，可以把工程的设计和施工、技术和经济有机地结合起来，把整个施工单位的施工安排和具体工程的施工组织得更好，使施工中的各单位、各部门、各阶段、各建筑物之间的关系更明确。

总之，通过施工组织设计，也就把施工生产合理地组织起来了，规定了有关施工活动的基本内容，保证了具体工程的施工得以顺利进行和完成施工任务。

因此，施工组织设计的编制，是具体工程施工准备阶段中各项工作的核心，在施工组织与管理工作中占有十分重要的地位。经验证明，一个工程如果施工组织设计编制得好，能反映客观实际，能符合国家的全面要求，并且认真地贯彻执行了，施工就可以有条不紊地进行，使施工组织与管理工作经常处于主动地位，取得好、快、省、安全的效果。若没有施工组织设计或者施工组织设计脱离实际或者虽有质量优良的施工组织设计而未得到很好的贯彻执行，就很难正确地组织具体工程的施工，使工作经常处于被动状态，造成不良的后果，难以完成施工任务及其预定目标。

1.4.3　施工组织设计的分类

施工组织设计按编制对象范围的不同可分为施工组织总设计、单位工程施工组织设计、分部（分项）工程施工组织设计三种。

1. 施工组织总设计

施工组织总设计是以整个建设项目或民用建筑群为对象编制的，目的是要对整个工程的施工进行通盘考虑、全面规划，用以指导全场性的施工准备和有计划地运用施工力量，开展施工活动。其作用是确定拟建工程的施工期限、施工顺序、主要施工方法、各种临时设施的需要量及现场总的布置方案等，并提出各种技术物资资源的需要量，为施工准备创造条件。施工组织总设计应在扩大初步设计批准后，依据扩大初步设计文件和现场施工条件，由建设总承包单位组织编制。

2. 单位工程施工组织设计

单位工程施工组织设计是以单项工程或单位工程为对象编制，用以直接指导单位工程或单项工程施工。它在施工组织总设计和施工单位总的施工部署的指导下，具体地安排人力、物力和建筑安装工作，是施工单位编制作业计划和制定季度施工计划的重要依据。单位工程施工组织设计是在施工图设计完成后，以施工图为依据，由施工承包单位负责编制。

3. 分部（分项）工程施工组织设计

分部（分项）工程施工组织设计是以某些特别重要的和复杂的或者缺乏施工经验的分

部（分项）工程（如复杂的基础工程、特大构件的吊装工程、大量土方工程等）或冬、雨季施工等为对象编制的专门的、更为详尽的施工设计文件。

施工组织总设计是对整个建设项目施工的通盘规划，是带有全局性的技术经济文件。因此，应首先考虑和制订施工组织总设计，作为整个建设项目施工的全局性的指导文件。然后，在总的指导文件规划下，再深入研究各个单位工程，对其中的主要建筑物分别编制单位工程施工组织设计。就单位工程而言，对其中技术复杂或结构特别重要的分部（分项）工程，还需要根据实际情况编制若干个分部（分项）工程的施工设计。因此，它们之间是同一建设项目不同广度与深度、控制与被控制的关系。它们的目标和编制原则是一致的，主要内容是相通的。不同的是编制的对象和范围、编制的时间及所起的作用。

任务 1.5　施工组织设计的内容

施工组织设计的内容，就是根据不同工程的特点和要求，根据现有的和可能创造的施工条件，从实际出发，决定各种生产要素（材料、机械、资金、劳动力和施工方法等）的结合方式。

在不同设计阶段编制的施工组织设计文件，内容和深度不尽相同，其作用也不一样。一般说施工组织条件设计是概略的施工条件分析，提出创造施工条件和建筑生产能力配备的规划；施工组织总设计是对施工进行总体部署的战略性施工纲领；单位工程施工组织设计则是详尽的实施性的施工计划，用以具体指导现场施工活动。

施工组织设计主要有如下内容。

1. 工程概况

工程概况是简要说明本工程的性质、规模、地点、施工期限以及气候条件等总体情况。

2. 施工方案

施工方案的选择是依据工程概况，结合人力、材料、机械设备等条件，全面安排施工任务，安排总的施工顺序，确定主要工种工程的施工方法；对拟建工程根据各种条件可能采用的几种方案进行定性、定量的分析，通过经济评价，选择最佳方案。

3. 施工进度计划

施工进度计划是反映最佳方案在时间上的全面安排，采用计划的方法，使工期、成本、资源等方面通过计算和调整达到既定目标，在此基础上即可安排人力和各项资源需用量计划。

4. 各项资源需用量计划

各项资源需用量计划包括劳动力需用量计划，材料、构件和加工成品、半成品需用量计划，施工机具、设备需用量计划及运输计划。每项计划必须有数量及供应时间。

5. 施工准备工作计划

施工准备工作是完成工程施工任务的重要环节，也是工程施工组织设计中的一项重要内容。施工准备工作是贯穿整个施工过程的，施工准备工作包括技术准备、现场准备及劳动力、材料、机具和加工半成品的准备等。

6. 施工平面图

施工平面图是施工方案及进度在空间上的全面安排。它是将投入的各项资源和生产、生活场地合理地布置在施工现场，使整个现场有组织、有计划地文明施工。

7. 主要技术组织措施

技术组织措施是指在技术和组织方面对保证工程质量、安全、节约和文明施工所采用的方法。制定这些措施是施工组织设计编制者的必要工作。主要技术组织措施包括质量保障措施、成品保护措施、进度保障措施、消防措施、安全保卫措施、环保措施、冬雨季施工措施等。

8. 主要技术经济指标

主要技术经济指标是对确定施工方案及施工部署的技术经济效益进行全面的评价，用以衡量组织施工的水平。

思　考　题

1. 简述建设项目的概念及建设项目的组成，并举例说明。
2. 简述某建设项目工程施工的一般程序。
3. 简述建筑产品的特点及其施工的特点。
4. 简述施工组织设计的分类。
5. 简述施工组织设计的内容。

实　操　题

请用流程图归纳表示工程施工的程序。

项目2　施　工　准　备　工　作

学习目标：

能　力　目　标	知　识　要　点
了解施工准备工作的意义和分类	施工准备工作的意义和分类
掌握施工准备工作包括哪几方面的内容，以及每一方面包括哪些具体工作	1. 一般工程的施工准备工作的内容 2. 技术准备的主要内容 3. 施工现场准备的主要内容 4. 物资准备工作的内容 5. 冬雨季施工准备的工作要点
掌握工程项目开工前应完成哪些施工准备工作	工程项目开工前应完成的施工准备工作的内容
熟悉做好施工准备工作应采取哪些措施	做好施工准备工作的措施

工程施工准备工作是指施工前从组织、技术、资金、劳动力、物资、生活等方面，为了保证施工顺利进行，事先要做好的各项工作。它是施工程序中的重要环节，不仅存在于开工之前，而且贯穿于整个施工过程之中。

任务2.1　施工准备工作的意义和分类

2.1.1　施工准备工作的意义

施工准备工作是指在施工前，为保证施工正常进行而事先必须做好的各项工作，其根本任务是为正式施工创造必要的技术、物质、人力、组织等条件，以使施工得以好、快、省、安全地进行。不管是整个的建设项目或单项工程，也不管是其中任何一个单位工程，甚至是单位工程中的分部、分项工程，在开工之前，都必须进行必要的施工准备。施工准备工作是施工阶段必须经历的一个重要环节，是组织建筑工程施工的客观规律的要求。没有做好必要的准备就贸然施工，必然会导致施工现场混乱、物资浪费、停工待料、工程质量不符要求、工期延长等现象的发生，甚至出现安全事故。因此，开工前必须做好必要的施工准备工作，研究和掌握工程特点及工程施工的进度要求，摸清施工的客观条件，合理部署施工力量，从技术上、组织上、人力、物力等各方面为施工创造必要条件。认真细致地做好准备工作，对加快施工速度，保证工程质量与施工安全，合理使用材料，增加工程效益等方面起着重要的作用。

2.1.2　施工准备工作的分类

1. 按准备工作的规模与范围分类

（1）全场性施工准备。它是以一个建筑工地为对象而进行的各项施工准备，其目的和内容都是为全场性施工服务的，它不仅要为全场性的施工活动创造有利条件，而且要兼顾单位工程施工条件的准备。全场性施工准备也可称为施工总准备。

（2）单位工程施工条件准备。它是以一个建筑物或构筑物为对象而进行的施工准备，其目的和内容都是为该单位工程服务的，它既要为单位工程做好开工前的一切准备，又要为其分部（分项）工程施工进行作业条件的准备。

（3）分部（分项）工程作业条件准备。它是以一个分部（分项）工程或冬、雨季施工工程为对象而进行的作业条件准备。

2. 按工程所处的施工阶段分类

（1）开工前的施工准备。它是在拟建工程正式开工前所进行的一切施工准备，其目的是为工程正式开工创造必要的施工条件。它既包括全场性的施工准备，又包括单位工程施工条件的准备，带有全局性和总体性。

（2）开工后的施工准备。它是在拟建工程开工后，每个施工阶段正式开始之前所进行的施工准备，带有局部性和经常性。如混合结构住宅的施工，通常分为地下工程、主体结构工程和装饰工程等施工阶段，每个阶段的施工内容不同，其所需物资技术条件、组织要求和现场布置等方面也不同。因此，必须做好相应的施工准备。

任务 2.2　施工准备工作的内容

每项工程施工准备工作的内容，视该工程规模、地点及相应的具体条件的不同而不同。有的比较简单，有的却十分复杂。如只有一个单项工程的施工项目和包含多个单项工程的群体项目、一般小型项目和规模庞大的大中型项目、新建项目和改、扩建项目、在未开发地区兴建的项目和在已开发因而所需各种条件已具备的地区兴建的项目等，都因工程的特殊需要和特殊条件而对施工准备工作提出各不相同的具体要求，应按照施工项目的具体特点和要求确定施工准备工作的具体内容。

一般工程的施工准备工作的内容可归纳为六个部分，即调查研究与收集资料、技术准备、施工现场准备、物资准备、施工现场人员准备和冬雨季施工准备。

2.2.1　调查研究与收集资料

调查研究和收集有关施工资料是施工准备工作的重要内容之一。尤其是施工单位进入一个新的城市和地区，此项工作显得更加重要，它关系到施工单位全局的部署和安排。通过原始资料的收集分析，为编制出合理的、符合客观实际的施工组织设计文件，提供全面、系统、科学的依据，为图样会审、编制施工图预算和施工预算提供依据，为施工企业管理人员进行经营管理决策提供可靠依据。

1. 调查施工场地及其附近地区自然条件方面的资料

主要调查内容有建设地点的气象条件、工程地形地貌条件、工程及水文地质条件、地区地震条件、场地周围环境及障碍物条件等。资料来源主要是气象部门及设计单位，主要作用是为确定施工方法和技术措施，编制施工进度计划和施工平面布置图提供依据。

2. 调查施工区域给水与排水、供电与电信等资料

水、电是施工不可缺少的必要条件，其主要调查内容如下：

(1) 城市自来水干管的供水能力、接管距离、地点和接管条件等；利用市政排水设施的可能性，排水去向、距离、坡度等。

(2) 可供施工使用的电源位置，引入现场工地的路径和条件，可以满足的容量和电压，电话的利用可能，需要增添的线路和设施等。资料来源主要是当地市政建设、电信等管理部门和建设单位，主要作用是为选用施工用水、用电提供依据。

3. 调查施工区域交通运输资料

建筑施工常用铁路、公路和水路三种主要运输方式。主要调查内容为：主要材料及构件运输通道情况；有超常、超高、超重或超宽的大型构件、大型起重机械和生产工艺设备需整体运输时，还要调查沿线架空电线、天桥等的高度，并与有关部门商谈避免大件运输对正常交通干扰的措施等。资料来源主要是当地铁路、公路和水路管理部门，主要用作选用建筑材料和设备的运输方式、组织运输业务的依据。

4. 收集施工区域建筑材料资料

工程建设需要消耗大量的材料，主要有“三材”，即钢材、木材和水泥，一般情况下应摸清三材市场行情。还应了解地方材料如砖、瓦、砂、灰、石等的供应能力、质量、价格、运费情况；当地构件制作、木材加工、金属结构、钢木门窗、商品混凝土等的供应能力、质量、价格、运费情况；建筑机械供应与维修、运输等情况；脚手架、模板和大型工具租赁等能提供的服务项目、能力、价格等条件；装饰材料、特殊灯具、防水、防腐材料等市场情况。这些资料用作确定材料的供应计划、加工方式、储存和堆放场地及建造临时设施的依据。

5. 调查社会劳动力和生活条件

建设地区的社会劳动力和生活条件调查主要是了解当地能提供的劳动力人数、技术水平、来源和生活安排，能提供作为施工用的现有房屋情况，当地主、副食产品供应、日用品供应、文化教育、消防治安、医疗单位的基本情况以及能为施工提供支援的能力。这些资料是拟订劳动力安排计划、建立职工生活基地、确定临时设施的依据。

6. 收集整理参考资料

除施工图纸和调查所得的原始资料外，还可收集相关的参考资料作为编制施工组织设计的依据，如施工定额、施工规范等，此外，还应向建设单位和设计单位收集建设项目的建设安排及设计等方面的资料。

2.2.2 技术准备

技术准备是根据设计图样、施工地区调查研究收集的资料，结合工程特点，为施工建立必要的技术条件而做的准备工作。技术准备是施工准备工作的核心，是现场施工准备工作的基础。其主要内容包括熟悉与会审图纸、编制施工组织设计、编制施工图预算和施工预算。

1. 熟悉与会审图纸

图纸会审是指工程各参建单位（建设单位、监理单位、施工单位等）在收到设计院施工图设计文件后，对图纸进行全面细致地熟悉，审查出施工图中存在的问题及不合理情况并提交设计院进行处理的一项重要活动。通过图纸会审可以使各参建单位特别是施工单位熟悉设计图样、领会设计意图、掌握工程特点及难点，找出需要解决的技术难题并拟定解决方案，从而将因设计缺陷而存在的问题消灭在施工之前。

(1) 审查内容。

1) 图纸是否经设计单位正式签署。

2) 地质勘探资料是否齐全。

3) 图样与说明是否齐全，有无分期供图的时间表。

4) 设计地震烈度是否符合当地要求。

5) 专业图样之间、平立剖面图之间有无矛盾；标注有无遗漏。

6) 总平面与施工图的几何尺寸、平面位置、标高等是否一致。

7) 防火、消防是否满足要求。

8) 建筑结构与各专业图样本身是否有差错及矛盾；结构图与建筑图的平面尺寸及标高是否一致；建筑图与结构图的表示方法是否清楚；是否符合制图标准；预埋件是否表示清楚；有无钢筋明细表；钢筋的构造要求在图中是否表示清楚。

9) 施工图中所列各种标准图册，施工单位是否具备。

10) 材料来源有无保证，能否代换；图中所要求的条件能否满足；新材料、新技术的应用有无问题。

11) 地基处理方法是否合理，建筑与结构构造是否存在不能施工、不便于施工的技术问题，或容易导致质量、安全、工程费用增加等方面的问题。

12) 工艺管道、电气线路、设备装置、运输道路与建筑物之间或相互之间有无矛盾，布置是否合理。

(2) 审查程序。图样会审通常分为自审、会审和会签三个阶段。

自审是施工单位收到图纸后组织技术人员熟悉和自查图纸的过程，自审应做记录，包括对设计图纸的疑问和有关建议。

会审是由建设单位主持，设计单位、监理单位和施工单位参加，先由设计单位进行图纸技术交底，各单位根据自审情况提出意见，经充分协商后，由建设单位（或监理单位）形成会议纪要。

图纸会审会议纪要一般由监理单位负责整理并分发，由各方代表签字、盖章认可，各参建单位执行、归档。

(3) 熟悉技术规范、规程的有关规定。技术规范、规程是国家制定的建设法规，是实践经验的总结，要熟悉这些规定并遵照执行。

2. 编制施工组织设计

施工组织设计是指导施工现场全部生产活动的技术经济文件，是施工准备工作的重要组成部分。它的任务是要对拟建工程（建筑群或单个建筑物）的具体施工过程，在人力和物力、时间和空间、技术和组织上，做出一个全面而合理、符合好、快、省、安全要求的安排。有了科学合理的施工组织设计，施工活动才能有计划、有步骤、有条不紊地进行。从施工管理与组织的角度讲，编制施工组织设计是技术准备乃至整个施工准备工作的中心

内容。

由于建设工程没有一个通用定型的、一成不变的施工方法，所以每个建设工程项目都需要分别确定施工方案和施工组织方法，也就是要分别编制施工组织设计，作为组织和指导施工的重要依据。

3. 编制施工图预算和施工预算

在设计交底和图纸会审的基础上，施工组织设计已被批准，预算部门即可着手编制单位工程施工图预算和施工预算，以确定人工、材料和机械费用的支出，并确定人工数量、材料消耗数量及机械台班使用量等。

施工图预算是按照施工图确定的工程量、施工组织设计所拟定的施工方法来编制的确定工程造价和主要物资需要量的技术经济文件。

施工预算是根据施工图预算、施工图样、施工组织设计、施工定额等文件进行编制的。它是企业内部经济核算和班组承包的依据，是编制工程成本计划的基础，是控制施工工料消耗和成本支出的依据，是企业内部使用的一种预算。

施工图预算与施工预算存在很大的区别。施工图预算是甲乙双方确定预算造价、发生经济联系的技术经济文件；而施工预算则是施工企业内部经济核算的依据。施工预算直接受施工图预算的控制。

2.2.3 施工现场准备

施工现场的准备即通常所说的室外准备。它是按照施工组织设计的要求进行的施工现场具体条件的准备工作，主要内容有：清除障碍物、七通一平、测量放线、搭设临时设施等。

1. 清除障碍物

施工场地内的一切障碍物，无论是地上的或是地下的，都应在开工前清除。这些工作一般是由建设单位来完成的，但也有委托施工单位来完成的。

2. 施工现场“七通一平”

以前在工程施工中要求“三通一平”，是指在拟建工程施工范围内的施工用水、用电、道路接通和平整施工场地。随着社会的进步，在现代实际工程施工中，往往不仅仅只需要水通、电通、路通的要求，对施工现场有更高的要求，要实现“七通一平”，即供电、供水、道路、通信、燃气、排水、排污和场地平整。

(1) 路通。施工现场的道路，是组织大量物质进场的运输动脉。为保证各种建筑材料、施工机械、生产设备和构件按计划到场，必须按施工总平面布置图的要求修通道路。为了节省工程费用，应尽可能利用已有道路或结合正式工程的永久性道路。为防止施工时损坏路面，可先做路基，拟建工程施工完毕后再做路面。

(2) 水通。施工现场的水通，包括给水和排水。施工用水包括生产、生活和消防用水，按施工总平面布置图的规划进行。施工用水设施应尽量利用永久性的给水线路，对临时管线的铺设，既要满足用水点的需要和使用方便，又要尽量缩短管线。

施工现场也要有组织地做好排水工作，尤其在雨季，水有问题将会严重影响施工的顺利进行。

（3）电通。施工现场的用电包括生产用电和生活用电。应根据各种施工机械用电量及照明用电量，计算选择配电变压器，并与供电部门或建设单位联系，按施工组织设计的要求布设好连接电力干线的工地内外临时供电线路及通信线路。当供电系统供电不足时，应考虑在现场建立发电系统，以保证施工的顺利进行。

（4）场地平整。场地平整就是将天然地面改造成工程上所要求的设计平面，由于场地平整时兼有挖和填，而挖和填的体形常常不规则，所以一般采用方格网法分块计算解决。平整前应先做好各项准备工作，如清除场地内所有地上、地下障碍物，排除地面积水，铺筑临时道路等。

3. 施工现场测量控制网

按照设计单位提供的建筑总平面图及接收施工现场时建设单位提交的施工场地范围、规划红线桩、工程控制坐标桩和水准基桩进行施工现场的测量和定位，设置现场区域永久性坐标、水准基桩和建立施工区域的工程测量控制网。

测量放线应做好以下几项准备工作。

（1）了解设计意图，熟悉并校核施工图样。

（2）对测量仪器进行检验和校正。

（3）校核红线桩与水准点。

（4）制定测量放线方案，包括平面控制、标高控制、±0.000以下施测、±0.000以上施测、沉降观测和竣工测量等。

定位放线是确定整个工程平面位置的关键环节，是将拟建建筑物测设到地面或实物上，并用各种标志表示出来，作为施工依据的过程。一般通过设计图中平面控制轴线来确定建筑物的轮廓位置，经自检合格后，提交有关部门和建设单位（或监理人员）验线，沿红线的建筑物，还要由规划部门验线。

4. 现场临时设施的搭设

为了施工方便和安全，对于指定的施工用地周界，应用围栏围挡起来，围栏的形式和材料应符合所在地部门管理的有关规定和要求。在主要出入口处设置标牌，标明工程名称、建设和施工单位和工地负责人等。

各种生产和生活用的临时设施，包括各种仓库、混凝土搅拌站、预制构件厂、各种作业棚、现场项目部办公室、宿舍、食堂等，均应严格按批准的施工组织设计规定的数量、标准、面积、位置等来组织实施，不得乱搭乱建。

5. 安装调试施工机具

按照施工机具需要量计划，分期分批组织施工机具进场，根据施工平面布置图将施工机具安置在规定的地点和存储于仓库。开工之前，对所有施工机具都必须进行检查和试运转，以保证施工的顺利进行。

2.2.4　物资准备

物资准备是项目施工必需的物质基础。在施工项目开工之前，必须根据各项资源需要量制订计划，分别落实货源，组织运输和安排好现场储备，使其满足项目连续施工的需要。

1. 物资准备工作的内容

物资准备是一项较为复杂而又细致的工作，它包括机具、设备、材料、成品、半成品等多方面的准备。

（1）建筑材料的准备。建筑材料的准备包括“三材”、地方材料、装饰材料的准备。

准备工作应根据材料的需要量计划组织货源，确定物资加工、供应地点和供应方式，签订物资供应合同。材料的储备应根据施工现场分期分批使用材料的特点，按照以下原则进行材料的储备：首先应按工程进度分期、分批进行。现场储备的材料多了会造成积压，增加材料保管的负担，同时也多占用流动资金，储备少了又会影响正常生产，所以材料的储备应合理、适宜。其次，做好现场保管工作，以保证材料的数量和原有的使用价值。再次，现场材料的堆放应合理，现场储备的材料，应严格按照施工平面布置图的位置堆放，以减少二次搬运，且应堆放整齐，标明标牌，以免混淆，此外，亦应做好防水、防潮、易碎材料的保护工作。最后，应做好技术试验和检验工作。对于无出厂合格证明和没有按规定测试的原材料，一律不得使用；不合格的建筑材料和构件，一律不准出厂和使用；特别对于没有把握的材料或进口原材料、某些再生材料的储备更要严格把关。

（2）构配件、制品的加工准备。工程项目施工中需要大量的预制构件、门窗、金属构件、水泥制品及卫生洁具等，这些构件、配件必须事先提出订制加工单。对于采用商品混凝土现浇的工程，则先要与生产单位签订供货合同，注明品种、规格、数量、需要时间及送货地点等。

（3）施工机具设备的准备。施工所需机具设备门类繁多，如各种土方机械，混凝土、砂浆搅拌设备，垂直及水平运输机械，吊装机械、机具，钢筋加工设备，木工机械，焊接设备，打夯机，抽水设备等。应根据施工方案和施工进度计划，确定其类型、数量和进场时间，然后确定其供应方法和进场后的存放地点、方式，编制出施工机具需要量计划，以此作为组织施工机具设备运输和存放的依据。

对大型施工机械及设备应精确计算工作日并确定进场时间，做到进场即能使用，用毕即可退场，提高机械利用率，节省台班费。

（4）模板和脚手架的准备。模板和脚手架是施工现场使用量大、堆放占地最大的周转材料。模板及其配件规格多、数量大，对堆放场地要求比较高，一定要分规格、型号整齐码放，便于使用及维修；大钢模一般要求立放，并防止倾倒，在现场也应规划出必要的存放场地；钢管脚手架、桥脚手架、吊篮脚手架等都应按指定的平面位置堆放整齐，扣件等零件还应防雨，以防锈蚀。

2. 物资准备工作的程序

物资准备是指工程施工必需的施工机械、机具和材料、构配件的准备。该项工作应根据施工组织设计的各种资源需要量计划，分别落实货源、组织运输和安排存储，确保工程的连续施工。物资准备工作程序如图 2.1 所示。

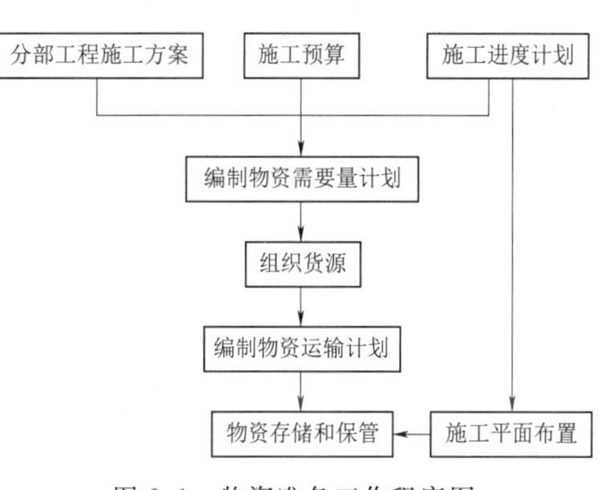

图 2.1　物资准备工作程序图

物资准备工作程序示意图中各环节的工作要点见表2.1。

表2.1　　物资准备各环节的工作要点

主要工作过程	工　作　要　点
编制物资需要量计划	根据施工预算、分部工程施工方案和施工进度安排，分别编制建筑材料、构（配）件、制品和施工机具设备需要量计划
组织货源	根据各项物资需要量计划，组织货源，确定加工方法、供货地点和供货方式，签订相应的物资供应合同
编制物资运输计划	根据各项物资需要量计划和供货合同，确定各项物资运输计划和运输方案
物资存储和保管	根据物资使用时间和施工平面布置要求，组织相应物资进场，经质量和数量检验合格后，按指定地点和方式分别进行储存和保管

2.2.5　施工现场人员准备

施工现场人员准备是指工程施工必需的人力资源准备。工程项目施工现场人员包括项目经理部管理人员（施工项目管理层）和现场生产工人（施工项目作业层）。人力要素资源是项目施工现场最活跃的因素，人力要素可以掌握管理技能和生产技术、运用机械设备等劳动手段、作用于材料物资等劳动对象，最终形成产品实体。一项工程完成得好坏，很大程度上取决于承担这一工程的施工人员的素质。现场施工人员的选择和组合，将直接关系到工程质量、施工进度及工程成本。因此，施工现场人员的组织准备是工程开工前施工准备的一项重要内容。

1. 确定拟建工程项目的领导机构

项目施工管理机构的建立应根据拟建施工项目的规模、结构特点和复杂程度，确定项目施工的领导机构人选。对一般单位工程的施工，可只设一名工地现场负责人，配一定数量的施工员、材料员、质检员、安全员即可。对大中型单位工程或群体工程的施工，则要配备包括技术、计划等管理人员在内的一整套班子。

2. 建立精干的施工队伍

施工队伍的建立要认真考虑专业和工种的合理配合、技工和普工的比例要满足合理的劳动组织要求，建立健全混合施工队或专业施工队伍，以符合流水施工组织的要求。组建施工队伍要坚持合理、精干的原则，人员配置要从严控制二、三线管理人员，在施工过程中，力求一专多能、一人多职，同时可以依据工程规模和施工工艺制订出该工程的劳动力需要量计划，依据工程实际进度需求动态管理劳动力数量。

对于砖混结构的建筑，建议以混合施工班组为主；对于框架、框剪及全现浇结构的建筑，以专业施工班组为宜；对于预制装配式结构的建筑，以专业施工班组为宜。

3. 集结施工力量，组织劳动力进场

拟建项目领导机构基本确定之后，按照开工日期和劳动力需要量计划，可组织劳动力进场。同时要做好对施工队伍安全、劳动纪律、施工质量和文明施工等方面的教育。对于采用新结构、新工艺、新技术、新材料及新设备的工程，应将该工程相关管理人员和操作人员组织进行专业培训，达到标准后再上岗操作。

4. 工程项目部组织进行工程施工技术交底

建筑施工企业中的技术交底，是在某一单位工程开工前或一个分项工程施工前，由主管技术领导向参与施工的人员进行的技术性交代，其目的是使施工人员对工程特点、技术质量要求、施工方法、技术与安全措施等方面有一个较详细的了解，以便于科学地组织施工，避免技术质量等事故的发生。各项技术交底记录也是工程技术档案资料中不可缺少的部分。

工程施工技术交底的内容主要有：

（1）工地（队）交底中有关内容。

（2）施工范围、工作量和施工进度要求。

（3）施工图样的解说。

（4）施工方案措施。

（5）操作工艺、保证质量与人身安全的措施。

（6）工艺质量标准和评定办法。

（7）技术检验和检查验收要求。

（8）增产、节约指标和措施。

（9）技术记录内容和要求。

（10）其他施工注意事项。

5. 建立健全各项管理制度

施工现场的各项管理制度直接影响各项施工活动的顺利进行，无章可循其后果是严重的，会造成施工现场的混乱无序，对施工安全、质量和进度都会造成严重影响，为此必须建立健全施工现场的各项管理制度。

主要内容有工程质量检查和验收制度、工程施工技术档案管理制度、建筑材料检查验收制度、施工技术交底制度、施工图纸会审制度、安全操作制度、机具使用保养制度、施工安全管理制度等。

2.2.6　冬雨季施工准备

冬季施工和雨季施工对项目施工质量、成本、工期和安全都会产生很大影响，为此必须做好冬雨季施工准备工作。

1. 冬季施工准备工作

（1）合理安排冬季施工项目。一般情况下，尽量安排费用增加较少、易保证工程质量、对施工条件要求低的项目在冬季施工，如吊装、打桩、室内装修等；而土方工程、基础工程、外墙装修工程、屋面防水工程等则不宜在冬季施工。

（2）落实各种热源的供应工作。提前落实供热渠道，准备热源设备，储备和供应冬季施工用的保温材料。

（3）做好保温防冻工作。重视冬季施工对临时设施（给水管道、临时道路等）保温防冻、工程成品及拟施工部分的保温防冻工作。

2. 雨季施工准备工作

（1）合理安排雨季施工项目。在施工组织设计中要充分考虑雨季对施工的影响。一般情况下，雨季之前多安排土方、基础、室外及屋面等不宜在雨季施工的项目，多留室内工作在雨季进行，以免造成雨季窝工。

（2）做好现场的排水工作。施工现场雨季来临前，做好排水沟、准备好抽水设备、防止场地积水、最大限度地避免因雨水造成的损失。

（3）做好运输道路的维护和物资储备工作。雨季前检查道路边坡排水，防止路面凹陷，并尽量按照要求储备一些物资，减少雨季运输量，节约施工费用。

（4）做好机具设备等的保护工作。雨季施工时，脚手架、塔式起重机、井架等要采取切实有效的技术性保护措施。

（5）加强安全教育，做好施工管理工作。认真编制雨季施工的安全措施，加强现场施工人员的安全教育，防止各种事故发生。

任务2.3　做好施工准备工作的要求和措施

2.3.1　施工准备工作的要求

工程项目开工前，应具备相关的开工条件。国家发展改革委员会关于基本建设大中型项目开工条件的规定如下：

（1）项目法人已经成立。项目组织管理机构和规章制度健全。项目经理和管理机构成员已经到位，项目经理具备承担项目施工的资质条件。

（2）项目初步设计及总概算已经批复。

（3）项目资本金和其他建设资金已经落实。

（4）项目施工组织设计大纲已经编制完成。

（5）项目主体工程的施工单位已经通过招标确定，施工承包合同已经签订。

（6）项目法人与项目设计单位已签订设计图纸交付协议。项目主体工程的施工图纸至少满足连续三个月施工的需要。

（7）项目施工监理单位已经通过招标选定。

（8）项目征地、拆迁的施工场地“七通一平”（即供电、供水、道路、通信、燃气、排水、排污和场地平整）工作已经完成，有关外部配套生产条件已经签订协议。项目主体工程施工准备工作已经做好，具备连续施工的条件。

（9）项目建设需要的主要设备和材料已经订货，项目所需建筑材料已落实来源和运输条件，并已备好连续施工三个月的材料用量。需要进行招标采购的设备、材料，其招标组织机构落实，采购计划与工程进度相衔接。

工程项目开工前，全场性和首批施工的单位工程的施工准备工作都必须达到以下要求：

（1）施工图样经过会审，图样中的问题和错误已经修正。

（2）施工组织设计或施工方案已经批准和进行了交底。

（3）施工图预算已编制和审定。

（4）施工现场的平整，水、电、路以及排水渠道已能满足开工后的要求。

（5）施工机械、物资能满足连续施工的需要。

（6）工程施工合同已签订，施工组织机构已建立，劳动力已经进场能够满足施工要求。

（7）开工许可证已办理。

具备以上要求，可以正式开工。具备开工条件不等于一切准备工作都已完成，这些准备还是初步的，除此以外还有些准备工作可在施工开始以后继续进行。总之，施工准备工作要走在施工之前，同时还要贯穿于整个施工过程之中。

2.3.2　做好施工准备工作的措施

1. 编制施工准备工作计划

施工准备工作计划是施工组织设计的内容之一，其目的是布置开工前的、全场性的及首批施工的单位工程的准备工作，内容涉及施工必需的技术、人力、物质、组织等各方面，使施工准备工作有计划、有步骤、分阶段、有组织、全面有序地进行。施工准备工作计划应依据施工部署、施工方案和施工进度计划进行编制，各项准备工作应注明工作内容、起止时间、责任人（或单位）等，可根据需要采用表格记录，施工准备工作计划表样式参见表 2.2。

表 2.2　　施工准备工作计划表

序号	准备工作项目	简要内容	工作量	负责单位	负责人	开始时间	完成时间	备注
1								
2								
……								

2. 建立施工准备工作岗位责任制

施工现场准备工作由项目经理部全权负责，依据施工准备工作计划，通过岗位责任制，使各级技术负责人明确施工准备工作的任务内容、时限、责任和义务，将各项准备工作层层落实。

3. 建立施工准备工作检查制度

对准备工作计划提出的工作进行检查，不符合计划要求的项目应及时修正，使施工准备工作按计划要求落到实处。检查工作可按周、半月、月度进行定期检查与随机检查相结合。如果没有完成计划要求，应进行分析，找出原因，排除障碍，协调施工准备工作进度或调整施工准备工作计划。检查的方法可用实际进度与计划进行对比或与相关单位和人员定期召开碰头会，当场分析产生问题的原因，及时提出解决问题的办法。

4. 按施工准备工作程序办事

施工准备工作程序是根据施工活动的特点总结出的施工准备工作的规律。按程序办事，可以摸清施工准备工作的主要脉络，了解施工准备工作各阶段的任务及顺序，使施工准备工作收到事半功倍的效果。

5. 施工准备工作应贯穿施工全过程

施工准备工作本身具有阶段性，开工前要进行全场性的施工准备，开工后要进行单位工程施工准备及分部、分项工程作业条件的准备。施工准备工作随施工活动的展开，一步一步具体、层层深入、交错、补充地进行。因此，项目经理部应十分重视施工准备工作，并取得企业领导及各职能部门的协作和支持。除做好开工前的准备工作外，应及时做好施工中经常性、交错进行的各项具体施工准备工作，及时做好协调、平衡工作。

6. 注重各方面的支持和配合

由于施工准备工作涉及面广，因此，除了施工单位本身的努力外，还要取得建设单位、监理单位、设计单位、供应单位、银行及其他协作单位的大力支持，分工负责，统一步调，共同做好施工准备工作。

关于施工准备工作计划的工程案例见项目8。

思 考 题

1. 简述一般工程的施工准备工作所包括的内容。
2. 技术准备工作包括哪些主要内容？
3. 施工现场准备工作包括哪些主要内容？何谓“三通一平”？
4. 冬雨季施工准备工作有哪些要点？
5. 工程项目开工前应完成的施工准备工作的内容有哪些？

实 操 题

用示意图表示物资准备工作程序。

项目3 流 水 施 工 原 理

学习目标：

能　力　目　标	知　识　要　点
通过组织施工的三种基本方式的比较能领会流水施工组织方式的优势并熟悉流水施工的表达方式	1. 组织施工的三种基本方式 2. 流水施工的特点与技术经济效果分析 3. 流水施工的表达方式
能确定流水施工的主要参数	流水施工的工艺参数、空间参数和时间参数的含义及确定方法
完成各种流水施工方式的组织设计计算	1. 有节奏流水施工 2. 无节奏流水施工

任务3.1　流水施工的基本概念

生产实践证明，在工程建设的生产领域中，流水施工方法是一种科学、有效的施工组织方式。它是建立在各工作队专业化施工的基础上，较为均衡地投入劳动力、材料、施工机具等资源，同时各专业工作队实现最大限度地搭接，从而实现了便于工程管理、降低工程造价、缩短工期的目标。

3.1.1　组织施工的方式

任何建筑装饰工程的施工，都可以分解成多个施工过程，每个施工过程通常又由一个或多个专业班组负责施工。根据工程项目的施工特点、工艺流程、资源利用、平面或空间布置等要求，常用的组织施工的方式可分为依次施工、平行施工和流水施工。

1. 依次施工

依次施工，是将拟建工程项目的整个装饰过程分解成若干个施工过程，按照一定的施工顺序，前一个施工过程完成后，后一个施工过程才开始施工；或前一个施工段的所有施工过程都完成后，后一个施工段才开始施工。它是一种最基本、最原始的施工组织方式。

【例3.1】 某三层房屋进行装修，每层为一个施工段。每层装饰分为砌隔墙、墙体抹灰、安塑钢门窗、喷刷涂料四个施工过程，各施工过程在每层上所需时间为4天、3天、2天、2天。砌隔墙施工班组的人数为3人，墙体抹灰施工班组的人数为6人，安塑钢门窗施工班组的人数为4人，喷刷涂料施工班组的人数为3人，现按依次施工组织方式进行施工。

（1）按施工段依次施工。按施工段依次施工是指同一施工段的所有施工过程全部施工完毕后，再开始下一个施工段的施工，依次类推的一种组织施工的方式，其进度安排如图

3.1 所示。图中进度表下的曲线是劳动力消耗动态图，其纵坐标为每天施工人数，横坐标为施工进度。

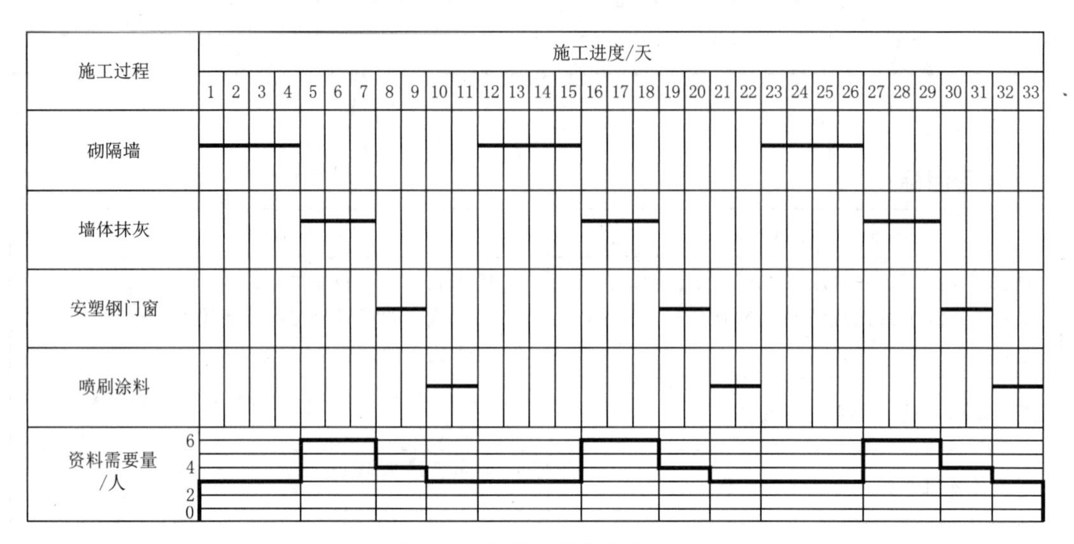

图 3.1　按施工段依次施工

(2) 按施工过程依次施工。按施工过程依次施工是指完成某施工过程所有施工段的施工后，再开始下一施工过程施工的组织方式，其进度安排如图 3.2 所示。

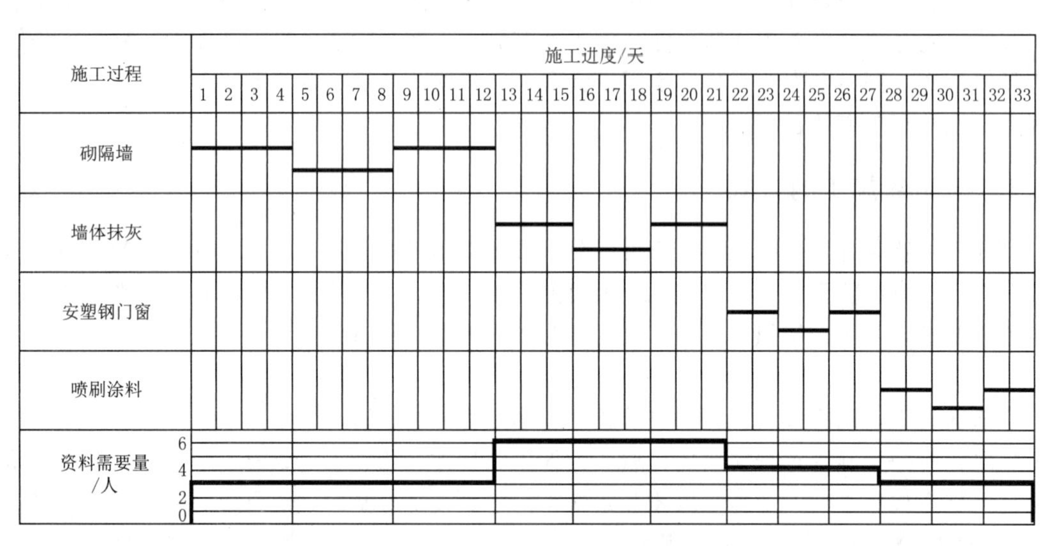

图 3.2　按施工过程依次施工

由图 3.1、图 3.2 可以看出，依次施工组织方式具有以下特点：①每天投入的劳动力较少，材料供应较单一，便于施工组织和管理；②按施工段依次施工中，各专业工作班组不能连续施工，出现窝工现象；③按施工过程依次施工，各专业工作队虽然实现连续施工，但不能充分利用工作面，工期较长。

适用范围：适用于工程规模较小或工作面有限时采用。

2. 平行施工

平行施工，是将拟建工程项目的整个装饰过程分解成若干个施工过程，每一施工过程可以组织几个工作班组，在同一时间、不同的空间上同时进行施工。

在［例 3.1］中，如果采用平行施工组织方式，即三层房屋装饰工程的各层同时开工、同时竣工，其施工进度计划和劳动力消耗动态曲线如图 3.3 所示。

由图 3.3 可以看出，平行施工组织方式具有以下特点：①能充分利用工作面进行施工，可以大大缩短工期；②单位时间内投入的劳动力、施工机具、材料等资源量成倍地增加，不利于资源供应，造成施工组织和管理的困难。

适用范围：适用于工程工期紧、工作面允许以及资源供应充足的条件下采用。

施工过程	施工进度/天										
	1	2	3	4	5	6	7	8	9	10	11
砌隔墙											
墙体抹灰											
安塑钢门窗											
喷刷涂料											
资料需要量/人	18 16 14 12 10 8 6 4 2 0										

图 3.3　平行施工

3. 流水施工

流水施工，是指各施工过程按一定的时间间隔依次投入施工，各个施工过程陆续开工、陆续竣工，使同一施工过程的施工班组保持连续、均衡施工，不同的施工过程尽可能平行搭接施工的组织方式。

在［例 3.1］中，如果采用流水施工的组织方式，下一施工过程既不是等上一施工过程在各层的施工全部结束后再开始，也不是各层装饰工程同时开工、同时竣工，而是前后施工过程尽可能平行搭接施工，其施工进度计划如图 3.4 所示。

从图中可以看出，流水施工所需总时间比依次施工短，各施工过程投入的资源比平行施工少，各施工班组能连续、均衡地施工，前后施工过程尽可能平行搭接施工，比较充分地利用了工作面。所以流水施工方法克服了依次和平行施工组织方式的缺点，同时保留了它们的优点，被广泛应用于建筑装饰工程的施工组织中。

3.1.2　流水施工概述

1. 流水施工的特点

通过比较三种施工组织方式可以看出，流水施工是先进、科学的施工组织方式。流水施工由于在工艺划分、时间安排和空间布置上进行了统筹安排，体现出较好的技术经济效果。主要表现为：

（1）流水施工中，各个施工过程均采用专业班组操作，由于实现专业化生产，可提高

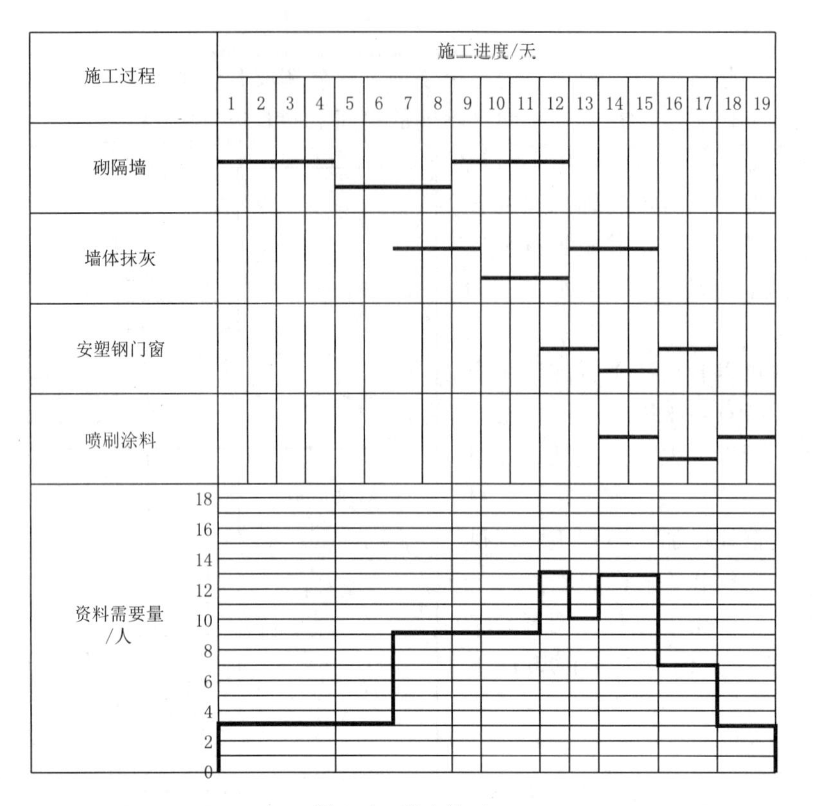

图 3.4　流水施工

工人的熟练程度和操作技能，从而提高工人的劳动生产率，同时，也易于保证和提高工程质量。

(2) 流水施工能使各专业施工班组连续施工，避免窝工现象，从而有利于提高技术经济效益。

(3) 流水施工能合理地、充分地利用工作面，避免工作面的闲置，从而有利于加快施工进度，缩短工程工期。

(4) 流水施工能使劳动力和其他资源的使用比较均衡，从而可避免出现劳动力和资源使用的大起大落现象，减轻施工组织者的压力，为资源的调配、供应和运输带来方便，从而有利于提高施工管理水平。

2. 组织流水施工的要点

(1) 划分施工过程。将拟建建筑物装饰工程根据工程特点和工艺要求，划分成若干个施工过程。

(2) 划分施工段。根据组织流水施工的需要，将工程对象在平面上或空间上，尽可能地划分成劳动量或工作量大致相等（误差一般控制在15%以内）的施工段（区）。

(3) 每个施工过程组织专业班组进行施工。在一个流水组中，每个施工过程尽可能组织独立的专业班组，各专业班组按一定的施工工艺，配备必要的机具，依次、连续地由一个施工段（区）转移到另一个施工段（区），反复地完成同类工作。

(4) 主要施工过程必须连续、均衡地施工。对工程量较大、施工时间较长的主要施工

过程，应尽可能使各专业班组连续施工；对其他次要工程，可考虑与相邻的施工过程合并；如不能合并，可安排间断施工。

（5）不同的施工过程尽可能组织平行搭接施工。相邻的施工过程，在工作面允许的条件下，除必要的工艺间歇和组织间歇时间外，应尽可能组织平行搭接施工。

3. *流水施工的表达方式*

流水施工的表达方式主要有横道图和网络图。网络图将在项目 4 中详细介绍，下面以某装饰装修工程流水施工为例介绍横道图。如图 3.5 所示，在横道图表示法中，横坐标表示流水施工的持续时间，纵坐标表示施工过程的名称或编号，n 条带有编号的水平线段表示 n 个施工过程或专业工作队的施工进度安排，其编号①②……表示不同的施工段。

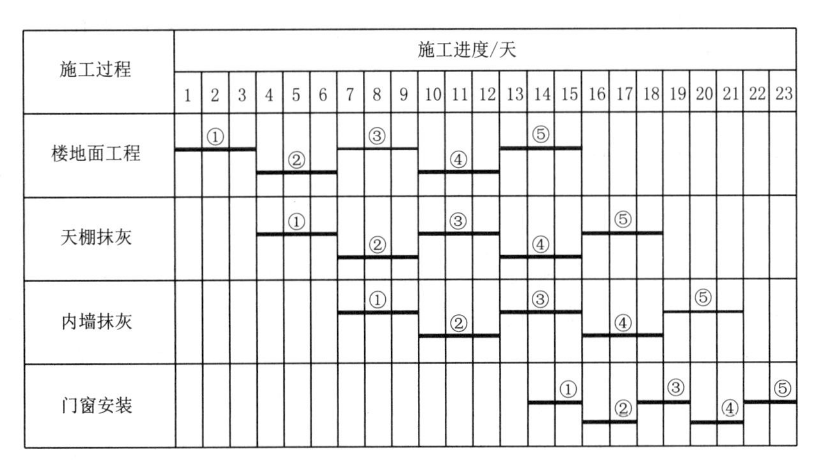

图 3.5　流水施工横道图表示法

横道图表示法的优点是：绘图简单，施工过程及其先后顺序表达清楚，时间和空间状况直观，使用方便，因而被广泛用来表达施工进度计划。

任务 3.2　流水施工的主要参数

流水施工的主要参数，按其性质的不同，一般可分为工艺参数、空间参数和时间参数三种。

3.2.1　工艺参数

工艺参数是指在组织流水施工时，用以表达流水施工在施工工艺上开展顺序及其特征的参数；或是指在组织流水施工时，将拟建工程项目的整个装饰过程分解为施工过程的种类、性质和数目方面的总称。通常，工艺参数包括施工过程数和流水强度两种。

1. *施工过程*

组织建筑装饰工程流水施工时，根据施工组织及计划安排需要而将计划任务分成的子项任务称为施工过程，施工过程的数目一般用 n 表示。

在施工过程划分时，并不需要将所有的施工过程都组织到流水施工中，只有那些占有工作面，对流水施工有直接影响的施工过程才作为组织的对象。施工过程划分的数目多少、粗细程度一般与下列因素有关。

（1）施工进度计划的功能。施工进度计划按计划功能的不同分为控制性施工进度计划和实施性施工进度计划。控制性施工进度计划是指以整个建设项目为施工对象，以项目整体交付使用时间为目标的施工进度计划。它用来确定工程项目中所包含的单项工程、单位工程或分部分项工程的施工顺序、施工期限及相互搭接关系。控制性施工进度计划为编制实施性施工进度计划提供依据。实施性施工进度计划是在控制性施工总进度计划的指导下，以单位工程为对象，按分项工程或施工工序来划分施工过程，在选定的施工方案的基础上，根据工期要求和物资条件，具体确定各施工过程的施工时间和相互搭接关系。

对施工控制性施工进度计划、建筑群体的工程施工进度计划，组织流水施工的施工过程可以划分得粗一些，施工过程可以是单位工程，也可以是分部工程；当编制实施性施工进度计划时，施工过程可以划分得细一些，施工过程可以是分项工程，也可以是将分项工程按照专业工种不同分解而成的施工工序。

（2）建筑的结构类型及施工方案。施工过程数应结合建筑装饰工程的复杂程度、建筑的结构类型及施工方案。对复杂的施工内容应分得细些，简单的施工内容分得不要过细。砖混结构、框架结构等不同的结构类型，其施工过程划分及施工内容各不相同。对于同一幢建筑，如采用不同的施工方案和施工方法，其施工过程的划分也是不同的。

（3）劳动组织及劳动量大小。施工过程的划分与施工班组及施工习惯有关。如安装玻璃、油漆施工可合也可分，因为有的是混合班组，有的是单一工种的班组。

施工过程的划分还与劳动量大小有关。劳动量小的施工过程，可与其他施工过程合并。如装饰工程中的地面工程，如果作垫层的劳动量较小，可以与混凝土面层合并成一个施工过程，这样可以使各个施工过程的劳动量大致相等，便于组织流水施工。

总之，施工过程的数量要适当，应适合组织流水施工的需要。在划分施工过程时，施工过程数过多，会使进度计划主次不明，施工组织太复杂；若过少又使进度计划过于笼统，达不到好的流水效果，失去指导施工的作用，所以合适的施工过程数对施工组织很重要。在施工过程划分时，应该以主导施工过程为主。

2. 流水强度

某施工过程（或专业工作队）在单位时间内所需完成的工程量，称为该施工过程（或专业工作队）的流水强度，也称为流水能力或施工能力，其计算公式为

$$V=\sum_{i=1}^{x}R_iS_i \tag{3.1}$$

式中 V——某施工过程（或专业工作队）的流水强度；

R_i——投入该施工过程的第 i 种资源量（工人数或施工机械台数）；

S_i——投入该施工过程的第 i 种资源的产量定额；

x——投入该施工过程的资源种类数。

3.2.2 空间参数

空间参数是用以表达流水施工在空间上开展状态的参数，一般包括工作面、施工段和

施工层。

1. 工作面

工作面是指供某专业工种的工人或某种施工机械进行施工的活动空间。每个作业的工人或每台机械所需工作面的大小，取决于单位时间内其完成的工程量和安全施工的要求。工作面确定得合理与否，直接影响专业工作队的生产率。因此，必须合理确定工作面。主要工种的最小工作面可参考表 3.1 确定。

表 3.1　主要工种的最小工作面参考数据表

工作项目	每个技工的工作面	工作项目	每个技工的工作面
砌 240 砖墙	8.5m/人	外墙干粘石面层	$14m^2$/人
砌 120 砖墙	11m/人	内墙抹灰	$18.5m^2$/人
砌框架间 240 空心砖墙	8m/人	抹水泥砂浆楼地面	$40m^2$/人
混凝土柱、墙基础（机拌、机捣）	$8m^3$/人	钢、木门窗安装	$11m^2$/人
混凝土设备基础（机拌、机捣）	$7m^3$/人	铝合金、塑钢门窗安装	$7.5m^2$/人
现浇钢筋混凝土柱（机拌、机捣）	$2.45m^3$/人	安装轻钢龙骨吊顶	$20m^2$/人
现浇钢筋混凝土梁（机拌、机捣）	$3.20m^3$/人	安装轻钢龙骨石膏板隔墙	$25m^2$/人
现浇钢筋混凝土墙（机拌、机捣）	$5m^3$/人	贴内外墙面砖	$7m^2$/人
现浇钢筋混凝土楼板（机拌、机捣）	$5.3m^3$/人	挂墙面花岗岩板	$6m^2$/人
预制钢筋混凝土柱（机拌、机捣）	$3.6m^3$/人	铺楼地面石材	$16m^2$/人
预制钢筋混凝土梁（机拌、机捣）	$3.6m^3$/人	安装门窗玻璃	$15m^2$/人
预制钢筋混凝土屋架（机拌、机捣）	$2.7m^3$/人	墙面刮腻子、涂刷乳胶漆	$40m^2$/人
混凝土地坪及面层（机拌、机捣）	$40m^2$/人	卷材屋面	$18.5m^2$/人
外墙抹水泥砂浆	$16m^2$/人	防水水泥砂浆屋面	$16m^2$/人
外墙水刷石面层	$12m^2$/人		

2. 施工段

将施工项目在平面上划分为若干个劳动量大致相等的施工段，这些施工段又称为流水段。施工段的数量一般用 m 表示。通常每一个施工段在某一时间内只供一个施工过程的专业工作队使用。

（1）划分施工段的目的。划分施工段的目的就是要保证各个专业工作队都有自己的工作空间，使得各个专业工作队能够同时在不同的工作面上进行平行作业，消除等待，互不干扰，进而缩短工期。

（2）划分施工段的原则。施工段的数目要适宜。过多会使每段的工作面过小，能容纳的人数过少，影响生产效率或不能充分利用人员、设备而影响工期；太少又会难以流水，使作业班组无法连续施工，造成窝工。因此，为了使分段科学合理，应遵循以下原则：

1）同一专业的工作队在各个施工段上的劳动量应大致相等，相差幅度不宜超过15%，目的是使专业工作班组人数相对固定，专业工作队在每段上所花费的时间大致相等，便于组织有节奏流水施工。

2）以主导施工过程为依据，施工段的大小应使主要施工过程的工作队有足够的工作面，以保证施工效率和安全。

3）为保证建筑结构的整体性和工程质量，施工段的界限应尽可能与结构界限相吻合，或设在对建筑结构整体性影响小的部位，应尽量利用沉降缝、伸缩缝、防震缝作为分段界限；为保证建筑装饰装修的外观效果，应以独立的房间、装饰的分格、墙体的阴角等作为分段界限，以减少留槎，便于连接。

3. 施工层

对于多层建筑物或需要分层施工的工程，应既分施工段，又分施工层。施工层是指在组织多层建筑物竖向流水施工时，将施工项目在竖向划分为若干个作业层，这些作业层称为施工层。各专业工作队依次完成第一施工层中各施工段任务后，再转入第二施工层的施工段上作业，依次类推，以确保各专业工作队在施工段与施工层之间连续、均衡施工。

通常以建筑物的结构层作为施工层，有时也为了满足专业工种对操作高度和施工工艺等的要求，也可以按一定高度划分施工层。在多高层建筑中，装饰装修施工阶段有较多的施工空间，易于满足多个专业队同时施工的工作面要求。有时甚至在平面上不分段，即将一个楼层作为一个施工段。但如果上下层的施工过程之间相互干扰时，则应使每层的施工段数大于或等于施工过程数，即 $m \geqslant n$。举例如下。

【例 3.2】 一幢二层建筑的室内装饰工程，分为顶板及墙面抹灰、楼地面石材铺设两个施工过程，拟组织一个抹灰队和一个石材铺设队进行流水施工。在工作面足够、人员和机具数不变的条件下，按 $m=1$、$m=2$ 和 $m=4$ 三种方案组织施工。

为防止二层楼面施工的渗漏水污染一层顶板，采取从上向下的施工流向，即先施工二层，再施工一层。

方案 1：$m=1$（$m<n$），进度安排如图 3.6 所示。

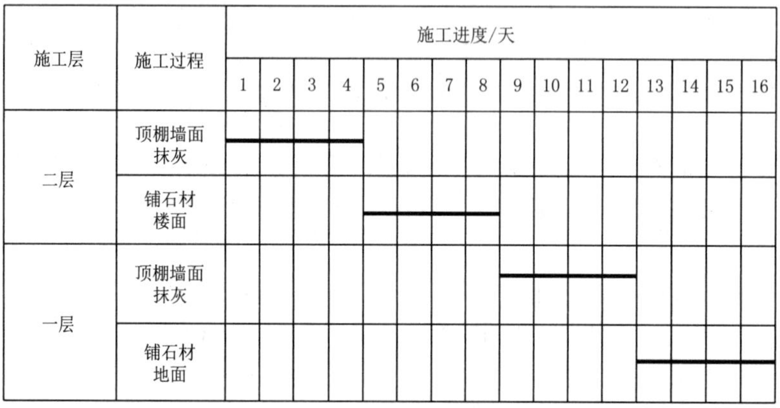

施工层	施工过程	施工进度/天															
		1	2	3	4	5	6	7	8	9	10	11	12	13	14	15	16
二层	顶棚墙面抹灰																
	铺石材楼面																
一层	顶棚墙面抹灰																
	铺石材地面																

图 3.6　$m<n$ 的进度安排

从图 3.6 可以看出，方案 1 由于不分施工段（即每个楼层为一段），在抹灰队完成二层顶板及墙面抹灰后，石材铺设队进行该层楼面铺设；因二层楼面施工的渗漏水会污染一层顶板，所以一层顶墙抹灰不能在第五天开始，只能等二层楼面铺设结束后开始，即第九天开始，进而导致铺石材地面的工序只有在第 13 天才有工作面，才能开始施工。

该方案中，为了满足工艺技术的要求，就无法保证专业工作队连续工作，出现了窝工现象，工期较长，不是一个理想的方案。

方案 2：$m=2$（$m=n$），进度安排如图 3.7 所示。

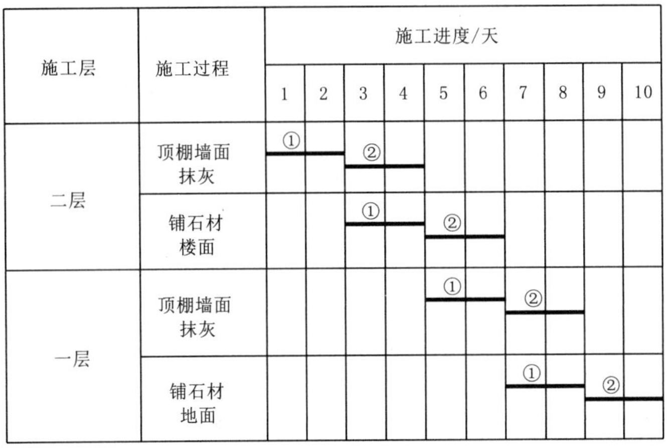

施工层	施工过程	施工进度/天									
		1	2	3	4	5	6	7	8	9	10
二层	顶棚墙面抹灰	①		②							
	铺石材楼面			①		②					
一层	顶棚墙面抹灰					①		②			
	铺石材地面							①		②	

图 3.7　$m=n$ 的进度安排

从图 3.7 可以看出，每层分为两个施工段，使得施工段数与施工过程数相等。在二层一段顶墙抹灰后，进行该段楼面石材的铺设，随后进行一层一段顶墙抹灰，再进行该段地面石材的铺设。

该方案在满足工艺技术要求的情况下，既保证了每个专业工作队连续工作，又使得工作面不出现闲置，大大缩短了工期，是一个较为理想的方案。

方案 3：$m=4$（$m>n$），进度安排如图 3.8 所示。

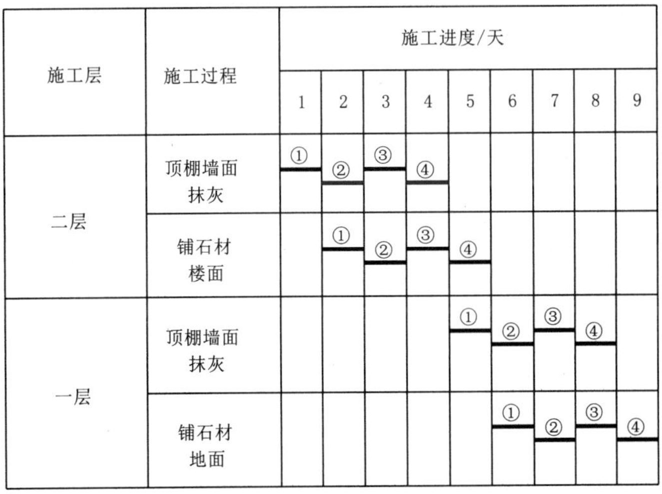

施工层	施工过程	施工进度/天								
		1	2	3	4	5	6	7	8	9
二层	顶棚墙面抹灰	①	②	③	④					
	铺石材楼面		①	②	③	④				
一层	顶棚墙面抹灰					①	②	③	④	
	铺石材地面						①	②	③	④

图 3.8　$m>n$ 的进度安排

从图 3.8 可以看出，每层分为四个施工段，使得施工段数大于施工过程数。在二层一段顶墙抹灰后，进行该段楼面石材的铺设，随后虽然在第 3 天时一层一段的工作面已经具备，但因顶墙抹灰的施工队还在二层施工，只能把一层一段顶墙抹灰的工作推迟到第五天开始，之后再进行该段地面石材的铺设。

该方案在满足工艺技术要求的情况下，保证了每个专业工作队连续工作，但使得工作面出现了闲置，在层间的时候每个施工段的工作面都闲置了两天。这种工作面的闲置一般不会造成费用的增加，而且在某些施工过程中还会起到满足工艺要求和施工组织需要的作用，如可利用工作面的闲置时间作为现浇楼地面的养护时间，或安排施工质量检查等。所以，这种工作面的闲置不但是允许的，而且有时是必要的。

综上所述，在多层建筑流水施工中，为缩短工期，为保证各专业工作队尽可能连续施工，不出现窝工现象，应使施工段数大于或等于施工过程数，即 $m \geqslant n$。但应注意，m 值也不能过大，否则会造成人员、机具、材料过于集中，影响效率和效益，易发生事故。

3.2.3　时间参数

时间参数是指在组织流水施工时，用以表达流水施工在时间安排上所处状态的参数，主要包括流水节拍、流水步距、间歇时间、搭接时间和流水施工工期。

1. 流水节拍

流水节拍是指在组织流水施工时，某个专业工作队在一个施工段上的持续时间。流水节拍通常用 t 表示。

流水节拍是流水施工的基本参数之一，决定着施工的速度和节奏。流水节拍小，则流水速度快、节奏快，单位时间内资源供应量大。同时，流水节拍也是区别流水施工组织方式的特征参数。

（1）流水节拍数值的确定主要有以下三种方式。

1）定额计算法。根据现有能够投入的资源（人力、机械台数、材料量等）和各施工段的工程量以及劳动定额来确定，其计算公式为

$$t_i = \frac{Q_i}{S_i R_i N_i} = \frac{Q_i H_i}{R_i N_i} = \frac{P_i}{R_i N_i} \tag{3.2}$$

式中　t_i——施工过程 i 的流水节拍；

Q_i——施工过程 i 在某施工段上的工程量；

S_i——施工过程 i 的人工或机械的产量定额；

R_i——施工过程 i 的专业施工队人数或机械台数；

N_i——施工过程 i 的专业施工队每天工作班次；

H_i——施工过程 i 的人工或机械的时间定额；

P_i——施工过程 i 在某施工段上的劳动量（工日或台班）。

从上述计算公式可以看出，影响流水节拍数值大小的因素有：施工时采用的施工方案、该施工段上工程量的多少、该施工段上投入资源的多少、工作班次。施工时为便于管理，流水节拍在数值上最好是半个工日的整数倍。

2）工期倒排计算法。对于某些在规定日期内必须完成的工程项目，往往采用工期倒排计算法。首先根据工期倒排进度，确定某施工过程的工作持续时间。然后确定某施工过程在某施工段上的流水节拍，若同一施工过程在各施工段上的流水节拍不等，则用估算法；若流水节拍相等，则按式（3.3）进行计算。

$$t=\frac{T}{m} \tag{3.3}$$

式中　T——某施工过程的工作延续时间；

m——某施工过程划分的施工段数。

3）经验估算法。它是根据以往的施工经验，结合现有的施工条件进行估算。为了提高其准确程度，往往先估算出该施工过程流水节拍的最长、最短和最可能三种时间，然后采用加权平均的方法，求出较为可行的流水节拍值。这种方法也称为三时估算法，其计算公式为

$$t=\frac{a+4c+b}{6} \tag{3.4}$$

式中　a——某施工过程在某施工段上的最短估算时间；

b——某施工过程在某施工段上的最长估算时间；

c——某施工过程在某施工段上的最可能时间。

（2）无论采用哪种方法，在确定流水节拍时应注意以下问题。

1）在确定流水节拍时，有时为减小流水节拍值需加大资源的投入量，此时应考虑工作面的限制条件，必须保证施工班组和施工机械有足够的工作面，这样才能保证各专业施工班组和施工机械的劳动效率和施工操作安全。

2）在确定流水节拍时，应考虑专业施工队组织方面的限制，专业队的人数应符合劳动组合的要求，以便进行集体协作施工。

3）在确定流水节拍大小时，应考虑工序自身的工艺要求。如刮腻子、刷油漆等往往有几层做法，各层间有干燥间歇要求；墙面粘贴石材受到施工高度的限制等。所以流水节拍大小应满足这些间歇时间的要求。

4）确定分部工程各施工过程的流水节拍，应首先确定主导施工过程（指主要的、工程量大的施工过程）的流水节拍，并以它为依据确定其他施工过程的流水节拍。主导施工过程的流水节拍应尽可能是有节奏的，以便组织有节奏流水。

2. 流水步距

流水步距是指组织流水施工时，相邻两个施工过程（专业工作队）相继开始施工的最小间隔时间。流水步距通常用$K_{i,i+1}$来表示，其中i（$i=1$，2，…，$n-1$）为专业工作队或施工过程的编号。

流水步距的大小，对工期有较大的影响。一般来说，在施工段不变的条件下，流水步距越大，工期越长；流水步距越小，工期越短。

流水步距的大小，与流水施工的组织方式、流水节拍的大小、施工段数目、施工工艺技术要求、是否有间歇、搭接时间等有关。流水步距的计算将在流水施工的组织方式一节中详细介绍。

3. 间歇时间

间歇时间是指在组织流水施工时，由于施工过程之间工艺上或组织上的需要，相邻两个施工过程在时间上不能衔接施工而必须留出的时间间隔。根据原因的不同，又可分为工艺间歇（通常用t_g表示）和组织间歇（通常以t_z来表示）。工艺间歇是合理的工艺等待时

间，如砂浆抹面和油漆面的干燥时间。组织间歇是由于施工组织的原因而造成的等待时间，如机器转场、施工验收等。

4. 搭接时间

在组织流水施工时，相邻两个专业工作队在同一施工段上的关系，通常是前者工作全部完成，后者才能进入这个施工段开始施工。但有时为了缩短工期，在工作面允许的前提下，可以使二者搭接作业，这个搭接的持续时间称为搭接时间，通常以 t_d 表示。但需注意的是，专业队提前插入必须在技术上可行，而且不影响前一个专业队的正常工作。提前插入的现象越少越好，多了会打乱节奏，影响均衡施工。

5. 流水施工工期

流水施工工期是指从第一个专业工作队投入流水施工开始，到最后一个专业工作队完成流水施工为止的整个持续时间，通常以 T 表示。

任务 3.3　流水施工的组织方式

在流水施工中，由于流水节拍的规律不同，决定了流水步距、流水施工工期的计算方法等也不同，甚至影响到各个施工过程的专业工作队数目。因此，有必要按照流水节拍的特征将流水施工进行分类，其分类情况如图 3.9 所示。

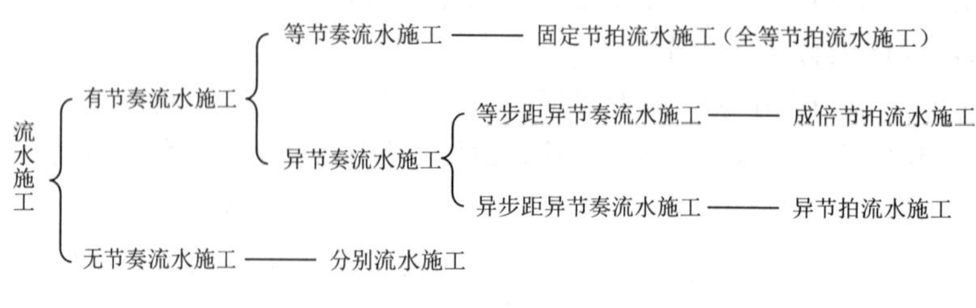

图 3.9　流水施工分类图

1. 有节奏流水施工

有节奏流水施工是指在组织流水施工时，每一个施工过程在各个施工段上的流水节拍都各自相等的流水施工，它分为等节奏流水施工和异节奏流水施工。

（1）等节奏流水施工。是指在组织流水施工时，同一个施工过程在各个施工段上的流水节拍都相等，不同的施工过程在各个施工段上的流水节拍也相等的流水施工方式，也称为固定节拍流水施工或全等节拍流水施工。

（2）异节奏流水施工。是指在组织流水施工时，同一个施工过程在各个施工段上的流水节拍都相等，但不同的施工过程在各个施工段上的流水节拍不全相等的流水施工方式。在组织异节奏流水施工时，又可以分采用等步距和异步距两种方式。

1）等步距异节奏流水施工。是指在组织异节奏流水施工时，按每个施工过程流水节拍之间的比例关系，成立相应数量的专业工作队而进行的流水施工，也称为成倍节拍流水施工。

2）异步距异节奏流水施工。是指组织异节奏流水施工时，每个施工队成立一个专业

工作队，由其完成各施工段任务的流水施工，也称为异节拍流水施工。

2. 无节奏流水施工

无节奏流水施工是指在组织流水施工时，同一个施工过程在各个施工段上的流水节拍不全相等的流水施工。这种施工是流水施工中最常见的一种方式。

3.3.1　等节奏流水施工

等节奏流水施工采用固定节拍流水施工的组织方式。

1. 固定节拍流水施工的特点

固定节拍流水施工是一种最理想的流水施工方式，其特点如下：

（1）所有施工过程在各个施工段上的流水节拍均相等。

（2）相邻施工过程的流水步距相等，且等于流水节拍。

（3）每个专业工作队都能够连续作业，施工段没有间歇时间。

（4）专业工作队数目等于施工过程数目。

2. 固定节拍流水施工的适用范围

固定节拍流水施工比较适用于施工过程较少的分部工程，而在大多数建筑工程中施工均较为复杂，施工过程也较多，要使所有的施工过程的流水节拍都相等是十分困难的，因而在实际施工中不易组织固定节拍流水。因此固定节拍流水的组织方式适用范围不是很广泛。

3. 流水施工工期的确定（本章仅讨论不分施工层的情况）

其流水施工工期的计算程序如下：

（1）计算流水步距 K。流水步距等于流水节拍，流水步距按式（3.5）计算。

$$K=t \tag{3.5}$$

式中　K——流水步距；

t——流水节拍。

（2）确定流水施工工期。流水施工工期可按式（3.6）计算。

$$T=(m+n-1)t+\sum t_g+\sum t_z-\sum t_d \tag{3.6}$$

式中　T——流水施工工期；

m——施工段数；

n——施工过程数；

t——流水节拍；

$\sum t_g$——工艺间歇时间之和；

$\sum t_z$——组织间歇时间之和；

$\sum t_d$——搭接时间总和。

【例 3.3】 某分部工程由 A、B、C、D 四个施工过程组成，每个施工过程分为三施工段，各施工过程在各施工段上的流水节拍均为 2 天，试组织流水施工。

解： 由于流水节拍相等，可组织固定节拍流水施工。

（1）确定流水步距：$K=t=1$ 天。

（2）计算工期：$T=(m+n-1)t+\sum t_g+\sum t_z-\sum t_d=(3+4-1)\times 2=12$（天）。

（3）绘制施工进度计划表，如图 3.10 所示。

【例 3.4】 上例中若 A、B 之间有 1 天的搭接时间，C、D 之间有 2 天的技术间歇时间，试组织流水施工。

解： 由于流水节拍相等，可组织固定节拍流水施工。

(1) 确定流水步距：$K=t=1$ 天。

(2) 计算工期：$T=(m+n-1)t+\sum t_g+\sum t_z-\sum t_d=(3+4-1)\times 2+2-1=13$（天）。

(3) 绘制施工进度计划表，如图 3.11 所示。

施工过程	施工进度/天											
	1	2	3	4	5	6	7	8	9	10	11	12
A												
B												
C												
D												

图 3.10　［例 3.3］流水施工进度计划表

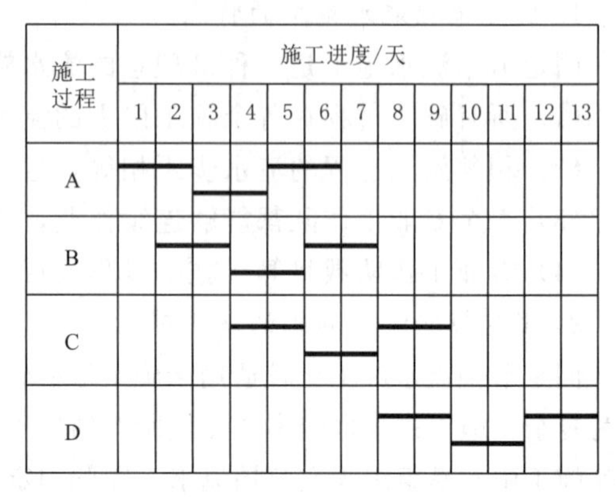

图 3.11　［例 3.4］流水施工进度计划表

【例 3.5】 某一住宅小区内有 7 栋同类型建筑物外墙面进行装饰，施工过程 $n=4$，按一栋为一个施工段。若要求工期不超过 50 天，试组织固定节拍流水施工，绘制施工进度计划表。

解： 根据已知资料可知，施工过程 $n=4$，施工段数 $m=7$，根据公式 $T=(m+n-1)t$ 反求出流水节拍，即

$$t=\frac{T}{m+n-1}=\frac{50}{7+4-1}=5\text{（天）}$$

流水施工进度计划表如图 3.12 所示。

施工过程	施工进度/天									
	5	10	15	20	25	30	35	40	45	50
A										
B										
C										
D										

图 3.12　［例 3.5］流水施工进度计划表

3.3.2　异节奏流水施工

在通常情况下，很难使得各个施工过程的流水节拍都彼此相等，但是如果施工段划分得合适，保持同一施工过程在各施工段的流水节拍相等是不难实现的。这种同一施工过程在各施工段的流水节拍相等，不同施工过程的流水节拍不相等，即形成异节奏流水施工。异节奏流水施工包括异节拍流水施工和成倍节拍流水施工。为了缩短流水施工工期，一般可采用成倍节拍流水施工方式。异节拍流水施工由于对施工过程的流水节拍及资源限制比较少，因而

在进度安排上比固定节拍和成倍节拍流水灵活，实际应用范围更广泛。

方式一：成倍节拍流水施工

1. 成倍节拍特点

（1）同一施工过程在其各个施工段上的流水节拍均相等；不同施工过程的流水节拍不等，但其值均为某一常数的整数倍。

（2）相邻施工过程的流水步距相等，且等于流水节拍的最大公约数。

（3）各专业工作队能保证连续施工，施工段没有空闲。

（4）专业工作队数大于施工过程数。

2. 工期的确定

成倍节拍流水施工通过增加专业工作队数目来缩短流水施工工期，每个施工过程由几个专业工作队共同完成，其流水施工工期的计算程序如下。

（1）计算流水步距 K_b。流水步距等于流水节拍的最大公约数，可按式（3.7）计算。

$$K_b = 最大公约数[t_i] \tag{3.7}$$

（2）确定专业工作队数目。每个施工过程成立的专业工作队数目，其计算公式为

$$b_i = \frac{t_i}{K_b} \tag{3.8}$$

式中　b_i——第 i 个施工过程的专业工作队数目；

t_i——第 i 个施工过程的流水节拍；

K_b——流水步距（各施工过程流水节拍的最大公约数）。

（3）确定流水施工工期。流水施工工期可按式（3.9）计算。

$$T = (m + n' - 1)K_b + \sum t_g + \sum t_z - \sum t_d \tag{3.9}$$

$$n' = \sum b_i$$

式中　T——流水施工工期；

m——流水施工段数；

n'——参与工程流水施工的专业工作队总数；

b_i——第 i 个施工过程的专业工作队数目；

K_b——流水步距（各施工过程流水节拍的最大公约数）；

$\sum t_g$——工艺间歇时间之和；

$\sum t_z$——组织间歇时间之和；

$\sum t_d$——搭接时间之和。

【例 3.6】 某住宅楼共六个单元，进行室内装修，每个单元需要的时间是顶棚墙面刮白 4 天，涂料 2 天，铺木地板 6 天。如果工期要求紧，施工人员充足，则可以组织何种流水施工？

解：根据背景材料及工期要求紧、施工人员充足的情况，可组织成成倍节拍流水施工。

（1）确定流水步距：K_b＝最大公约数［4，2，6］＝2（天）。

（2）计算专业工作队数目：$b_1 = 4/2 = 2$（个），$b_2 = 2/2 = 1$（个），$b_3 = 6/2 = 3$（个）。

$$n'=b_1+b_2+b_3=2+1+3=6\text{（个）。}$$

（3）确定施工段数：每一单元作为一个施工段，共六个单元，$m=6$。

（4）计算工期：$T=(m+n'-1)K_b+\sum t_g+\sum t_z-\sum t_d=(6+6-1)\times 2=22$（天）。

（5）绘制流水施工进度计划表，如图 3.13 所示。

施工过程	专业工作队号	施工进度/天										
		2	4	6	8	10	12	14	16	18	20	22
顶棚墙面刮白A	A1	①		③		⑤						
	A2		②		④		⑥					
刷涂料B	B1			①	②	③	④	⑤	⑥			
铺木地板C	C1					①			④			
	C2						②			⑤		
	C3							③			⑥	

图 3.13　［例 3.6］流水施工进度计划表

方式二：异节拍流水施工

组织流水施工时，同一施工过程在各施工段上的流水节拍相等，不同施工过程的流水节拍不完全相等，且每个施工过程均由一个专业工作队承担，可组织异节拍流水施工。

1. 特点

（1）同一施工过程在各个施工段上的流水节拍相等。

（2）不同施工过程之间的流水节拍不全相等。

（3）各专业工作队能保证连续施工，施工段可能有空闲。

（4）专业工作队数等于施工过程数。

2. 工期的确定

其流水施工工期的计算程序如下。

（1）确定流水步距。异节拍流水流水步距的计算公式为

$$K_{i,i+1}=\begin{cases}t_i & (t_i\leqslant t_{i+1})\\ mt_i-(m-1)t_{i+1} & (t_i>t_{i+1})\end{cases}\qquad(3.10)$$

式中　$K_{i,i+1}$——第 i 个施工过程与第 $i+1$ 个施工过程间的流水步距；

t_i——第 i 个施工过程在各施工段上的流水节拍；

t_{i+1}——第 $i+1$ 个施工过程在各施工段上的流水节拍；

m——施工段数。

（2）确定流水施工工期。异节拍流水施工工期可按式（3.11）计算。

$$T=\sum K_{i,i+1}+T_n+\sum t_g+\sum t_z-\sum t_d=\sum K_{i,i+1}+mt_n+\sum t_g+\sum t_z-\sum t_d\qquad(3.11)$$

式中　T_n——最后一个施工过程的总持续时间；

t_n——最后一个施工过程的流水节拍；

$\sum t_g$——工艺间歇时间之和；

$\sum t_z$——组织间歇时间之和；

$\sum t_d$——搭接时间之和。

其他符号意义同前。

【例 3.7】 如［例 3.6］所示背景材料，若每个施工过程配备一个专业施工班组，试组织流水施工。

解：根据背景材料及每个施工过程配备一个专业施工班组的要求，可组织成异节拍流水施工。

（1）确定流水步距：$t_A>t_B$　$K_{AB}=mt_A-(m-1)t_B=6\times4-5\times2=14$（天）。

$t_B<t_C$　$K_{BC}=t_B=2$（天）。

（2）绘制流水施工进度计划表，如图 3.14 所示。

施工过程	施工进度/天																									
	2	4	6	8	10	12	14	16	18	20	22	24	26	28	30	32	34	36	38	40	42	44	46	48	50	52
顶棚墙面刮白																										
刷涂料																										
铺木地板																										

图 3.14 ［例 3.7］流水施工进度计划表

3.3.3 无节奏流水施工

在组织流水施工时，经常由于工程结构形式、施工条件不同等原因，使得各施工过程的流水节拍随施工段的不同而不同，且不同施工过程之间的流水节拍又有很大的差异，不可能按有节奏流水施工来组织。这时流水节拍虽然无任何规律，但仍可利用流水施工原理组织流水施工，使各专业工作队在满足连续施工的条件下，实现最大限度地搭接。这种施工方式，称为分别流水，它是流水施工的普遍形式。

1. 无节奏流水施工的特点

（1）各施工过程在各施工段上的流水节拍不全相等。

（2）相邻施工过程的流水步距不尽相等。

（3）每个专业工作队都能够连续作业，施工段可能有空闲。

（4）专业工作队数等于施工过程数。

2. 无节奏流水施工组织方式的适用范围

无节奏流水对流水节拍没有前三种施工组织方式的时间约束，在进度安排上比较自由、灵活，允许某些施工段闲置，因此能够适应各种结构各异、规模不等、复杂程度不同的工程，具有广泛的适用性。在实际工作中是一种非常普遍的流水施工方式。

3. 流水施工工期的确定

其流水施工工期的计算程序如下。

（1）确定流水步距。无节奏流水施工中，流水步距的大小没有规律，通常运用潘特考夫斯基法进行计算。

潘特考夫斯基法又称“累加数列错位相减取大差法”，其计算步骤如下：

1）对每个施工过程在各施工段上的流水节拍依次累加，求得各施工过程流水节拍的累加数列。

2）将相邻施工过程流水节拍累加数列中的后者错后一位，相减求得一个差数列。

3）在差数列中取最大值，即为这两个相邻施工过程的流水步距。

（2）确定流水施工工期。无节奏流水施工工期可按式（3.12）计算。

$$T=\sum K_{i,i+1}+T_n+\sum t_g+\sum t_z-\sum t_d \quad (3.12)$$

式中符号意义同前。

【例3.8】 某工程包括A、B、C和D四个施工过程，分为四个施工段组织流水施工，各施工过程在各施工段的流水节拍见表3.2。试确定相邻施工过程之间的流水步距及流水施工工期，并绘制流水施工进度图表。

表3.2　某工程的流水节拍

施工过程＼施工段	①	②	③	④
A	3天	3天	4天	4天
B	2天	2天	3天	3天
C	4天	4天	5天	5天
D	2天	2天	3天	3天

解：根据流水节拍无节奏特点，可采用无节奏流水施工方式组织施工。

（1）计算各施工段流水节拍的累加数列，将相邻两数列错位相减，得到差数列，取最大值即为流水步距：

A与B：

$$\begin{array}{rrrrr} 3, & 6, & 10, & 14 & \\ -\quad & 2, & 4, & 7, & 10 \\ \hline 3 & 4 & 6 & 7 & -10 \end{array}$$

$K_{AB}=\max\{3, 4, 6, 7, -10\}=7$（天）

B与C：

$$\begin{array}{rrrrr} 2, & 4, & 7, & 10 & \\ -\quad & 4, & 8, & 13, & 18 \\ \hline 2 & 0 & -1 & -3 & -18 \end{array}$$

$K_{BC}=\max\{2, 0, -1, -3, -18\}=2$（天）

C与D：

$$\begin{array}{rrrrr} 4, & 8, & 13, & 18 & \\ -\quad & 2, & 4, & 7, & 10 \\ \hline 4 & 6 & 9 & 11 & -10 \end{array}$$

$K_{CD}=\max\{4, 6, 9, 11, -10\}=11$（天）

（2）计算工期：$T=\sum K_{i,i+1}+T_n+\sum t_g+\sum t_z-\sum t_d=7+2+11+10=30$（天）。

（3）绘制流水施工进度计划表，如图 3.15 所示。

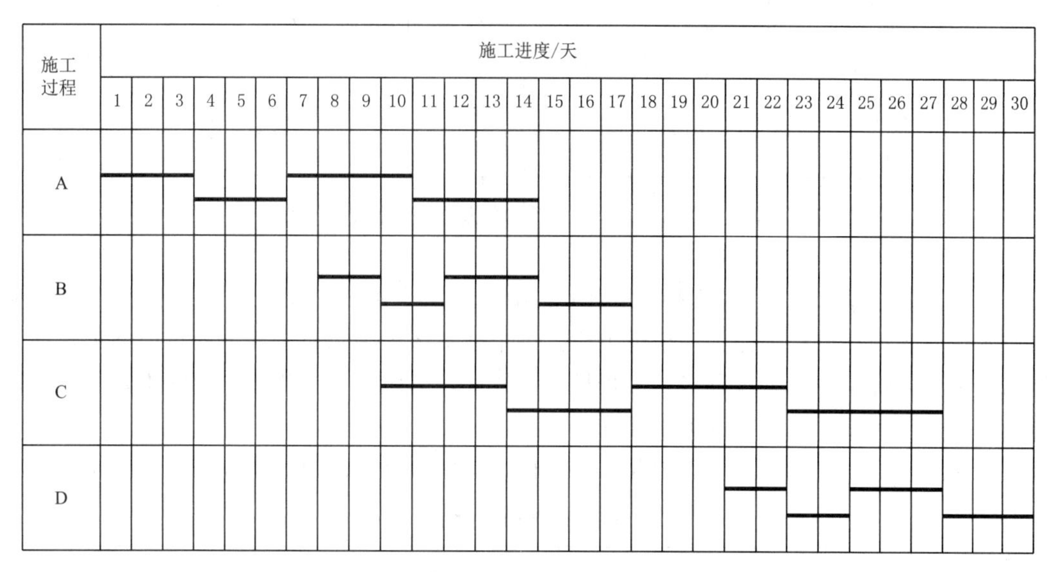

图 3.15　［例 3.8］流水施工进度计划表

任务 3.4　流水施工的具体应用

1. 组织流水施工的步骤

针对实际工程组织流水施工时，应按以下步骤进行：

（1）根据作业内容、施工方案、工序要求、施工队的配备和构成等确定施工过程，并计算出各施工过程的工程量、劳动量。

（2）根据工程的层数、面积、施工作业部位和内容、工期要求、资源配备等具体情况，划分施工区和施工段。

（3）根据每一施工过程的劳动量，考虑工期要求或劳动力及机具配备状况、班制安排、工艺要求、流水组织方法等确定合理的流水节拍。

（4）根据施工工序、流水节拍绘制施工进度计划表。

需要注意的是，因施工过程较多，难以全面兼顾时，要以主要施工过程为主。首先保证几个主要施工过程进行流水作业，在符合施工顺序的前提下，力争使主要工种连续施工。对于同一工种同时有几项工作任务时，可将该工种工人分成两个或三个组，分头同时去干不同的任务。次要施工过程可以不参与流水，只作穿插配合。

2. 工程案例解析

某十二层住宅室内装饰装修工程包括楼地面、天棚、内墙面、木门制作安装、油漆等。其中，厨房、卫生间贴墙砖、铺地砖；客厅、走廊的墙面、顶棚刮腻子后作耐擦洗涂料，楼地面铺地砖；卧室墙面、顶棚刮腻子后作耐擦洗涂料，楼地面铺木地板。主要装修工程量见表 3.3。

表 3.3　主要装饰装修工程量表

序号	项　目	单位	工程量	序号	项　目	单位	工程量
1	木门套	樘	1434	5	卫生洁具（三件套）	套	240
2	壁柜	m	1257	6	橱柜	套	270
3	瓷砖墙面	m^2	3495	7	耐擦洗涂料墙面	m^2	47967
4	瓷砖地面	m^2	7735	8	木地板	m^2	8280

该装饰工程要求工期为 80 天。主要工种的人员配备情况如下：木工 180 人，泥工 120 人，油工 120 人，水电工 45 人。

由于工期较紧，1～12 共 12 层分为上、中、下三个施工区平行施工，每区四层分四段流水作业，即每个楼层作为一个施工段。每个施工区内采用自上而下的流向施工。该装饰工程由于装饰阶段施工过程多，工程量相差较大，组织等节奏流水比较困难，所以可以考虑采用异节奏流水或非节奏流水方式。

各区的工程量、劳动量、工种及人员安排、工作延续时间及流水节拍见表 3.4。

表 3.4　流水施工计算汇总表

序号	分项工程名称	工程量		劳动量		人数	工作延续时间/天	流水节拍/天
		单位	数量	工种	工日			
1	卫、厨楼地面找平	m^2	765	泥	48	12	4	1
2	卫、厨防水层	m^2	1237	油	40	10	4	1
3	卫、厨贴墙砖	m^2	1165	泥	640	40	16	4
4	走廊、客厅、卫、厨地砖	m^2	2578	泥	720	36	20	5
5	走廊、客厅踢脚、安窗台	m	3034	泥	243	30	8	2
6	卫生间洁具安装	套	80	水电	160	10	16	4
7	门套制作	樘	478	木	478	60	8	2
8	壁柜制作安装	m	419	木	1442	60	24	6
9	顶棚批腻子	m^2	5339	油	322	40	8	2
10	墙面批腻子	m^2	10674	油	641	40	16	4
11	顶棚、墙面涂料	m^2	15989	油	483	40	12	3
12	卧室木地板	m^2	2760	木	712	60	12	3
13	安木门	樘	496	木	248	20	12	3
14	安橱柜灶具	套	90	木	360	30	12	3
15	木制油漆			油		20	12	3
16	安灯具、开关			水电		15	20	5

每区的流水施工的具体安排如图 3.16 所示。图中，每个施工过程后的四条线段分别表示四个施工段的进度安排，第一条线段表示该区的上部一层（即第一段），中间线段表示该区的中间一层（即第二段），依此类推。

考虑木工作业内容较多且量大，木工划分为 A、B 两个组分别作业，通过集中和分组

某住宅单区施工进度计划表

序号	项目名称	工程量		劳动量		人数	工作日	施工进度　时间单位：天
		单位	数量	工种	工日			3月　4月　5月
1	卫、厨楼地面找平	m^2	765	泥	48	12	4	
2	卫、厨防水层	m^2	1237	油	40	10	4	
3	卫、厨贴墙砖	m^2	1165	泥	640	40	16	
4	走廊、客厅、卫、厨地砖	m^2	2578	泥	720	36	20	
5	走廊、客厅踢脚、安窗台	m	3034	泥	243	30	8	
6	卫生间洁具安装	套	80	水电	160	10	16	
7	门套制作	樘	478	木	478	60	8	
8	壁柜制作安装	m	419	木	1442	60	24	
9	顶棚批腻子	m^2	5339	油	322	40	8	
10	墙面批腻子	m^2	10674	油	641	40	16	
11	顶棚、墙面涂料	m^2	15989	油	483	40	12	
12	卧室木地板	m^2	2760	木	712	60	12	
13	安木门	樘	496	木A	248	20	12	
14	安橱柜灶具	套	90	木B	360	30	12	
15	木制油漆			油		20	12	
16	安灯具、开关			水电		15	20	

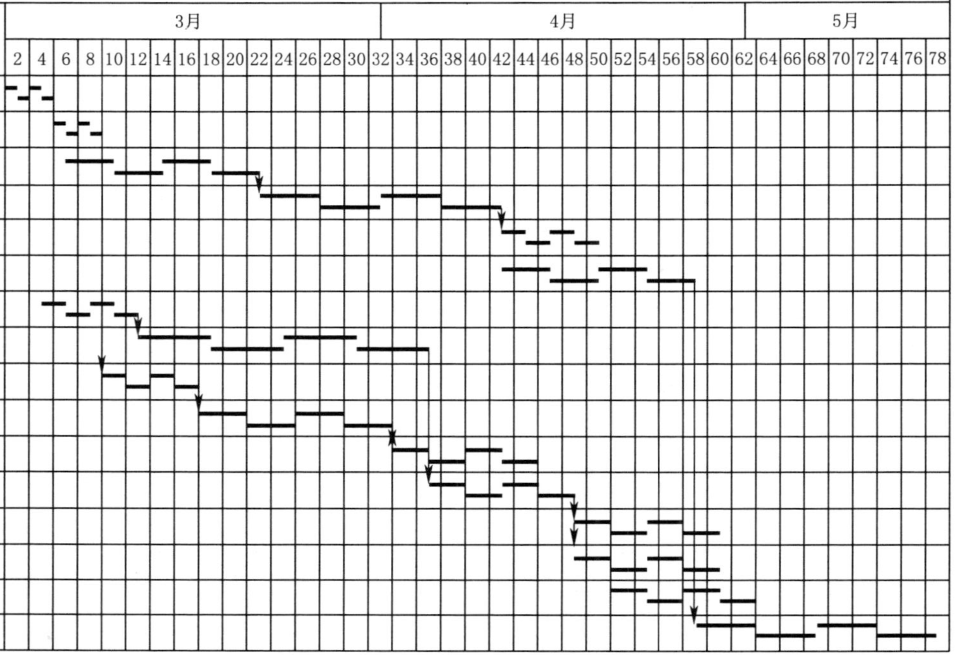

图 3.16　某住宅单区装饰装修施工进度计划表

作业，既保证了施工顺序合理，又使木工得到充分利用。从图中箭线可以看出工作队作业流动情况：木工工作队连续施工，无间歇；水电工工作队连续施工；泥工和油工工作队也基本实现了各自的连续施工。

思　考　题

1. 组织施工的方式有哪几种？各种方式有何特点？
2. 组织流水施工有哪些主要参数？各自的含义是什么？
3. 施工过程数目的划分与哪些因素有关？
4. 施工段划分应遵循哪些原则？
5. 流水节拍数值的确定主要有哪几种方式？
6. 在确定流水节拍时应注意哪些问题？
7. 按流水节拍的特点，流水施工有哪些组织方式？

实　操　题

1. 某分部工程由四个分项工程组成，划分为三个施工段，流水节拍为 4 天，无技术、组织间歇，试组织流水施工，绘制流水施工进度表。

2. 某单层建筑的平面尺寸为 17.4m×144m，沿长度方向每隔 48m 留伸缩缝一道，且知当某分部工程采用三段施工时，各施工过程的流水节拍分别如下：

A：2 天/段；B：4 天/段；C：6 天/段；D：2 天/段。

A 施工过程后在其上开始工作的技术要求为 2 天，试按两种方式组织该分部工程的流水施工，绘制流水施工进度表。

3. 某分部工程各施工过程在各施工段的流水节拍见表 3.5，试确定相邻工序间的流水步距及流水施工工期，并绘制流水施工进度计划。

表 3.5　　某工程流水节拍

施工段 / 工序	①	②	③	④
A	4 天	3 天	1 天	2 天
B	2 天	3 天	4 天	2 天
C	3 天	4 天	2 天	1 天

项目4　网络计划技术

学习目标：

能力目标	知识要点
能绘制双代号网络	1. 双代号网络图的组成 2. 双代号网络图的绘制规则 3. 双代号网络图的绘制步骤
能计算双代号网络计划的时间参数	双代号网络计划时间参数的计算方法
能绘制双代号时标网络计划和判读	1. 双代号时标网络计划的绘制要求和绘制方法 2. 双代号时标网络计划的判读
能进行网络计划的优化	1. 工期优化的方法 2. 费用优化的方法 3. 资源优化的方法
能绘制施工网络计划图	1. 网络计划的编制步骤 2. 施工网络计划的排列方法

任务4.1　网络计划概述

网络计划技术是利用网络计划进行生产组织与管理的一种方法。在20世纪50年代中期出现于美国，随后被广泛应用于工业、农业等各个领域。这种方法主要用于进度规划、计划和实施控制，是目前最先进的计划管理法方法之一。我国自20世纪60年代起开始使用这种方法，经过多年的推广与实践，目前网络计划技术已成为工程建设领域在工程管理方面必不可少的现代化管理方法。

1. 网络计划基本概念

网络计划是用网络图的形式来反映和表达计划的安排。网络图是一种表示整个计划中各项工作实施的先后顺序和所需时间，并表示工作流程的有向、有序的网状图形。

在建筑施工中，网络计划技术主要用来编制工程项目施工的进度计划，并通过对计划的优化、调整和控制，达到缩短工期、降低成本、均衡资源的目标。

2. 网络计划分类

网络计划的种类很多，可以从不同的角度进行分类，常用的分类方法如下。

（1）按节点和箭线所代表的含义不同，可分为双代号网络图和单代号网络图两大类。

1）双代号网络图：以箭线及其两端节点的编号表示工作的网络图称为双代号网络图。即用两个节点一根箭线代表一项工作，工作名称写在箭线上面，工作持续时间写在箭线下

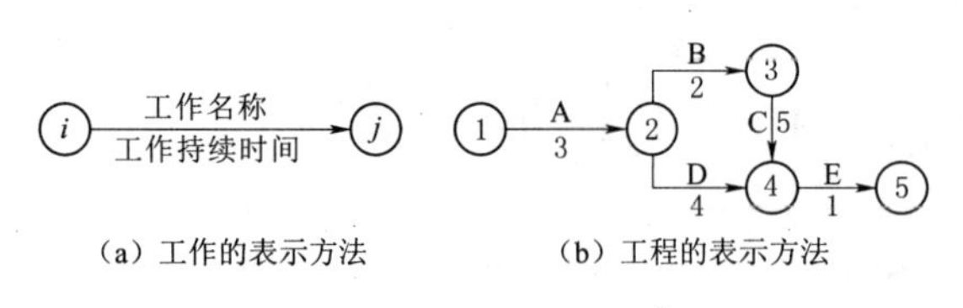

（a）工作的表示方法 （b）工程的表示方法

图4.1 双代号网络图

面，在箭线前后的衔接处画上节点、编上号码，并以节点编号 i 和 j 代表一项工作名称，如图4.1所示。

2）单代号网络图：以节点及其编号表示工作、以箭线表示工作之间的逻辑关系的网络图称为单代号网络图。即每一个节点表示一项工作，节点所表示的工作名称、持续时间和工作代号等标注在节点内，如图4.2所示。

（2）根据网络计划的工程对象不同和使用范围大小，网络计划可分为局部网络计划、单位工程网络计划和综合网络计划。

1）局部网络计划：以一个分部工作或施工段为对象编制的网络计划。

2）单位工程网络计划：以一个单位工程为对象编制的网络计划。

3）综合网络计划：以一个建设项目或建筑群为对象编制的网络计划。

（3）按网络计划的时间表达方式不同，网络计划可分为时标网络计划和非时标网络计划。

1）时标网络计划：指工作的持续时间以时间坐标为尺度绘制的网络计划，如图4.3所示。

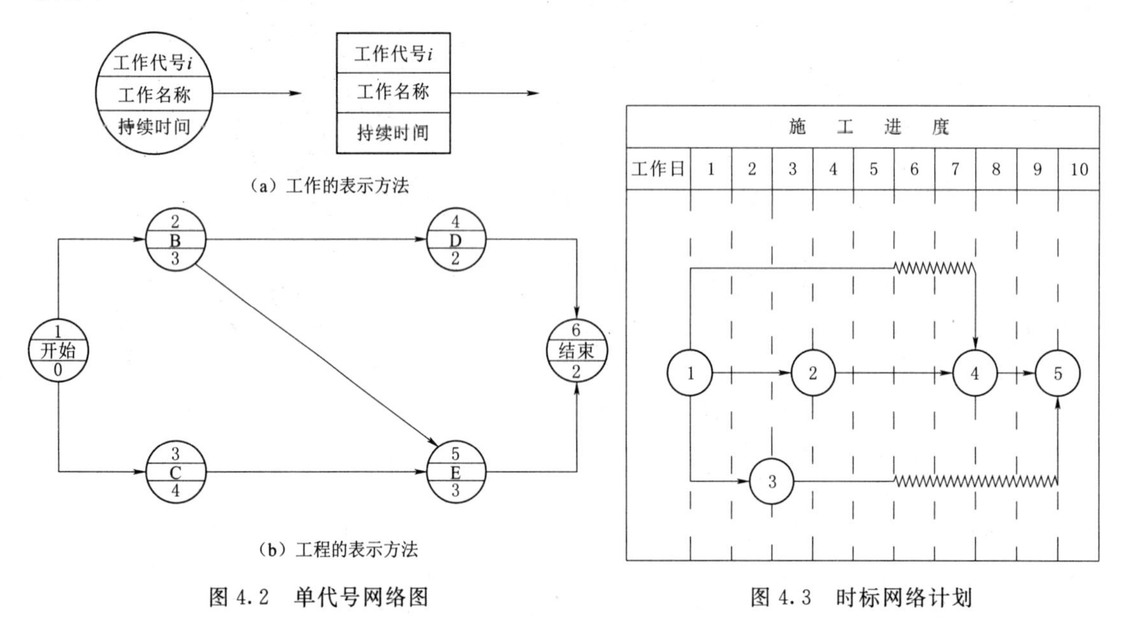

图4.2 单代号网络图

图4.3 时标网络计划

2）非时标网络计划：指工作的持续时间以数字形式标注在箭线下面绘制的网络计划，如图4.1所示。

3. 网络计划的特点

长期以来，我国一直应用流水施工基本原理，采用横道图的形式来编制工程项目施工进度计划。这种表达方法简单直观，但存在着一些不足。与横道计划相比，网络计划有如下优点。

(1) 网络计划能明确反映各项工作间的逻辑关系。

(2) 通过计算网络图时间参数，能找出影响进度的关键线路，从而抓住主要矛盾，保证工期。

(3) 利用某些工作的机动时间，可进行资源的调整，从而降低成本、均衡施工。

(4) 根据计划目标，可对网络计划进行调整和优化。

但网络图的绘制比较麻烦，表达不像横道图那么直观明了。

任务 4.2　双代号网络计划的绘制

双代号网络图的每一个工作（或工序、施工过程、活动等）都由一根箭线和两个节点表示，并在节点内编号，用箭尾节点和箭头节点编号作为这个工作的代号。由于工作均用两个代号标识，所以该表示方法通常称为双代号表示方法。用这种表示方法，将一项计划的所有工作按其逻辑关系绘制而成的网状图形称为双代号网络图。

4.2.1　双代号网络图的组成要素

双代号网络图由箭线、节点、线路三个要素组成，其含义和特点介绍如下。

1. 箭线

在双代号网络图中，一根箭线表示一项工作（或工序、施工过程、活动等），如支设模板、绑扎钢筋、混凝土浇筑、混凝土养护等。

每一项工作都要消耗一定的时间和资源。只要消耗一定时间的施工过程都可作为一项工作，各工作用实箭线表示，如图 4.4 所示。其工作可以分为两种：第一种需要同时消耗时间和资源，如混凝土浇筑，既需要消耗时间，也需要消耗劳动力、水泥、砂石等资源；第二种仅仅需要消耗时间，如混凝土的养护、油漆的干燥等。

在双代号网络图中，为了正确表达施工过程的逻辑关系，有时必须使用一种虚箭线，这种虚箭线没有工作名称，不占用时间，不消耗资源，只解决工作之间的连接问题，称之为虚工作，如图 4.5 所示。虚工作在双代号网络计划中起施工过程之间的逻辑连接或逻辑间断的作用。

图 4.4　双代号网络图工作表示法　　图 4.5　双代号网络图虚工作表示法

双代号网络图中，就某一工作而言，紧靠其前面的工作称紧前工作，紧靠其后面的工作称紧后工作，该工作本身则称为本工作，与之平行的工作称为平行工作。本工作之前所有的工作称为先行工作，本工作之后的所有工作称为后继工作，如图 4.6 所示。

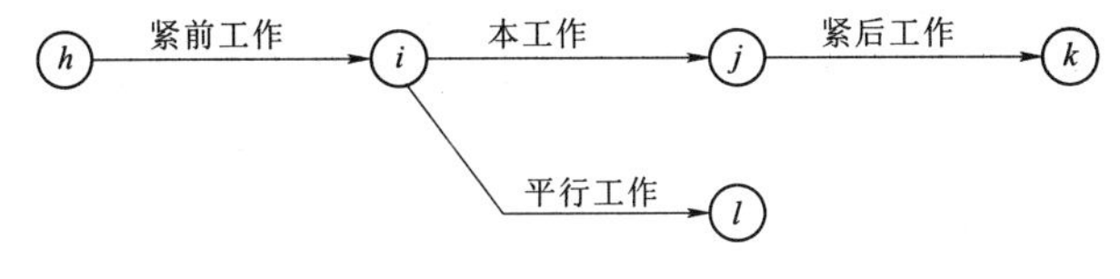

图 4.6　双代号网络图工作间关系

2. 节点

节点是双代号网络图中箭线之间的连接点，即工作结束与开始之间的交接之点。在双代号网络图中，节点既不占用时间、也不消耗资源，是个瞬间值，即它只表示工作的开始或结束的瞬间，起着承上启下的衔接作用。

节点一般用圆圈或其他形状的封闭图形表示，圆圈中编上整数号码。每项工作都可用箭尾和箭头的节点的两个编号（$i-j$）作为该工作的代号。节点的编号，一般应满足 $i<j$ 的要求，即箭尾号码要小于箭头号码，节点的编号顺序应从小到大，可不连续，但不允许重复。

网络图的第一个节点称为起始节点，表示一项计划（或工程）的开始；最后一个节点称为终点节点，表示一项计划（或工程）的结束；其他节点都称为中间节点，每个中间节点既是紧前工作的结束节点，又是紧后工作的开始节点。

3. 线路

从网络图的起始节点到终止节点，沿着箭线的指向所构成的若干条“通道”即为线路。一般网络图有多条线路，可依次用该线路上的节点代号来记述，其中持续时间最长的一条线路称为关键线路（至少有一条关键线路）。该关键线路的计算工期即为该计划的计算工期，位于关键线路上的工作称为关键工作。其余线路称为非关键线路，位于非关键线路上的工作称为非关键工作。如图 4.7 所示网络图中共有两条线路，①→②→③→④→⑤线路的持续时间为 6 天，①→②→④→⑤线路的持续时间为 8 天，则①→②→④→⑤为关键线路。

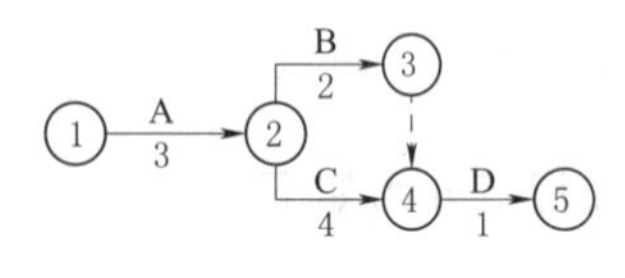

图 4.7 双代号网络图

在网络图中，关键线路要用双实线、粗箭线或彩色箭线表示，关键线路控制着工程计划的进度，决定着工程计划的工期。要注意关键线路并不是一成不变的。在一定条件下，关键线路和非关键线路可以互相转化，如关键线路上的工作持续时间缩短，或非关键线路上的工作持续时间增加，都有可能使关键线路与非关键线路发生转换。

非关键线路都有若干天机动时间，称为时差。非关键工作可以在时差允许范围内放慢施工进度，将部分人力、物力转移到关键工作上，以加快关键工作的进程；或者在时差允许范围内改变工作开始和结束时间，以达到均衡施工的目的。

4.2.2 双代号网络图的绘制

正确绘制网络图是网络计划应用的关键。因此，绘图时必须做到以下两点：首先，绘制的网络图必须正确表达工作之间的逻辑关系；其次，必须遵守双代号网络图的绘制规则。

1. 网络图的逻辑关系

工作之间相互制约或依赖的关系称为逻辑关系。工作之间的逻辑关系包括工艺关系和组织关系。

（1）工艺关系。工艺关系是指生产工艺上客观存在的先后顺序关系，或者是非生产性工作之间由工作程序决定的先后顺序关系。例如，建筑工程施工时，先做基础，后做主

体；先做结构，后做装修等。工艺关系是不能随便改变的。

（2）组织关系。组织关系是指在不违反工艺关系的前提下，人为安排的工作的先后顺序关系。这种关系不受施工工艺的限制，不由工程性质本身决定，在保证施工质量、安全和工期的前提下，可以人为安排。

在网络图中，各工作之间在逻辑关系上关系是变化多端的，双代号网络图中常用的一些逻辑关系及其表示方法见表 4.1，工作名称均以字母来表示。

表 4.1　　双代号网络图常用的逻辑关系及其表示方法

序号	工作之间的逻辑关系	网络图中的表示方法
1	有 A、B 两项工作按照依次施工方式进行	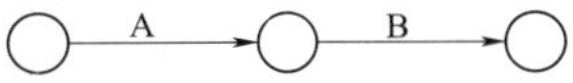
2	有 A、B、C 三项工作同时开始工作	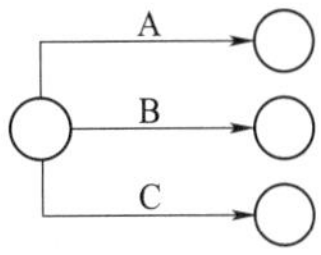
3	有 A、B、C 三项工作同时结束	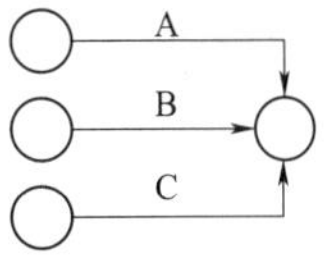
4	有 A、B、C 三项工作，只有在 A 完成后 B、C 才能开始工作	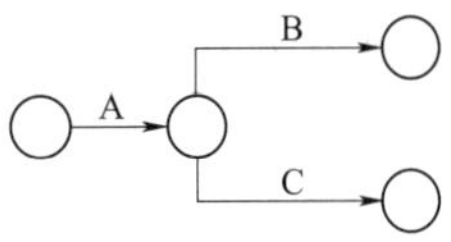
5	有 A、B、C 三项工作，C 工作只有在 A、B 完成后才能开始	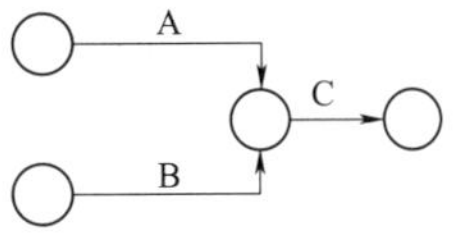
6	有 A、B、C、D 四项工作，只有 A、B 完成后，C、D 才能开始	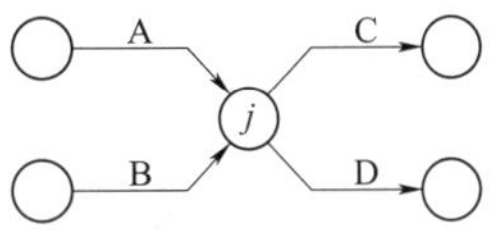
7	有 A、B、C、D 四项工作，只有 A 完成后，C、D 才能开始，B 完成后 D 才能开始	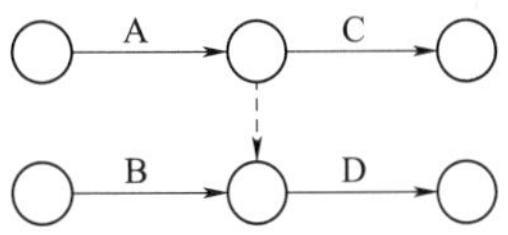
8	有 A、B、C、D、E 五项工作，只有 A、B 完成后，C 才能开始，B、D 完成后 E 才能开始	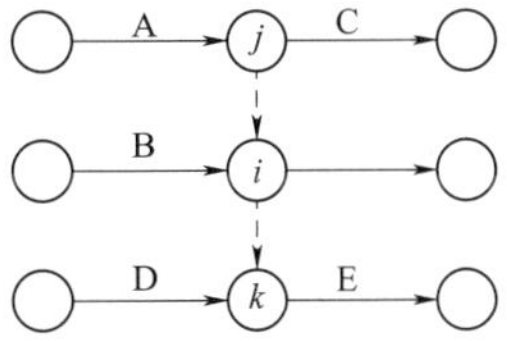

续表

序号	工作之间的逻辑关系	网络图中的表示方法
9	有 A、B、C、D、E 五项工作，只有 A、B、C 完成后，D 才能开始，B、C 完成后 E 才能开始	
10	A、B、C 三项工作分三个施工段组织流水施工	

2．网络图的绘图规则

双代号网络图绘制过程中，除正确表达逻辑关系外，还必须遵守以下绘图规则。

(1) 双代号网络图中严禁出现循环回路。所谓循环回路是指从网络图中的某一个节点出发，顺着箭线方向又回到了原来出发点的线路。如图 4.8 所示，②→③→④形成循环回路，由于其逻辑关系相互矛盾，此网络图表达必定是错误的。

(2) 双代号网络图中，在节点间严禁出现带双向箭头或无箭头的连线，如图 4.9 所示。

(3) 双代号网络图中，不允许出现同样编号的节点或箭线，如图 4.10 所示。

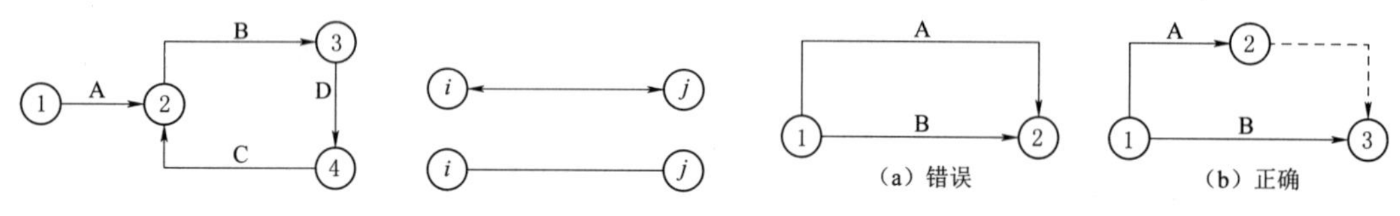

图 4.8　循环回路示意图　　图 4.9　错误的箭头画法　　图 4.10　箭线绘制规则示意图

(4) 双代号网络图中，同一项工作不能出现两次。如图 4.11 所示，C 工作出现了两次。

(5) 一张网络图中，应只有一个起点节点和一个终点节点。如图 4.12 所示，有 1、3 两个起点节点，5、6 两个终点节点。

(6) 绘制网络图时，箭线不宜交叉；当交叉不可避免时，可用过桥法，如图 4.13 所示。

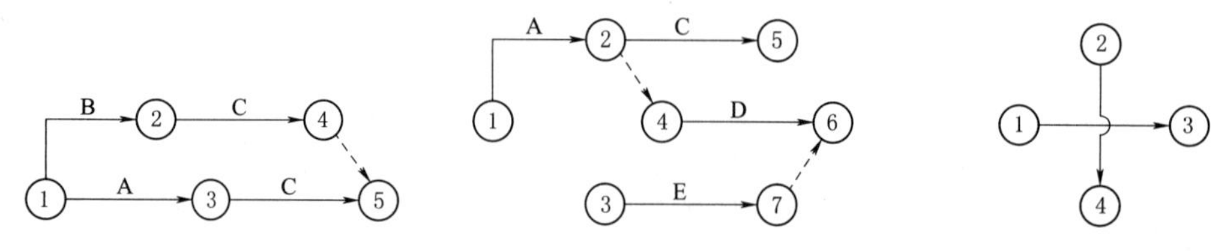

图 4.11　同一项工作出现两次　　图 4.12　多个起点、终点节点　　图 4.13　箭线交叉的处理方法

3. 网络图的绘制步骤

(1) 进行工作分析，绘制逻辑关系表。

(2) 绘制草图，从没有紧前工作的工作画起，从左到右把各工作组成网络图。

(3) 按网络图的绘制规则和逻辑关系检查、调整网络图。

(4) 整理构图形式，应从以下几个方面进行整理：

1) 箭线宜用水平箭线，垂直箭线表示。

2) 避免反向箭杆。

3) 去除多余的虚工作，应保证去除后不影响逻辑关系的正确表达，不会出现同样编号的箭线。

(5) 给节点编号，编号原则是对于任一工作其箭尾号码要小于箭头号码。

【例 4.1】 某工程工作之间的逻辑关系见表 4.2，试绘制双代号网络图。

表 4.2　　各工作逻辑关系及持续时间表

工作	A	B	C	D	E	G	H	I
紧前工作	—	—	A	A、B	B	C、D	D、E	G、H
持续时间	2	4	10	4	6	3	4	2

解： 按照绘制步骤，绘成双代号网络图，如图 4.14 所示。

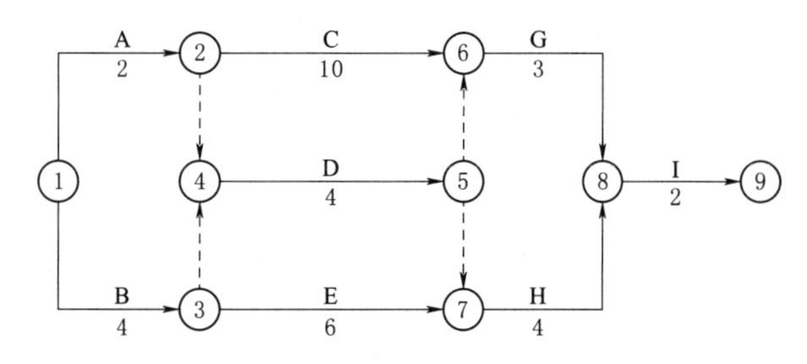

图 4.14　某工程双代号网络图

任务 4.3　双代号网络计划时间参数的计算

计算网络计划时间参数，目的主要有三个：①确定关键线路和关键工作，便于施工中抓住重点，向关键线路要时间；②明确非关键工作在施工中时间上有多大的机动性，便于挖掘潜力，统筹全局，部署资源；③确定总工期，做到对工程进度心中有数。

1. 时间参数的概念及其符号

(1) 工作持续时间 (D_{i-j})：指一项工作从开始到完成的时间。

(2) 工作的时间参数：

1) 工作最早开始时间 (ES_{i-j})：是指在各紧前工作全部完成后，本工作有可能开始的最早时刻。工作 $i-j$ 的最早开始时间用 ES_{i-j} 表示。

2) 工作最早完成时间 (EF_{i-j})：是指在各紧前工作全部完成后，本工作有可能完成的最早时刻。工作 $i-j$ 的最早完成时间用 EF_{i-j} 表示。

3）工作最迟开始时间（LS_{i-j}）：是指在不影响整个任务按期完成的前提下，本工作必须开始的最迟时刻。工作 $i-j$ 的最迟开始时间用 LS_{i-j} 表示。

4）工作最迟完成时间（LF_{i-j}）：是指在不影响整个任务按期完成的前提下，本工作必须完成的最迟时刻。工作 $i-j$ 的最迟完成时间用 LF_{i-j} 表示。

5）总时差（TF_{i-j}）：是在不影响计划总工期的前提下，本工作可以利用的机动时间。工作 $i-j$ 的总时差用 TF_{i-j} 表示。一项工作可利用的时间范围从最早开始时间到最迟完成时间。

6）自由时差（FF_{i-j}）：是在不影响紧后工作最早开始时间的前提下，本工作可以利用的机动时间。工作 $i-j$ 的自由时差用 FF_{i-j} 表示。一项工作可利用的时间范围从该工作最早开始时间到紧后工作最早开始时间。

（3）节点的时间参数：

1）节点最早时间（ET_i）：是指以该节点为开始节点的各项工作的最早开始时间，节点 i 的最早时间用 ET_i 表示。

2）节点最迟时间（LT_i）：是指以该节点为完成节点的各项工作的最迟完成时间，节点 i 的最迟时间用 LT_i 表示。

2. 网络计划时间参数的计算方法

由于双代号网络图中节点时间参数与工作时间参数有着密切的联系，通常在图上直接计算，先计算出节点的时间参数，然后推算出工作的时间参数。

现以图 4.15 所示为例说明双代号网络图时间参数的计算方法。

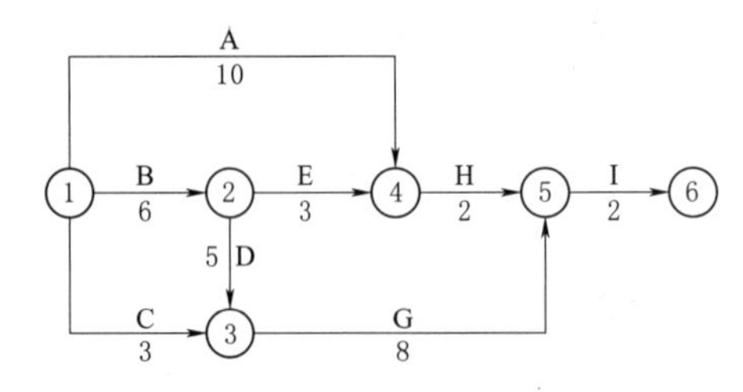

图 4.15　某双代号网络计划

（1）节点时间参数的计算。

1）计算各节点最早时间。自起点节点开始，顺着箭线方向逐点向后计算直至终点节点，即“顺着箭线方向相加，逢箭头相碰的节点取最大值”。各时间参数的计算公式如下。

当网络计划没有规定开始时间，起点节点的最早时间为零，即

$$ET_1=0 \tag{4.1}$$

其他节点的最早时间为

$$ET_j=\max\{ET_i+D_{i-j}\} \tag{4.2}$$

网络计划的计算工期为

$$T_C=ET_n \tag{4.3}$$

当实际工程对工期无要求时，取计划工期等于计算工期，即

$$T_P=T_C \tag{4.4}$$

如图 4.15 所示网络计划中，各节点最早时间计算过程如下：

$ET_1=0$

$ET_2=ET_1+D_{1-2}=0+6=6$

$ET_3=\max\{ET_1+D_{1-3},ET_2+D_{2-3}\}=\max\{0+3,6+5\}=11$

$ET_4=\max\{ET_1+D_{1-4},ET_2+D_{2-4}\}=\max\{0+10,6+3\}=10$

$ET_5=\max\{ET_3+D_{3-5},ET_4+D_{4-5}\}=\max\{11+8,10+2\}=19$

$ET_6=ET_5+D_{5-6}=19+2=21$

2）计算各节点最迟时间。自终点节点 n 开始，逆着箭线方向逐点向前计算直至起点节点，即“逆着箭线方向相减，逢箭尾相碰的节点取最小值”。各时间参数的计算公式如下。

终点节点的最迟时间为

$$LT_n=ET_n\text{（或计划工期 }T_P\text{）} \tag{4.5}$$

其他节点的最迟时间为

$$LT_i=\min\{LT_j-D_{i-j}\} \tag{4.6}$$

如图 4.15 所示网络计划中，各节点最迟时间计算过程如下：

$LT_6=ET_6=21$

$LT_5=LT_6-D_{5-6}=21-2=19$

$LT_4=LT_5-D_{4-5}=19-2=17$

$LT_3=LT_5-D_{3-5}=19-8=11$

$LT_2=\min\{LT_3-D_{2-3},LT_4-D_{2-4}\}=\min\{11-5,17-3\}=6$

$LT_1=\min\{LT_2-D_{1-2},LT_3-D_{1-3},LT_4-D_{1-4}\}=\min\{6-6,11-3,17-10\}=0$

将上述节点时间参数的计算结果标注在图上，如图 4.16 所示。

（2）工作时间参数的计算。

1）计算各工作的最早开始时间。工作的最早开始时间等于该工作的开始节点的最早时间，即

$$ES_{i-j}=ET_i \tag{4.7}$$

2）计算各工作的最早完成时间。工作的最早完成时间等于该工作的最早开始时间加持续时间或用节点参数计算，即

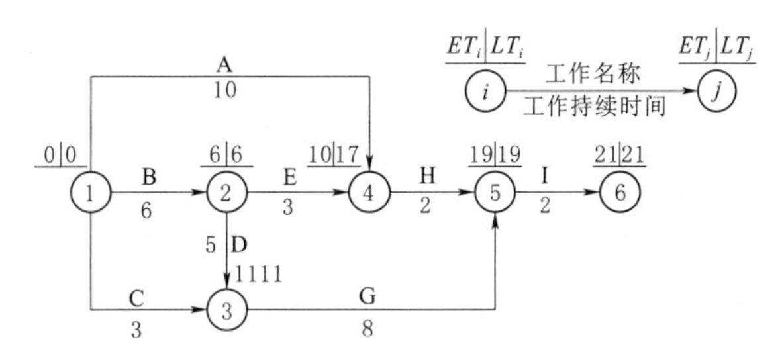

图 4.16　双代号网络计划节点时间参数计算结果

$$EF_{i-j}=ES_{i-j}+D_{i-j} \tag{4.8}$$

或

$$EF_{i-j}=ET_i+D_{i-j} \tag{4.9}$$

如图 4.15 所示网络计划中，各工作的最早开始时间和最早完成时间计算过程如下：

工作 A：$ES_{1-4}=ET_1=0$　　$EF_{1-4}=ES_{1-4}+D_{1-4}=0+10=10$

工作 B：$ES_{1-2}=ET_1=0$　　$EF_{1-2}=ES_{1-2}+D_{1-2}=0+6=6$

工作 C：$ES_{1-3}=ET_1=0$　　$EF_{1-3}=ES_{1-3}+D_{1-3}=0+3=3$

工作 D：$ES_{2-3}=ET_2=6$　　$EF_{2-3}=ES_{2-3}+D_{2-3}=6+5=11$

工作 E：$ES_{2-4}=ET_2=6$　　$EF_{2-4}=ES_{2-4}+D_{2-4}=6+3=9$

工作 G：$ES_{3-5}=ET_3=11$　　$EF_{3-5}=ES_{3-5}+D_{3-5}=11+8=19$

工作 H：$ES_{4-5}=ET_4=10$　　$EF_{4-5}=ES_{4-5}+D_{4-5}=10+2=12$

工作 I：$ES_{5-6}=ET_5=19$　　$EF_{5-6}=ES_{5-6}+D_{5-6}=19+2=21$

3）计算各工作的最迟完成时间。工作的最迟完成时间等于该工作的完成节点的最迟

时间，即

$$LF_{i-j}=LT_j \tag{4.10}$$

4）计算各工作的最迟开始时间。工作的最迟开始时间等于该工作的最迟完成时间减持续时间或用节点参数计算，即

$$LS_{i-j}=LF_{i-j}-D_{i-j} \tag{4.11}$$

或

$$LS_{i-j}=LT_j-D_{i-j} \tag{4.12}$$

如图4.15所示网络计划中，各工作的最迟完成时间和最迟开始时间计算过程如下：

工作A：$LF_{1-4}=LT_4=17$　　$LS_{1-4}=LF_{1-4}-D_{1-4}=17-10=7$

工作B：$LF_{1-2}=LT_2=6$　　$LS_{1-2}=LF_{1-2}-D_{1-2}=6-6=0$

工作C：$LF_{1-3}=LT_3=11$　　$LS_{1-3}=LF_{1-3}-D_{1-3}=11-3=8$

工作D：$LF_{2-3}=LT_3=11$　　$LS_{2-3}=LF_{2-3}-D_{2-3}=11-5=6$

工作E：$LF_{2-4}=LT_4=17$　　$LS_{2-4}=LF_{2-4}-D_{2-4}=17-3=14$

工作G：$LF_{3-5}=LT_5=19$　　$LS_{3-5}=LF_{3-5}-D_{3-5}=19-8=11$

工作H：$LF_{4-5}=LT_5=19$　　$LS_{4-5}=LF_{4-5}-D_{4-5}=19-2=17$

工作I：$LF_{5-6}=LT_6=21$　　$LS_{5-6}=LF_{5-6}-D_{5-6}=21-2=19$

5）计算总时差。工作总时差等于该工作最迟完成时间减去最早开始时间再减持续时间或用节点参数计算，即

$$TF_{i-j}=LF_{i-j}-ES_{i-j}-D_{i-j} \tag{4.13}$$

或

$$TF_{i-j}=LT_j-ET_i-D_{i-j} \tag{4.14}$$

如图4.15所示网络计划中，各工作总时差计算过程如下：

工作A：$TF_{1-4}=LF_{1-4}-ES_{1-4}-D_{1-4}=17-0-10=7$

工作B：$TF_{1-2}=LF_{1-2}-ES_{1-2}-D_{1-2}=6-0-6=0$

工作C：$TF_{1-3}=LF_{1-3}-ES_{1-3}-D_{1-3}=11-0-3=8$

工作D：$TF_{2-3}=LF_{2-3}-ES_{2-3}-D_{2-3}=11-6-5=0$

工作E：$TF_{2-4}=LF_{2-4}-ES_{2-4}-D_{2-4}=17-6-3=8$

工作G：$TF_{3-5}=LF_{3-5}-ES_{3-5}-D_{3-5}=19-11-8=0$

工作H：$TF_{4-5}=LF_{4-5}-ES_{4-5}-D_{4-5}=19-10-2=7$

工作I：$TF_{5-6}=LF_{5-6}-ES_{5-6}-D_{5-6}=21-19-2=0$

6）计算自由时差。工作自由时差等于紧后工作最早开始时间减该工作最早开始时间再减持续时间或用节点参数计算，即

$$FF_{i-j}=ES_{j-k}-ES_{i-j}-D_{i-j} \tag{4.15}$$

或

$$FF_{i-j}=ET_j-ET_i-D_{i-j} \tag{4.16}$$

如图4.15所示网络计划中，各工作自由时差计算过程如下：

工作A：$FF_{1-4}=ES_{4-5}-ES_{1-4}-D_{1-4}=10-0-10=0$

工作B：$FF_{1-2}=ES_{2-4}-ES_{1-2}-D_{1-2}=6-0-6=0$

工作C：$FF_{1-3}=ES_{3-5}-ES_{1-3}-D_{1-3}=11-0-3=8$

工作D：$FF_{2-3}=ES_{3-5}-ES_{2-3}-D_{2-3}=11-6-5=0$

工作E：$FF_{2-4}=ES_{4-5}-ES_{2-4}-D_{2-4}=10-6-3=1$

工作 G：$FF_{3-5}=ES_{5-6}-ES_{3-5}-D_{3-5}=19-11-8=0$

工作 H：$FF_{4-5}=ES_{5-6}-ES_{4-5}-D_{4-5}=19-10-2=7$

工作 I：$FF_{5-6}=ET_{6}-ET_{5}-D_{5-6}=21-19-2=0$

将上述工作时间参数的计算结果标注在图上，如图 4.17 所示。

3. 关于总时差和自由时差

（1）通过计算式不难看出：因 $LT_j \geqslant ET_j$，所以 $TF_{i-j} \geqslant FF_{i-j}$。

（2）两者的关系。

1）总时差是属于某线路上共有的机动时间，当该工作使用全部或部分总时差时，该线路上其他工作的总时差就会消失或减少，进行重新分配。

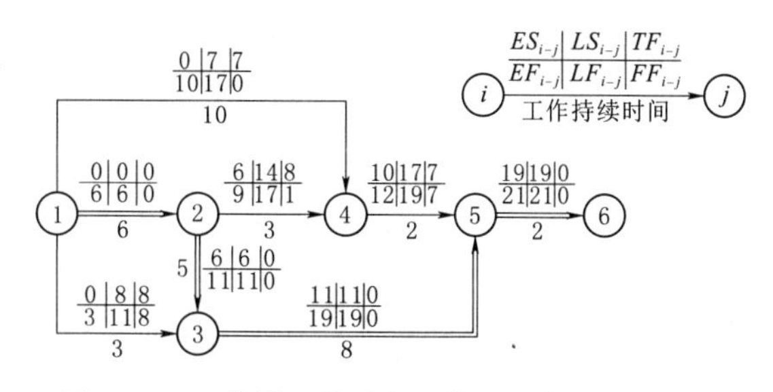

图 4.17　双代号网络计划工作时间参数计算结果

2）自由时差为某工作独立使用的机动时间，对后续工作没有影响，利用某项工作的自由时差，不会影响其紧后工作的最早开始时间。

（3）总时差用途。

1）判别关键工作：总时差最小的工作为关键工作。

2）控制总工期：通过总时差可判别出关键工作和非关键工作，而非关键工作有一定的潜力可挖，可在时差范围内机动安排工作的开始时间或延长该工作的时间，从而抽调人力、物力等资源去支援关键线路上的关键工作，以保证关键线路上工期按时、提前完成。

4. 关键工作和关键线路的确定

（1）关键工作的确定。网络计划中机动时间最少的工作为关键工作，所以工作总时差最小的工作即为关键工作。在计划工期等于计算工期时，总时差为零的工作即为关键工作。

（2）关键线路的确定。到目前为止，确定关键线路的方法如下：

1）算出所有线路的持续时间，其中持续时间最长的线路为关键线路。这种方法的缺点是找齐所有线路的工作量大，不适用于实际工程。

2）总时差最小的工作为关键工作，将所有关键工作连起来即为关键线路，如图 4.17 所示。这种方法的缺点是计算各工作总时差的工作量较大。

3）一种快速确定关键线路的方法——节点标号法，应用这种方法，在计算节点最早时间的同时就“顺便”把关键线路找出来了，其具体步骤如下：

a. 从起点节点向终点节点计算节点最早时间。

b. 在计算节点最早时间的同时，每标注一个节点最早时间，都要把该节点的最早时间是由哪个节点计算而来的节点编号标在该节点上。

c. 自终点节点开始，从右向左，逆箭线方向，按所标节点编号可绘出一条（或几条）线路，该线路即为关键线路。

【例 4.2】 将图 4.14 所示网络图用节点标号法确定其关键线路。

解： 其计算结果如图 4.18 所示，关键线路为①→②→⑥→⑧→⑨。

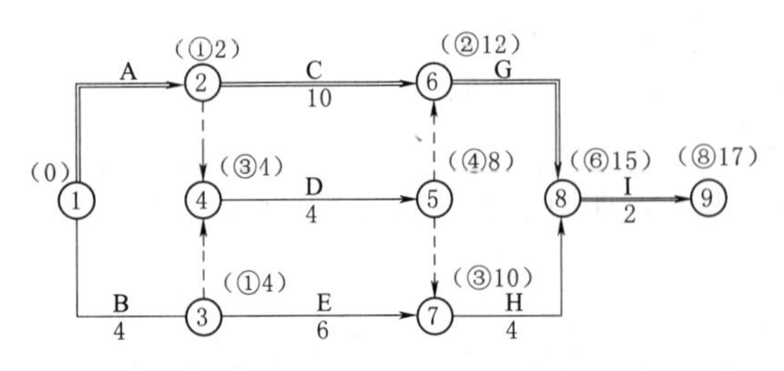

图 4.18　某双代号网络计划节点标号法确定关键线路

至此，已经介绍了两种通常采用的施工进度计划的表示方法，即横道图和网络图。

横道图的优点是形象、直观，且易于编制和理解，但存在以下问题：

（1）不能明确反映出各项工作之间错综复杂的相互关系，在计划执行的过程中，当某些工作的进度由于某种原因提前或拖延时，不便于分析其对其他工作及总工期的影响程度，不利于建设工程进度的动态控制。

（2）没有通过严谨的进度计划时间参数计算，不能明确地反映出影响工期的关键工作和关键线路，不便于进度控制人员抓住主要矛盾。

（3）不能反映出工作所具有的机动时间，不便于进行最合理的组织和指挥。

（4）不能反映工程费用与工期之间的关系，不便于缩短工期和降低成本。

网络图与横道图相比具有以下主要特点：

（1）网络图能够明确表达各项工作之间的逻辑关系。

（2）通过时间参数的计算，可以找出关键线路和关键工作。

（3）通过时间参数的计算，可以明确各项工作的机动时间。

任务 4.4　单代号网络计划

单代号网络图是网络计划的另一种表示方法。它是用一个圆圈或方框代表一项工作，将工作代号、工作名称和工作持续时间写在圆圈或方框里，箭线仅用来表示工作之间的顺序关系，如图 4.2（a）所示。用这种方法把一项计划的所有工作按其逻辑关系绘制而成的图形，称为单代号网络图，如图 4.2（b）所示。

单代号网络图与双代号网络图相比，作图方便，图面简洁，由于没有虚工作，产生逻辑关系错误的可能性小。但单代号网络图用节点表示工作，没有长度概念，不便于绘制时标网络计划。

1. 单代号网络图的绘制

由于单代号网络图和双代号网络图所表示的计划内容是一致的，两者的区别仅在于绘图的符号不同。因此，在双代号网络图中所说明的绘图规则，在单代号网络图中原则上都应遵守。另外，当网络图中有多个起点节点或多项终点节点时，应在网络图的起点和终点设置一项虚工作。

为了便于比较，按照［例 4.1］中的表 4.2 所示逻辑关系绘成单代号网络计划，如图 4.19 所示。

2. 单代号网络图时间参数的计算

单代号网络图的节点表示工作，所以只需计算工作的时间参数。工作参数的含义与双代号网络图相同，但计算步骤略有区别。下面以图 4.19 为例，说明时间参数的计算方法。

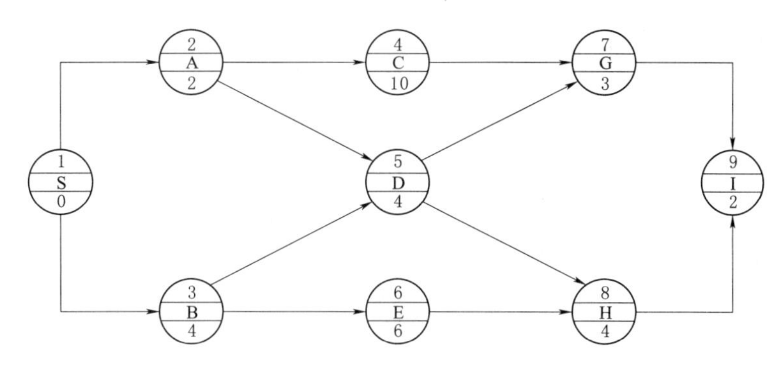

图 4.19 某工程的单代号网络图

(1) 计算各工作的最早开始时间 (ES_i) 和最早完成时间 (EF_i)。自起点工作开始，顺着箭线方向逐点向后计算直至终点工作。任一工作的最早开始时间，取决于该工作前面所有工作的完成；最早完成时间等于它的最早开始时间加上持续时间。

当网络计划没有规定开始时间时，起点工作的最早开始时间为零，即

$$ES_1=0 \tag{4.17}$$

$$EF_1=D_1 \tag{4.18}$$

对于其他任何工作：

$$ES_i=\max\{EF_h\} \tag{4.19}$$

$$EF_i=ES_i+D_i \tag{4.20}$$

式中 EF_h——工作 i 的各项紧前工作 h 的最早完成时间；

D_i——工作 i 的持续时间。

如图 4.19 所示网络计划中，各工作最早开始时间和最早完成时间的计算过程如下：

$ES_1=0$　　$EF_1=0$

工作 A：$ES_2=EF_1=0$　　$EF_2=ES_2+D_2=0+2=2$

工作 B：$ES_3=EF_1=0$　　$EF_3=ES_3+D_3=0+4=4$

工作 C：$ES_4=EF_2=2$　　$EF_4=ES_4+D_4=2+10=12$

工作 D：$ES_5=\max\{EF_2,EF_3\}=\max\{2,4\}=4$　　$EF_5=ES_5+D_5=4+4=8$

工作 E：$ES_6=EF_3=4$　　$EF_6=ES_6+D_6=4+6=10$

工作 G：$ES_7=\max\{EF_4,EF_5\}=\max\{12,8\}=12$

$EF_7=ES_7+D_7=12+3=15$

工作 H：$ES_8=\max\{EF_5,EF_6\}=\max\{8,10\}=10$

$EF_8=ES_8+D_8=10+4=14$

工作 I：$ES_9=\max\{EF_7,EF_8\}=\max\{15,14\}=15$

$EF_9=ES_9+D_9=15+2=17$

(2) 计算相邻两工作之间的时间间隔 ($LAG_{i,j}$)。某工作 i 的最早完成时间与其紧后工作 j 的最早开始时间的差，称为两工作间的时间间隔。

当终点节点为虚拟工作时为

$$LAG_{i,n}=T_P-EF_i \tag{4.21}$$

式中 T_P——网络计划的计划工期。

其他节点的时间间隔为

$$LAG_{i,j}=ES_j-EF_i \tag{4.22}$$

如图4.19所示网络计划中，相邻两工作之间时间间隔的计算过程如下：

$$LAG_{7,9}=ES_9-EF_7=15-15=0$$
$$LAG_{8,9}=ES_9-EF_8=15-14=1$$
$$LAG_{4,7}=ES_7-EF_4=12-12=0$$
$$LAG_{5,7}=ES_7-EF_5=12-8=4$$
$$LAG_{5,8}=ES_8-EF_5=10-8=2$$
$$LAG_{6,8}=ES_8-EF_6=10-10=0$$
$$LAG_{2,4}=ES_4-EF_2=2-2=0$$
$$LAG_{2,5}=ES_5-EF_2=4-2=2$$
$$LAG_{3,5}=ES_5-EF_3=4-4=0$$
$$LAG_{3,6}=ES_6-EF_3=4-4=0$$
$$LAG_{1,3}=ES_3-EF_1=0-0=0$$
$$LAG_{1,2}=ES_2-EF_1=0-0=0$$

（3）计算自由时差（FF_i）。任一工作自由时差应取该工作与紧后诸工作时间间隔的最小值，即

$$FF_i=\min\{LAG_{i,j}\} \tag{4.23}$$

如图4.19所示网络计划中，各工作自由时差计算过程如下：

$$FF_1=\min\{LAG_{1,2},LAG_{1,3}\}=\min\{0,0\}=0$$
$$FF_2=\min\{LAG_{2,4},LAG_{2,5}\}=\min\{0,2\}=0$$
$$FF_3=\min\{LAG_{3,5},LAG_{3,6}\}=\min\{0,0\}=0$$
$$FF_4=LAG_{4,7}=0$$
$$FF_5=\min\{LAG_{5,7},LAG_{5,8}\}=\min\{4,2\}=2$$
$$FF_6=LAG_{6,8}=0$$
$$FF_7=LAG_{7,9}=0$$
$$FF_8=LAG_{8,9}=1$$

（4）计算总时差（TF_i）。任一工作总时差可以用该工作与紧后工作时间间隔 $LAG_{i,j}$ 与紧后工作的总时差 TF_i 之和来表示，当紧后工作有多项时应取其中最小值，即

终点节点工作的总时差为

$$TF_n=T_P-EF_n \tag{4.24}$$

其他工作的总时差为

$$TF_i=\min\{TF_j+LAG_{i,j}\} \tag{4.25}$$

如图4.19所示网络计划中，各工作总时差的计算过程如下：

$$TF_9=T_9-EF_9=17-17=0$$
$$TF_8=TF_9+LAG_{8,9}=0+1=1$$
$$TF_7=TF_9+LAG_{7,9}=0+0=0$$
$$TF_6=TF_8+LAG_{6,8}=1+0=1$$

$TF_5=\min\{TF_8+LAG_{5,8},TF_7+LAG_{5,7}\}=\min\{1+2,0+4\}=3$

$TF_4=TF_7+LAG_{4,7}=0+0=0$

$TF_3=\min\{TF_5+LAG_{3,5},TF_6+LAG_{3,6}\}=\min\{3+0,1+0\}=1$

$TF_2=\min\{TF_4+LAG_{2,4},TF_5+LAG_{2,5}\}=\min\{0+0,3+2\}=0$

$TF_1=\min\{TF_2+LAG_{1,2},TF_3+LAG_{1,3}\}=\min\{0+0,1+0\}=0$

(5) 计算各工作的最迟开始时间（LS_i）和最迟完成时间（LF_i）。工作的最迟开始时间等于该工作的最早开始时间与总时差之和，最迟完成时间等于它的最迟开始时间加上持续时间，即

$$LS_i=ES_i+TF_i \tag{4.26}$$

$$LF_i=LS_i+D_i \tag{4.27}$$

如图 4.19 所示网络计划中，各工作最迟开始时间和最迟完成时间的计算过程如下：

$LS_1=ES_1+TF_1=0+0=0 \quad LF_1=LS_1+D_1=0+0=0$

$LS_2=ES_2+TF_2=0+0=0 \quad LF_2=LS_2+D_2=0+2=2$

$LS_3=ES_3+TF_3=0+1=1 \quad LF_3=LS_3+D_3=1+4=5$

$LS_4=ES_4+TF_4=2+0=2 \quad LF_4=LS_4+D_4=2+10=12$

$LS_5=ES_5+TF_5=4+3=7 \quad LF_5=LS_5+D_5=7+4=11$

$LS_6=ES_6+TF_6=4+1=5 \quad LF_6=LS_6+D_6=5+6=11$

$LS_7=ES_7+TF_7=12+0=12 \quad LF_7=LS_7+D_7=12+3=15$

$LS_8=ES_8+TF_8=10+1=11 \quad LF_8=LS_8+D_8=11+4=15$

$LS_9=ES_9+TF_9=15+0=15 \quad LF_9=LS_9+D_9=15+2=17$

将上例的工作时间参数的计算结果标注在图上，如图 4.20 所示，关键线路用双线标注。

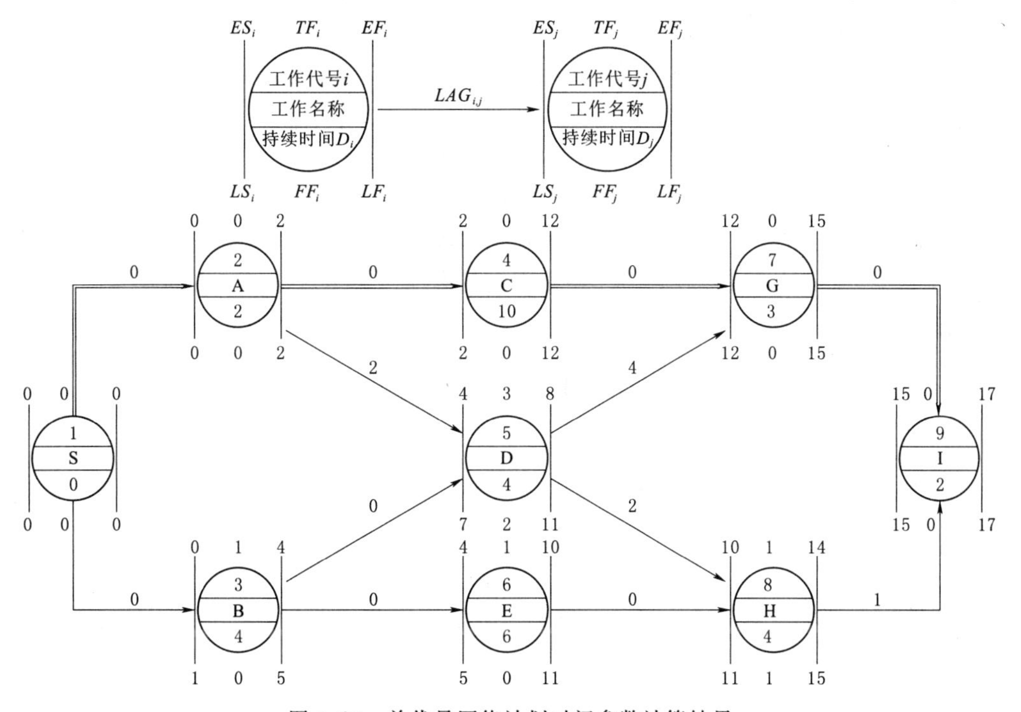

图 4.20 单代号网络计划时间参数计算结果

任务4.5　双代号时标网络计划

4.5.1　双代号时标网络计划的概念及特点

1. 概念

一般双代号网络计划都是不带时标的，工作持续时间与箭线长短无关。虽然绘制较方便，但因为没有时标，看起来不太直观，不像建筑工程中常用的横道图。横道图可以从图上直接看出各项工作的开工和完工时间，并可按天统计资源需要量，编制资源需要量计划。

双代号时标网络计划是综合应用一般双代号网络计划和横道图的时间坐标原理，吸取二者的优点，使其结合在一起的以水平时间坐标为尺度编制的双代号网络计划。

2. 特点

(1) 箭杆长度与工作延续时间长度一致。

(2) 可直接在时标网络计划中统计出劳动力、材料等资源需要量，绘制资源动态曲线。

4.5.2　双代号时标网络计划的绘制

在绘制时标网络计划时，一般应先绘好无时标网络计划，即一般网络计划，然后先算后绘，具体计算步骤如下（以按节点最早时间来绘制时标网络计划为例）：

(1) 绘制一般双代号网络计划。

(2) 确定坐标限所代表的时间单位，计算节点最早时间。

(3) 确定节点位置。根据网络图中各节点的最早时间逐个画出各节点，节点定位应参照一般网络计划的形状，其中心对准时间刻度线。

(4) 绘制箭杆。箭杆水平投影长度应与工作持续时间一致。

1) 若某工作箭杆长度不能达到该工作完成节点时，用波形线补之。

2) 箭杆最好画成水平向折线，若斜线则其水平投影表示持续时间。

3) 虚工作因不占时间，故必须以垂直方向的虚箭线表示（不能从右向左），有自由时差时加波形线表示。

4.5.3　双代号时标网络计划时间参数的确定

1. 关键线路的确定

自终点节点逆箭线方向朝起点节点方向观察，自始至终不出现波形线的线路为关键线路。

2. 工期的确定

时标网络计划的计算工期，应是其终点节点与起点节点所在位置的时标值之差。

3. 工作时间参数的判读

在时标网络计划中，6个工作时间参数的确定步骤如下：

（1）工作最早时间参数的确定。按节点最早时间绘制的时标网络计划，工作最早时间参数可直接从图上确定。

1）工作最早开始时间 ES_{i-j}：左端箭尾节点所对应的时标值。

2）最早完成时间 EF_{i-j}：若实箭线抵达箭头节点，则最早完成时间就是箭头节点时标值；若实箭线未抵达箭头节点，则其最早完成时间为实箭线右端末所对应的时标值。

（2）自由时差 FF_{i-j} 的确定。波形线的水平投影长度即为该工作的自由时差。当箭线无波形部分，则自由时差为零。

（3）总时差 TF_{i-j} 的确定。自右向左进行，且符合下列规定：

以终点节点（$j=n$）为箭头节点的总时差应按计划工期 T_P 确定，即

$$TF_{i-j}=T_P-FF_{i-n} \tag{4.28}$$

其他工作总时差等于诸紧后工作的总时差的最小值与本工作的自由时差之和，即

$$TF_{i-j}=\min\{TF_{j-k}\}+FF_{i-j} \tag{4.29}$$

（4）最迟时间参数的确定。最迟开始时间和最迟完成时间应按下式计算

$$LS_{i-j}=ES_{i-j}+TF_{i-j} \tag{4.30}$$

$$LF_{i-j}=EF_{i-j}+TF_{i-j} \tag{4.31}$$

【例 4.3】 按照［例 4.1］中表 4.2 所示逻辑关系绘成双代号时标网络计划并计算各工作时间参数。

解：

（1）按照逻辑关系表绘成无时标双代号网络图，如图 4.14 所示。

（2）计算节点最早时间，计算结果如图 4.21 所示。

（3）先确定节点位置，再绘制箭杆，绘成双代号时标网络计划，如图 4.22 所示。

图 4.22 中可直接读出各工作的最早开始时间、最早完成时间、自由时差，找出关键线路为①→②→⑥→⑧→⑨。

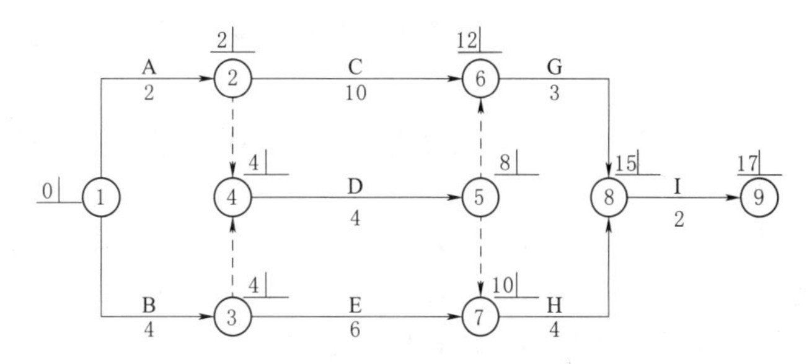

图 4.21 双代号网络计划节点最早时间计算结果

对于关键工作，其总时差、自由时差都为零；对于非关键工作，可进一步计算其总时差：

$$TF_{7\text{-}8}=TF_{8\text{-}9}+FF_{7\text{-}8}=0+1=1$$

$$TF_{5\text{-}6}=TF_{6\text{-}8}+FF_{5\text{-}6}=0+4=4$$

$$TF_{5\text{-}7}=TF_{7\text{-}8}+FF_{5\text{-}7}=1+2=3$$

$$TF_{4\text{-}5}=\min\{TF_{5\text{-}6},TF_{5\text{-}7}\}+FF_{4\text{-}5}=\min\{4,3\}+0=3+0=3$$

$$TF_{3\text{-}7}=TF_{7\text{-}8}+FF_{3\text{-}7}=1+0=1$$

$$TF_{2\text{-}4}=TF_{4\text{-}5}+FF_{2\text{-}4}=3+2=5$$

$$TF_{3\text{-}4}=TF_{4\text{-}5}+FF_{3\text{-}4}=3+0=3$$

$$TF_{1\text{-}3}=\min\{TF_{3\text{-}4},TF_{3\text{-}7}\}+FF_{1\text{-}3}=\min\{3,1\}+0=1+0=1$$

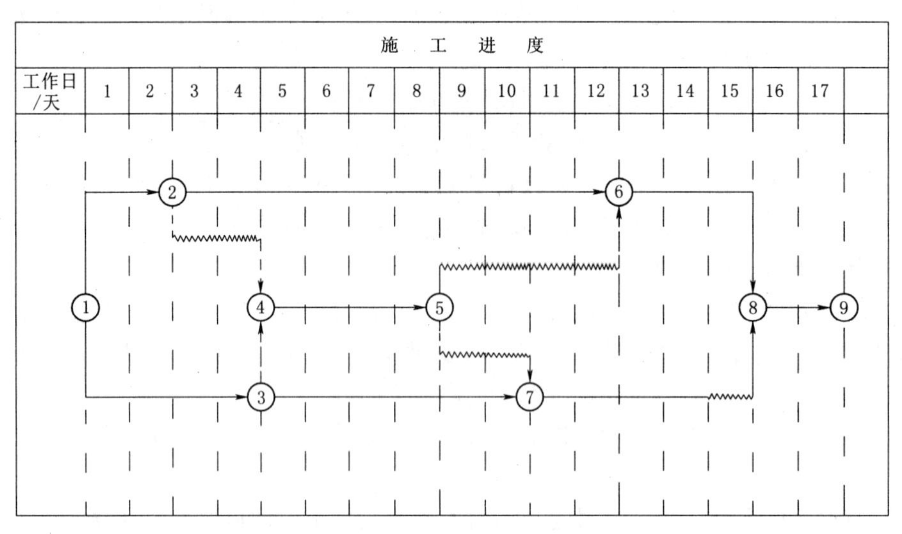

图 4.22　某工程双代号时标网络计划

对于 1－2、1－3 工作的最迟开始时间、最迟完成时间计算如下：

$$LS_{1\text{-}2}=ES_{1\text{-}2}+TF_{1\text{-}2}=0+0=0$$

$$LF_{1\text{-}2}=EF_{1\text{-}2}+TF_{1\text{-}2}=2+0=2$$

$$LS_{1\text{-}3}=ES_{1\text{-}3}+TF_{1\text{-}3}=0+1=1$$

$$LF_{1\text{-}3}=EF_{1\text{-}3}+TF_{1\text{-}3}=4+1=5$$

由此类推，可计算出各项工作的最迟开始时间、最迟完成时间。

任务 4.6　网 络 计 划 优 化

网络计划经绘制和计算后，可得出最初的方案。网络计划的最初方案只是一种可行的方案，不一定是合乎规定要求的方案或最优方案。因此，还必须进行网络计划优化。

网络计划优化，是在满足既定约束的条件下，按某一目标，通过不断改进网络计划，以寻求满意方案。网络计划优化的目标应按计划任务的需要和条件选定，优化的内容包括：工期优化、费用优化、资源优化。

4.6.1　工期优化

工期优化是压缩计算工期，以达到要求工期的目标，或在一定约束条件下使工期最短的过程。

1. 工期优化步骤

(1) 计算并找出网络计划的计算工期、关键线路及关键工作。

(2) 按要求工期计算应缩短的持续时间。

(3) 确定各关键工作能缩短的持续时间。

(4) 按上述因素选择关键工作压缩其持续时间，并重新计算网络计划的计算工期。

(5) 当计算工期仍然超过要求工期时，则重复以上步骤，直至计算工期满足要求工期

为止。

(6) 当所有关键工作的持续时间都已达到所能缩短的极限，而工期仍不能满足要求时，应对原组织方案进行调整，或对要求工期重新审定。

2. 工期优化应考虑的因素

(1) 缩短工期应压缩关键工作。

(2) 作为要压缩时间的关键工作，其选择原则如下：

1) 缩短持续时间对质量和安全影响不大的工作。

2) 有充足备用资源的工作。

3) 缩短持续时间所需增加的费用最少的工作。

(3) 关键工作压缩时间后仍应为关键工作。

(4) 若有多条关键线路存在时，要同时、同步压缩。

3. 工期优化示例

【例 4.4】 如图 4.23 所示的网络计划，图中括号内的数据为工作最短持续时间，当指定工期为 140 天时，如何调整？

解：

(1) 用工作正常持续时间计算节点的最早时间，用节点标号法确定关键线路为①→③→④→⑥，关键工作为 1－3、3－4、4－6，如图 4.24 所示。

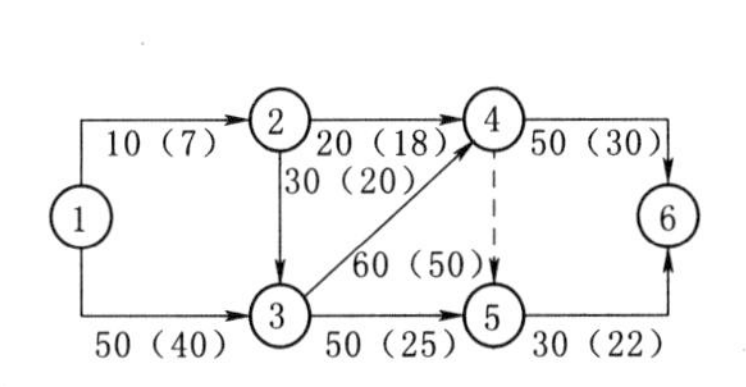

图 4.23　某工程网络计划

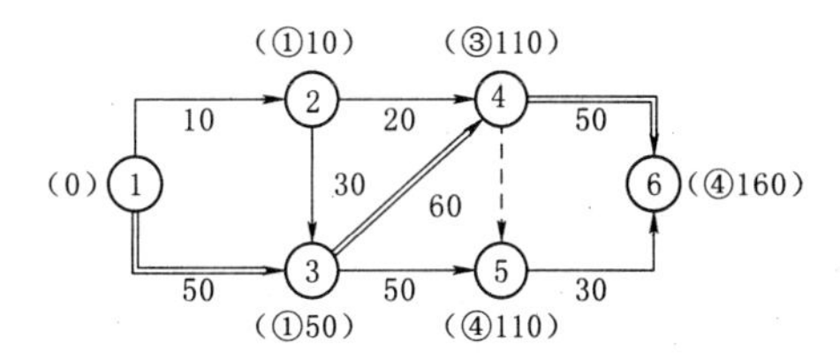

图 4.24　网络计划的关键线路

(2) 计算工期为 160 天，按指定工期要求应缩短 20 天。

(3) 关键工作 1－3 能压缩 10 天，关键工作 3－4 能压缩短 10 天，关键工作 4－6 能压缩 20 天。由于只需压缩 20 天，可压缩 1－3 工作 5 天，压缩 3－4 工作 5 天，压缩 4－6 工作 10 天。

(4) 重新计算网络计划工期，如图 4.25 所示，图中标出了关键线路，工期为 140 天，满足了工期要求。

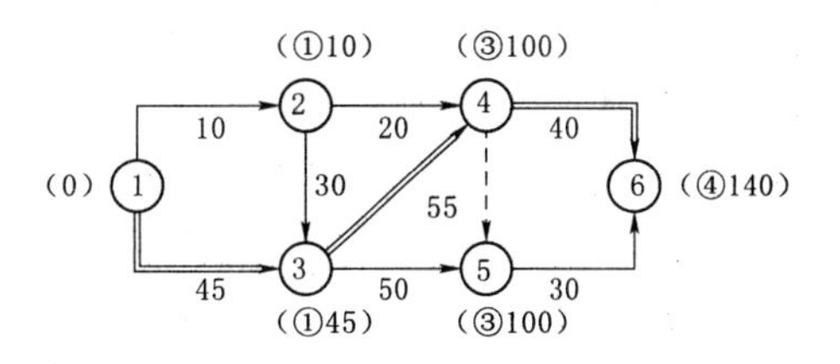

图 4.25　工期优化后的网络计划

4.6.2　费用优化

费用优化又称时间成本优化，是寻求最低成本时的最优工期安排，或按要求工期寻求最低成本的计划安排过程。要达到上述优化目标，就必须首先研究时间和费用的关系。

1. 工期和费用的关系

工程费用包括直接费用和间接费用两部分，直接费用是直接投入到工程中的成本，即

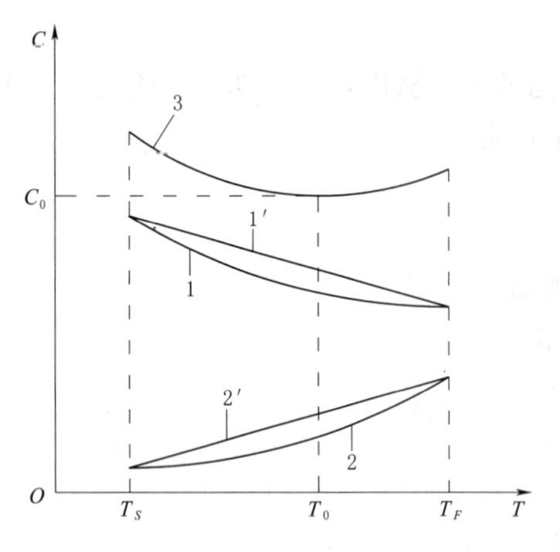

图 4.26 工期-费用曲线

1、1′—直接费用曲线、直线；2、2′—间接费用曲线、直线；3—总费用曲线；T_S—最短工期；T_0—最优工期；T_F—正常工期；C_0—最低总成本

在施工过程中耗费的人工费、材料费、机械设备费等构成工程实体的各项费用；而间接费用是间接投入到工程中的成本，主要由管理费等构成。一般情况下，直接费用随工期的缩短而增加，间接费用随工期的缩短而减少，如图 4.26 所示。图中的总费用曲线中，总存在一个最低的点，即最小的工程总成本 C_0，与此相对应的工期为最优工期 T_0，这就是费用优化所寻求的目标。

为简化计算，如图 4.26 所示，通常把直接费用曲线 1、间接费用曲线 2 表达为直接费用直线 1′、间接费用直线 2′。这样可以通过直线斜率表达直接（间接）费用率，即直接（间接）费用在单位时间内的增加（减少）值。如工作 $i—j$ 的直接费用率 $\Delta C_{i\text{-}j}$ 为

$$\Delta C_{i\text{-}j}=\frac{CC_{i\text{-}j}-CN_{i\text{-}j}}{DN_{i\text{-}j}-DC_{i\text{-}j}} \tag{4.32}$$

式中 $CC_{i\text{-}j}$——将工作持续时间缩短为最短持续时间后完成该工作所需的直接费用；

$CN_{i\text{-}j}$——在正常条件下完成工作 $i—j$ 所需的直接费用；

$DN_{i\text{-}j}$——工作 $i—j$ 的正常持续时间；

$DC_{i\text{-}j}$——工作 $i—j$ 的最短持续时间。

2. 费用优化的步骤

费用优化的基本思路是不断地找出能使工期缩短且直接费用增加最少的工作，缩短其持续时间，同时考虑间接费用增加，便可求出费用最低相应的最优工期和满足工期要求相应的最低费用。

费用优化可按下述步骤进行：

(1) 计算各工作的直接费用率 $\Delta C_{i\text{-}j}$ 和间接费用率 $\Delta C'$。

(2) 按工作的正常持续时间确定工期并找出关键线路。

(3) 当只有一条关键线路时，应找出直接费用率 $\Delta C_{i\text{-}j}$ 最小的一项关键工作，作为缩短持续时间的对象；当有多条关键线路时，应找出组合直接费用率 $\sum\{\Delta C_{i\text{-}j}\}$ 最小的一组关键工作，作为缩短持续时间的对象。

(4) 对选定的压缩对象缩短其持续时间，缩短值 ΔT 必须符合两个原则：一是不能压缩成非关键工作；二是缩短后其持续时间不小于最短持续时间。

(5) 计算时间缩短后总费用的变化 C_i。

$$C_i=\sum\{\Delta C_{i\text{-}j}\times\Delta T\}-\Delta C'\times\Delta T \tag{4.33}$$

(6) 当 $C_i\leqslant 0$，重复上述 (3) ～ (5) 步骤，一直计算到 $C_i>0$，即总费用不能降低为止，费用优化即告完成。

3. 费用优化示例

【例 4.5】 如图 4.27 所示的网络计划，箭线下方括号外为正常持续时间，括号内为

最短持续时间，箭线上方为直接费用率，当指定工期为 140 天时，请进行合理压缩，使费用增加最少。

解：（1）用工作正常持续时间计算节点的最早时间，用标号法确定关键线路为①→③→④→⑥，如图 4.28 所示。

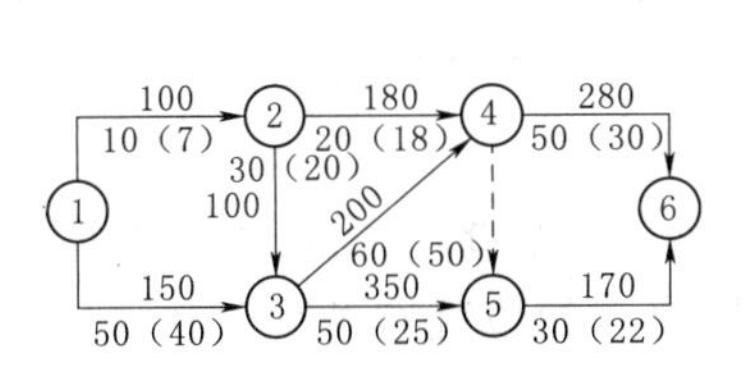

图 4.27　某工程网络计划

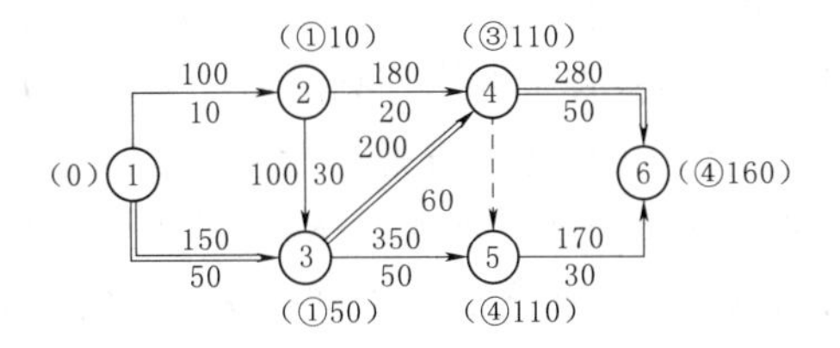

图 4.28　网络计划的关键线路

（2）比较关键工作 1－3、3－4、4－6 的直接费用率，工作 1－3 的直接费用率最低，故压缩工作 1－3，$\Delta C_{1\text{-}3}=150$，压缩时间 $\Delta t=50-40=10$(天)，增加的直接费用 $\Delta S_1=150\times10=1500$(元)。

（3）重新计算网络计划的时间参数，此时有两条关键线路：①→③→④→⑥和①→②→③→④→⑥，如图 4.29 所示为第一次压缩后的网络计划。

（4）因工作 1－3 已无可压缩时间，不能将工作 1－2 或 2－3 与其组合压缩，故在工作 3－4 和 4－6 中，选择直接费用率最低的工作 3－4 进行压缩 $\Delta C_{3\text{-}4}=200$，压缩时间 $\Delta t=60-50=10$（天），增加的直接费用 $\Delta S_2=200\times10=2000$（元）。

（5）此时，工期已压缩至 140 天，且增加的费用最少，调整后的网络计划如图 4.30 所示。

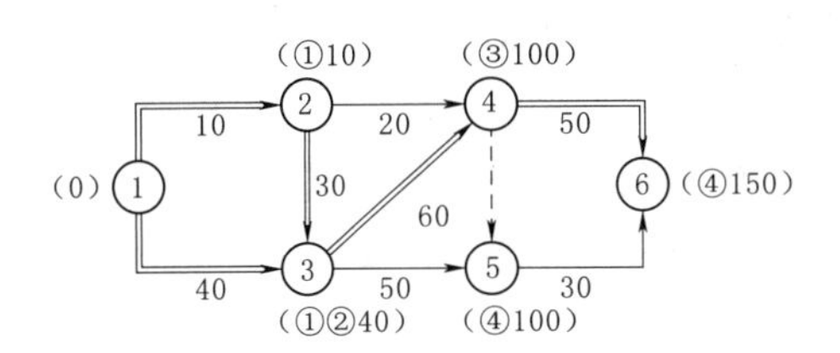

图 4.29　第一次压缩后的网络计划

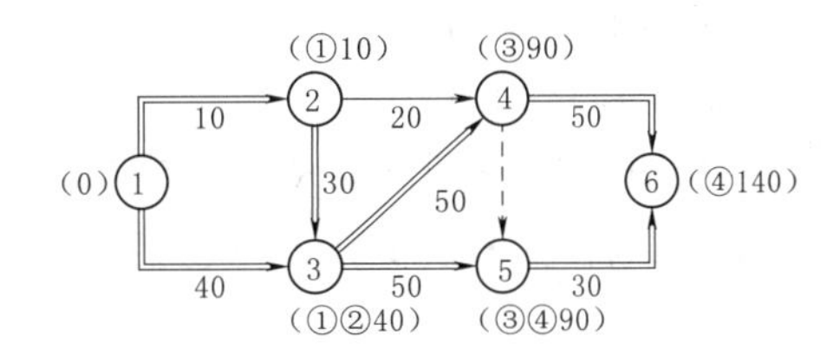

图 4.30　费用优化完成后的网络计划

综上所述，比较［例 4.4］和［例 4.5］，同样是将工期压缩 20 天，但当优化目标不同时，所选择的优化方案是不同的。

4.6.3　资源优化

所谓资源是指完成工程项目所需的人力、材料、机械设备和资金等的统称。一般情况下，这些资源也是有一定限量的。在编制网络计划时必须对资源进行统筹安排，保证资源需要量在其限量之内、资源需要量尽量均衡。资源优化就是通过调整工作之间的安排，使资源按时间的分布符合优化的目标。

资源优化可分为“资源有限-工期最短”和“工期固定-资源均衡”两类问题。

1. 资源有限-工期最短的优化

资源有限-工期最短的优化是调整计划安排，以满足资源限制条件，并使工期拖延最少的过程。

资源有限-工期最短的优化步骤如下：

（1）按最早时间参数绘制双代号时标网络图，根据各个工作在每个时间单位的资源需要量，统计出每个时间单位内的资源需要量 R_t。

（2）从网络计划开始的第一天起，从左至右计算资源需用量 R_t，并检查其是否超过资源限量 R_a，如检查至网络计划最后一天都是 $R_t \leqslant R_a$，则该网络计划就符合优化要求；如发现 $R_t > R_a$，就停止检查并进行调整。

（3）调整网络计划。将 $R_t > R_a$ 处的工作进行调整。调整的方法是将该处的一项工作移在该处的另一项工作之后，以减少该处的资源需用量。如该处有两项工作 α、β，则有 α 移 β 后和 β 移 α 后两个调整方案。

（4）计算调整后的工期增量。调整后的工期增量等于前面工作的最早完成时间减移在后面工作的最早开始时间再减移在后面的工作的总时差。如 β 移 α 后，则其工期增量为

$$\Delta T_{\alpha,\beta} = EF_\alpha - ES_\beta - TF_\beta \tag{4.34}$$

（5）重复以上步骤，直至所有时间单位内的资源需要量都不超过资源限量，资源优化即告完成。

【例 4.6】 已知网络计划如图 4.31 所示，箭线下方数据为该工作持续时间，箭线上方数据为工作的每天资源需要量，假定资源限量为 13，试对网络计划进行资源有限-工期最短的优化。

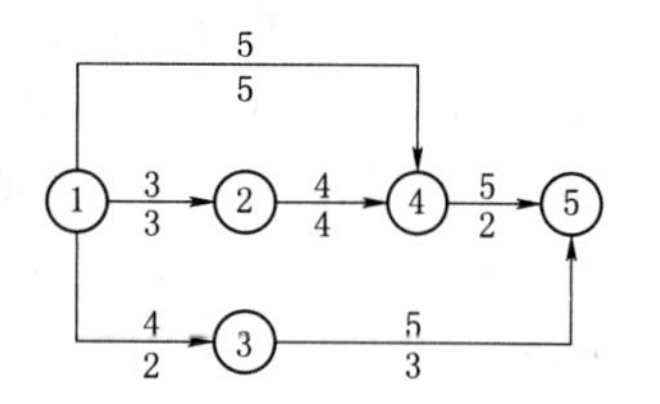

图 4.31　初始网络计划

解：（1）按节点最早时间绘制双代号时标网络图，统计出每个时间单位内的资源需要量，计算出工作的总时差（标在括号内），如图 4.32 所示。

（2）从图 4.32 中可知，$R_4 = 14 > 13$，必须进行调整，共有六种方案。

方案一：将①→④移到②→④后，$\Delta T_{2\text{-}4,1\text{-}4} = EF_{2\text{-}4} - ES_{1\text{-}4} - TF_{1\text{-}4} = 7 - 0 - 2 = 5$（天）

方案二：将②→④移到①→④后，$\Delta T_{1\text{-}4,2\text{-}4} = EF_{1\text{-}4} - ES_{2\text{-}4} - TF_{2\text{-}4} = 5 - 3 - 0 = 2$（天）

方案三：将③→⑤移到②→④后，$\Delta T_{2\text{-}4,3\text{-}5} = EF_{2\text{-}4} - ES_{3\text{-}5} - TF_{3\text{-}5} = 7 - 2 - 4 = 1$（天）

方案四：将②→④移到③→⑤后，$\Delta T_{3\text{-}5,2\text{-}4} = EF_{3\text{-}5} - ES_{2\text{-}4} - TF_{2\text{-}4} = 5 - 3 - 0 = 2$（天）

方案五：将①→④移到③→⑤后，$\Delta T_{3\text{-}5,1\text{-}4} = EF_{3\text{-}5} - ES_{1\text{-}4} - TF_{1\text{-}4} = 5 - 0 - 2 = 3$（天）

方案六：将③→⑤移到①→④后，$\Delta T_{1\text{-}4,3\text{-}5} = EF_{1\text{-}4} - ES_{3\text{-}5} - TF_{3\text{-}5} = 5 - 2 - 4 = -1$（天）

$\Delta T_{1\text{-}4,3\text{-}5} = -1$（天）最小，故采取第六种方案，如图 4.33 所示。

从图 4.33 中可知，每天资源需要量均小于资源限量 13，即资源优化完成。

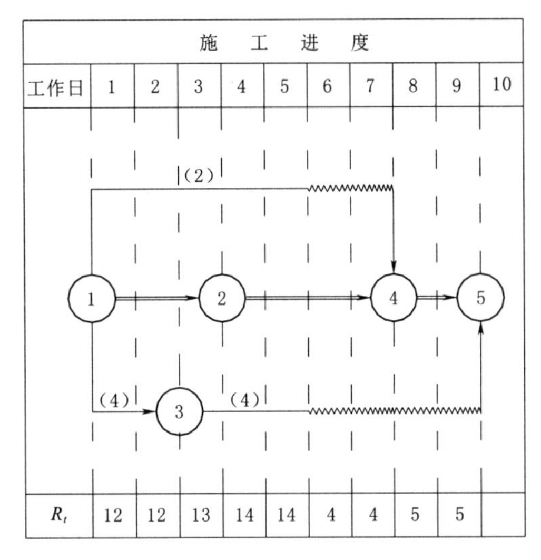

图 4.32　初始时标网络计划

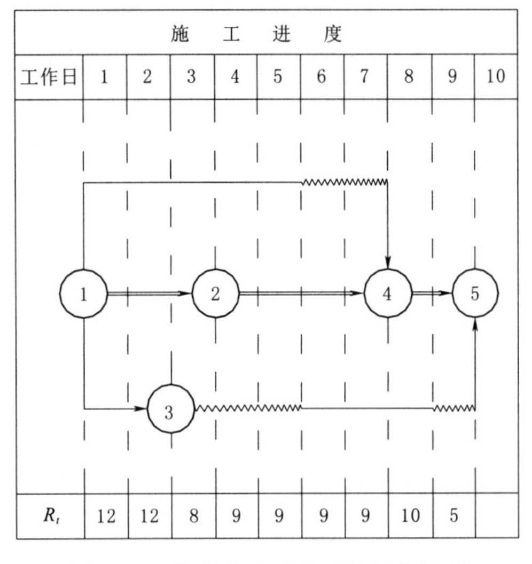

图 4.33　优化完成后的时标网络计划

2. 工期固定-资源均衡的优化

工期固定-资源均衡的优化是指在工期保持不变的条件下，使资源需要量尽可能分布均衡的过程。也就是在资源需要量曲线上尽可能不出现短期高峰或长期低谷的情况，力求使每天资源需要量接近于平均值。

工期固定-资源均衡优化的方法有多种，这里仅介绍削高峰法，即利用非关键工作的机动时间，在工期固定的条件下，使得资源峰值尽可能减小。

工期固定-资源均衡的优化步骤如下：

(1) 按最早时间参数绘制双代号时标网络图，根据各个工作在每个时间单位的资源需要量，统计出每个时间单位内的资源需要量 R_t。

(2) 找出资源高峰时段的最后时刻 T_h，计算非关键工作如果向右移到 T_h 处开始，还剩下的机动时间 $\Delta T_{i\text{-}j}$，即

$$\Delta T_{i\text{-}j}=TF_{i\text{-}j}-(T_h-ES_{i\text{-}j}) \tag{4.35}$$

当 $\Delta T_{i\text{-}j}\geqslant 0$ 时，则说明该工作可以向右移出高峰时段，使得峰值减小，并且不影响工期。当有多个工作 $\Delta T_{i\text{-}j}\geqslant 0$，应选择 $\Delta T_{i\text{-}j}$ 值最大的工作向右移出高峰时段。

(3) 绘制出调整后的时标网络计划。

(4) 重复上述 (2)～(3) 步骤，直至高峰时段的峰值不能再减少，资源优化即告完成。

【例 4.7】 已知网络计划如图 4.31 所示，箭线下方数据为该工作的持续时间，箭线上方数据为工作的每天资源需要量，试对该网络计划进行工期固定—资源均衡的优化。

解：(1) 按节点最早时间绘制双代号时标网络图，统计出每个时间单位内的资源需要量，计算出工作的总时差（标在括号内），如图 4.32 所示。

(2) 从图 4.32 中统计的资源需要量可知，$R_{max}=14$ 天，$T_5=5$ 天。

$\Delta T_{1\text{-}4}=TF_{1\text{-}4}-(T_5-ES_{1\text{-}4})=2-(5-0)=-3(天)<0$

$\Delta T_{3\text{-}5}=TF_{3\text{-}5}-(T_5-ES_{3\text{-}5})=4-(5-2)=1(天)>0$

因 $\Delta T_{3\text{-}5}=1$ 天>0，故将③→⑤右移 3 天，如图 4.34 所示。

(3) 从图 4.34 中统计的资源需要量可知，$R_{\max}=12$ 天，$T_2=2$ 天。

$\Delta T_{1\text{-}4}=TF_{1\text{-}4}-(T_2-ES_{1\text{-}4})=2-(2-0)=0$ (天)

$\Delta T_{1\text{-}3}=TF_{1\text{-}3}-(T_2-ES_{1\text{-}3})=4-(2-0)=2$ (天)>0

若将①→③向右移 2 天，如图 4.35 所示，并未使峰值减少。

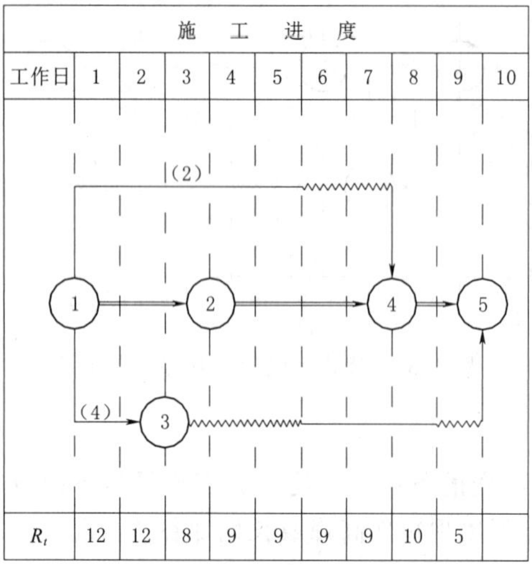

施　工　进　度

工作日 1 2 3 4 5 6 7 8 9 10

(2)

(4)

1 2 3 4 5

R_t 12 12 8 9 9 9 9 10 5

图 4.34　第一次削峰后的时标网络计划

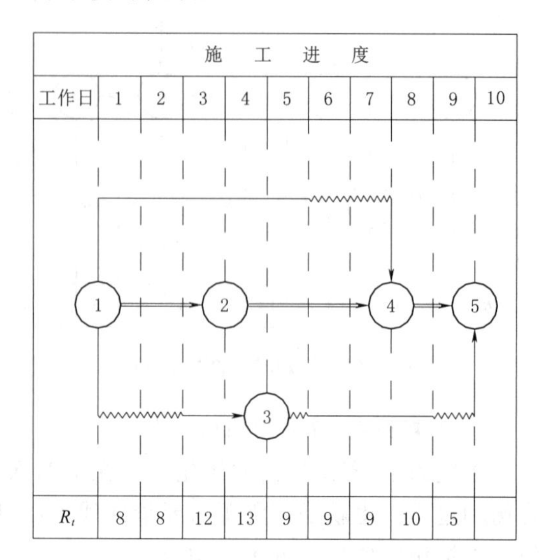

图 4.35　第二次削峰后的时标网络计划

因丙调整不能使峰值减少，故资源优化完成，资源优化后的网络计划应为图 4.34，从图 4.34 中统计的资源需要量可知，$R_{\max}=12$ 天，$T_2=2$ 天。

任务 4.7　施工网络计划的应用

4.7.1　施工网络计划的编制方法

1. 网络计划的编制步骤

网络计划是用网络图代替横道图在施工方案已确定的基础上来安排施工进度计划的。网络计划根据工程对象不同分为分部工程网络计划、单位工程网络计划、群体工程网络计划。无论是哪种网络计划，其编制步骤一般如下：

(1) 熟悉图纸，对工程对象进行分析，选择施工方案和施工方法。施工方案决定该工程施工的顺序、施工方法、资源供应方式等基本要求，是编制网络计划的基础。

(2) 根据网络图的用途决定工作项目划分的粗细程度，确定工作项目名称。工作项目名称是网络计划的基本组成单元。工作内容的多少，划分的粗细程度，应根据计划的需要来决定。

(3) 确定各工作之间合理的施工顺序，绘制逻辑关系表。在确定各工作之间的逻辑关系时，既要考虑他们之间的工艺关系，又要考虑它们之间的组织关系。

(4) 根据各工作之间的逻辑关系绘制网络图。编制单位工程网络图可以先按分部工程

编制，然后将各分部工程的网络计划连接起来。对于多层或高层建筑也可以先编制出标准区的网络图，然后再把各区连接起来形成网络计划的初始方案。

（5）计算时间参数，确定关键工作、关键线路及非关键工作的机动时间。计算时间参数的目的是为网络计划下一步的调整提供依据，同时也便于更好地利用网络计划指导实际施工。

（6）根据实际情况调整计划，制定最优的计划方案。对网络计划的初始方案进行审查，看其是否满足工期目标、资源限制条件等。如不满足预期目标，就要按照工期优化、费用优化、资源优化的方法对网络计划的初始方案进行调整。

（7）将调整后的初始网络计划绘制成正式可行的施工网络计划。

2. 施工网络计划的排列方法

在绘制施工网络计划时，为达到形象化、条理化的目的，使网络计划中各工作之间在工艺及组织上的逻辑关系表达更为清晰，常采用如下排列方法。

（1）按施工流水段排列。这种排列方法是把同一施工段的作业排列在同一水平线上，能够反映出建筑工程分段施工的特点，突出表示工作面的利用情况，这是建筑工地习惯使用的一种表达方式。图 4.36 所示为吊顶工程按施工流水段排列的网络计划。

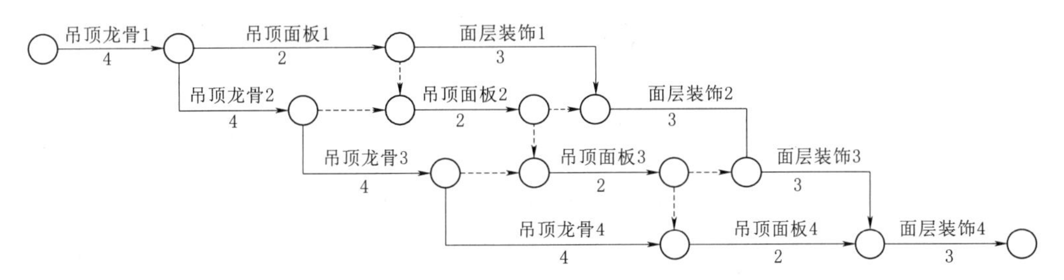

图 4.36　按施工流水段排列的网络计划

（2）按工种排列。这种排列方法是把相同工种的工作排列在同一条水平线上，能够突出不同工种的工作情况，这是建筑工地习惯使用的一种表达方式。图 4.37 所示为吊顶工程按工种排列的网络计划。

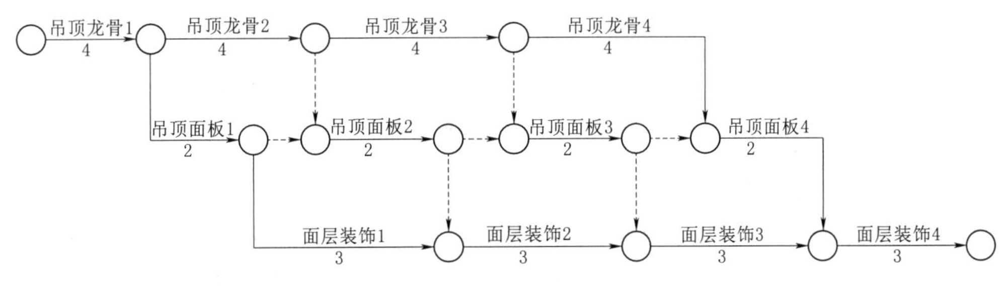

图 4.37　按工种排列的网络计划

（3）按楼层排列。在分段施工中，当若干项工作沿着建筑物的楼层展开时，其网络计划一般都可以按楼层排列。如图 4.38 所示是某内装修工程，每层为一段，按楼层由上到下进行的网络计划。

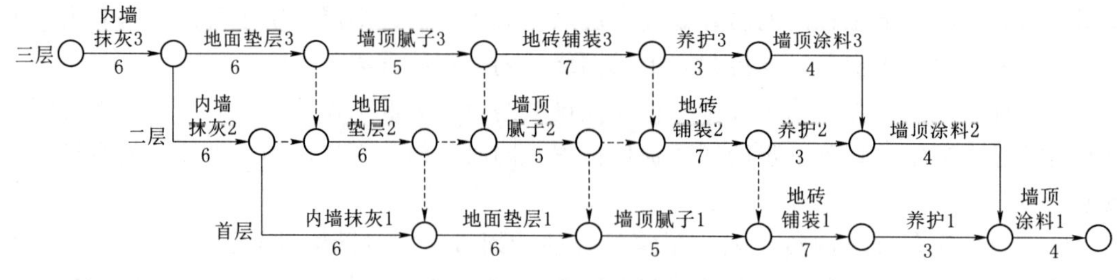

图 4.38　按楼层排列的网络计划

【例 4.8】 某装饰工程分为三个施工段，施工过程及其延续时间为：内墙抹灰 4 天、安塑钢门窗 2 天、地砖铺装 3 天、墙顶涂料 2 天，地砖与涂料间的技术间歇为 2 天，试组织流水施工，并用双代号网络图表示之。

解：地砖与涂料间的技术间歇为 2 天即为养护 2 天，也需要用实箭杆表示，绘制网络图如图 4.39 和图 4.40 所示。

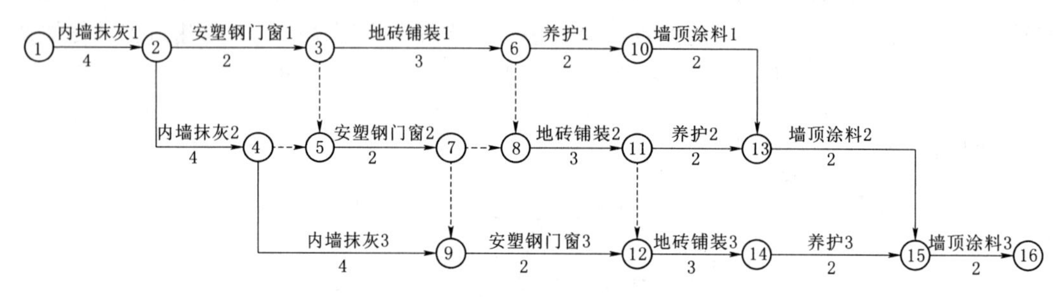

图 4.39　[例 4.8] 按施工流水段排列的网络计划

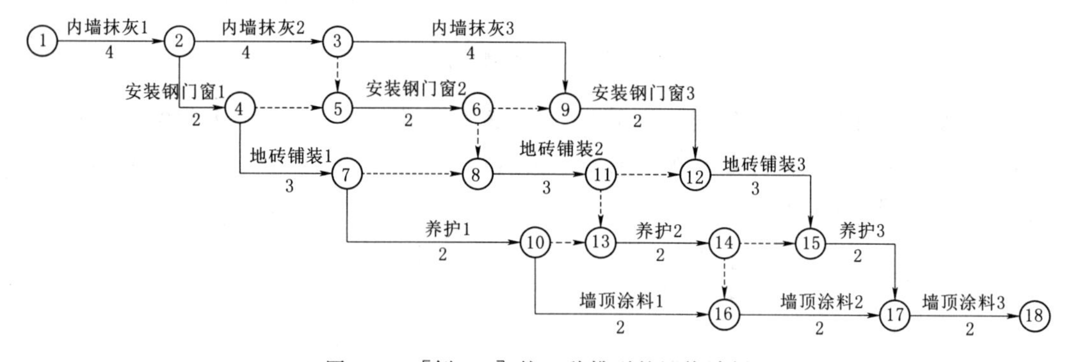

图 4.40　[例 4.8] 按工种排列的网络计划

3. 施工网络计划的合并

将局部网络图连接起来的工作就是网络图的合并。编制一个单位工程的网络计划一般可先编制其中各主要分部工程的网络计划，然后合成单位工程网络计划，并可据此合并成单项工程、建设项目的总体网络计划。

合并网络图可以采用逐个合并的办法，一个一个地往上加。应特别注意两图连接处工序之间关系的处理，要保证其逻辑关系的正确性，既不得破坏和改变已确定的工艺关系和组织关系，又符合网络图的画法规则。

如图 4.41 所示，原是两个独立编制的局部网络图，现在要将它们合成一个大图。

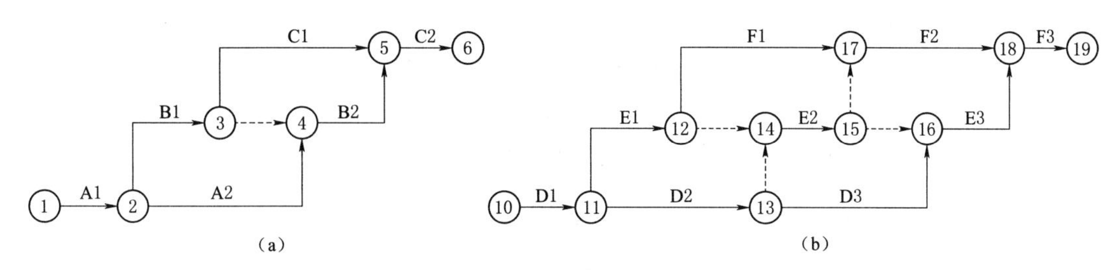

图 4.41　独立编制的局部网络图

已经知道两图之间的关系是：C1 是 D1 的紧前工序；C2 是 D2 的紧前工序。在这里，两图连接处必须运用虚工序进行“连”与“断”才能正确表达这种逻辑关系。我们可以用预分法进行处理：

C1 的紧后工序有 D1、C2，B2 的紧后工序只有 C2，根据预分法的要点，则 C1 可直接连接 D1（独有的紧后工序），B2 直接连接 C2（只有共有的紧后工序），C1 与 C2 之间用虚工序连接（共有的紧后工序）。

用同样的方法处理 C2 与 D1 的紧后工序。经过这样的处理，我们可以得到合并后的网络图，如图 4.42 所示。

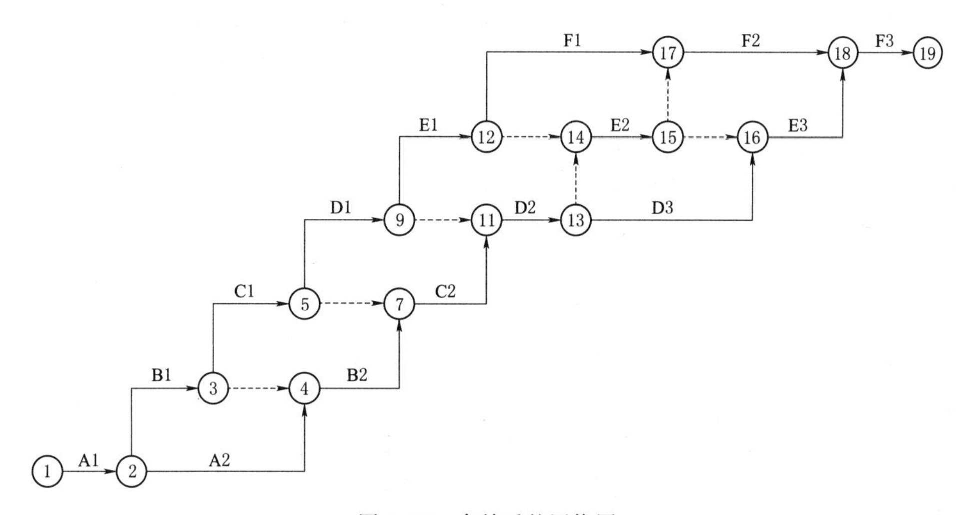

图 4.42　合并后的网络图

如图 4.43 所示为某工程的基础、主体和装修三个分部工程局部网络图连接而成的总体网络图。

4.7.2　工程案例解析

某服务楼装饰工程包含门窗、吊顶、地面、轻质隔墙、饰面砖、涂饰、细部等分部分项工程及相应的水、电安装工程。

1. 工程概述

工程名称：××服务楼二次装饰装修工程。

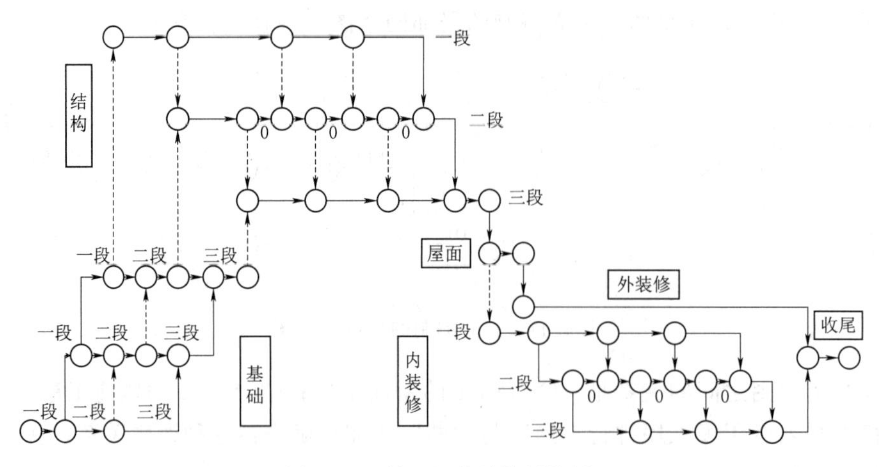

图 4.43　某工程的总体网络图

本工程共 21 层（含地下一层），总建筑面积为 $25000m^2$。

2. 施工区的划分

将整个工程项目划分为相对独立的施工区，化整为零，使每个具备施工条件的施工部位都能有效地进行相对独立的施工，且不影响隐蔽、交叉施工和配合工作，并根据工程性质和项目经理及其管理班子的施工经验和专业特长，对本项目进行分区负责、分区管理。

针对本工程的特点，施工时，将本工程分为以下三个施工区，每个区分别设一名施工区负责人，由项目经理全盘统筹，并设“施工协调组”，专职协调各工区、各工种之间以及与其他专业施工的配合，使工程能同步、协调地进行，最终保证工程进度和工程质量的实现。本工程具体施工时，须划分施工区，共划分为三个施工区，其中 1～5 层为施工一区（共 5 层），6～15 层为施工二区（共 10 层），16～20 层为施工三区（共 5 层），各施工区进行分区平行施工，以确保工程工期的实现。

3. 确定施工流向

工程室内装饰的工序较多，一般先做墙面及顶面，后做地面、踢脚，室内的墙面抹灰应在预埋管线后进行；吊顶工程应在水电管线完成安装后进行，卫生间装饰应在做完地面防水层、安装座厕之后进行。走廊亦留在最后施工。

(1) 生产工艺过程，往往是确定施工流向的关键因素。建筑装饰工程施工工艺的总规划是先预埋、后封闭、再装饰。在预埋阶段，先通风系统，后电气线路。封闭阶段，先墙面，后顶面、再地面；装饰阶段，先油漆，后面板。建筑装饰工程的施工流向必须按各工种之间的先后顺序组织平行流水施工，颠倒工序就会影响工程质量及工期。

(2) 对技术复杂，工期较长的部位应先施工。卫生间有水、电工程，必须先进行设备管线的安装，再进行建筑装饰工程施工。

(3) 由于施工场地及工期要求的限制，成品、半成品材料尽可能外发由专业公司定做加工，这样既减少现场加工场的工作强度，又保证质量，并使工期相对得到有效控制。

4. 各施工区的主要施工内容

(1) 第一施工区（1～5 层）。

1）1～5 层楼地面主要施工内容：主要采用美国白麻、塑料地板（拼纹）、塑胶地材、进口地毯、圣象牌防静电架空地板、大咖啡大理石、微晶石饰面、防滑砖、600mm×600mm 抛光砖、国产麻石、方块地毯等。

2）1～5 层墙面主要施工内容：微晶石饰面、10mm＋10mm 夹胶清玻璃栏板、微晶石及铝单板饰面、拉丝不锈钢饰面、亚光不锈钢饰面脚线、5mm 厚有机玻璃透光片（内藏霓虹管）、12mm 钢化清玻璃门（300mm 厚砂钢门套）、12mm 钢化清玻璃自动趟门、镜面不锈钢饰面电梯门及门套、梯间门砂面不锈钢、单板门及 50mm 宽哑光不锈钢门套、8mm 砂玻璃、黑檀木饰面、12mm 厚横纹特种玻璃、8mm 厚喷砂玻璃（ϕ250 留孔暗藏筒灯）、攀爬壁（暗藏日光灯）、啡钻花岗石饰面、10mm 厚西班牙雪花石、进口家私布饰面包 45 度角边、樱桃饰面清漆消光、扇灰饰面进口立邦漆、白沙米黄大理石饰面、窗帘、墙纸饰面等。

3）1～5 层顶棚主要施工内容：轻钢龙骨铝单板天花、乐思龙吊顶、穿孔铝板吊顶、埃特板天花、轻钢龙骨条状金属天花、8mm 钢化砂玻璃贴散光灯箱片、镜面不锈钢饰面、150mm 宽金属扣板天花、8mm 钢化砂玻璃贴散光灯箱片、轻钢龙骨、12mm 石膏板面饰进口立邦漆等。

（2）第二施工区（6～15 层）。

1）6～15 层楼地面主要施工内容：主要采用塑胶地材、防滑砖、微晶石、啡珠石、国产麻石等。

2）6～15 层顶棚主要施工内容：主要采用金属扣板天花、原建筑天花、面饰进口立邦漆、轻钢龙骨、12mm 石膏板等。

（3）第三施工区（16～20 层）。

1）16～20 层楼地面主要施工内容：主要采用塑胶地材、大咖啡大理石、微晶石饰面、防滑砖、600mm×600mm 抛光砖、国产麻石、地毯等。

2）16～20 层墙面主要施工内容：磨砂玻璃（钢化）、立邦漆饰面、砂钢脚线、窗帘、墙面饰胶板、钢化清玻璃门（砂钢门套）、富美家胶板、200mm×300mm 瓷片、成品胶板间隔、5mm 厚银镜磨斜边 8mm 宽、水晶面饰面台面、干挂微晶石饰面、砂面不锈钢饰面脚线、丝面玻璃、镜面不锈钢防火门、面饰进口墙纸、软包面饰面包直角边、“富美家”2494 胶板饰面、5mm 丝印玻璃、黑檀木夹板饰面、黑檀木夹板饰面门（黑檀木实木门套）、铝合金门、爵士白大理石、黑金砂。

3）16～20 层顶棚主要施工内容：轻钢龙骨铝单板天花、轻钢龙骨、12mm 石膏板面饰进口立邦漆、1200mm×300mm 金属扣板天花、150mm 宽金属扣板天花、150mm 宽金属扣板天花。

5. 施工进度安排

（1）整体控制目标。总工期为 150 个日历天，实际施工时按 150 天编排。本工程暂定开工日期为 2014 年 3 月 15 日，计划竣工日期为 2014 年 8 月 11 日。

施工人员现场工作时间：每月有效施工日考虑 30 天，每天正常工作时间初定 8 小时。

（2）主要工作施工控制点。本工程共计二十层，实际施工时分为三个施工区，各施工区组织平行施工。具体划分方法为：1～5 层为施工一区，6～15 层为施工二区，16～20

层为施工三区，各施工区的主要工作控制点如下：

1）施工一区（1～5层）总施工时间为136d，控制工期为2014年3月17日—2014年7月30日，其中：

隔断墙及墙面龙骨施工控制工期计30d；

天棚龙骨施工控制工期计35d；

天棚面层施工控制工期计32d；

墙面石材粘贴（干挂）施工控制工期计45d；

墙面瓷砖粘贴施工控制工期计25d；

软包墙面施工控制工期计25d；

木质板材墙面装饰施工控制工期计50d；

墙面进口立邦漆涂刷施工控制工期计30d；

玻璃隔断墙施工控制工期计45d；

墙面壁纸施工控制工期计25d；

墙面不锈钢饰面施工控制工期计15d；

楼地面块料面层施工控制工期计35d；

楼地面脚线施工控制工期计20d；

楼地面铺地毯施工控制工期计25d；

水电工程施工控制工期计118d；

窗帘盒制安施工控制工期计25d；

玻璃饰面施工控制工期计25d；

油漆工程施工控制工期计50d。

2）施工二区（6～15层）总施工时间为125d，控制工期为2014年3月20日—2014年7月22日，其中：

天棚龙骨施工控制工期计55d；

天棚面层施工控制工期计65d；

楼地面块料面层施工控制工期计65d；

楼地面铺地毯施工控制工期计28d；

水电工程施工控制工期计118d；

油漆工程施工控制工期计75d。

3）施工三区（16～20层）总施工时间为130d，控制工期为2014年3月25日—2014年8月1日，其中：

隔断墙及墙面龙骨施工控制工期计28d；

天棚龙骨施工控制工期计35d；

天棚面层施工控制工期计28d；

墙面石材粘贴（干挂）施工控制工期计40d；

墙面瓷砖粘贴施工控制工期计25d；

软包墙面施工控制工期计30d；

木质板材墙面装饰施工控制工期计55d；

墙面进口立邦漆涂刷施工控制工期计 35d；
玻璃隔断墙施工控制工期计 40d；
墙面壁纸施工控制工期计 25d；
墙面不锈钢饰面施工控制工期计 15d；
卫生间防水施工控制工期计 20d；
楼地面找平层施工控制工期计 15d；
楼地面块料面层施工控制工期计 30d；
楼地面脚线施工控制工期计 23d；
楼地面铺地毯施工控制工期计 13d；
不锈钢栏河及梯栏杆施工控制工期计 22d；
水电工程施工控制工期计 115d；
窗帘盒制安施工控制工期计 25d；
玻璃饰面施工控制工期计 35d；
油漆工程施工控制工期计 50d。

(3) 具体施工进度安排如图 4.44 所示。

6. 主要劳动力投入计划

本工程共 20 层，装饰装修工程量较大，所需劳动力较多，实际施工时，划分为三个施工区，其中 1～5 层为施工一区，6～15 层为施工二区，16～20 层为施工三区，为保证工程施工工期，三个施工区采取平行施工。

施工期间，劳动力总动员人数为 493 人，为高峰使用人数，根据不同施工阶段，实际施工人数会有一定调整。具体劳动力投入计划见表 4.3 和表 4.4。

表 4.3　　主要劳动力需用量计划表（三个施工区合计使用人数）

工　种	人数	担负的主要工作内容
木作施工班组	120	木制品制作与安装施工
石材施工班组	75	石材及瓷砖铺（粘）贴施工
焊接施工班组	18	不锈钢管及钢筋（干挂石材用）焊接
天花施工班组	60	扣板天花施工
金属施工班组	30	金属装饰线安装施工
油漆工	45	室内油漆施工
电气施工班组	30	室内电气安装施工
给排水施工班组	25	室内给排水施工
综合工种	20	材料搬运等
泥水工	30	抹灰施工
钢筋工	25	干挂石材钢筋网施工
测量工	10	测量放线施工
机修工	5	机械维修等
合计	493	

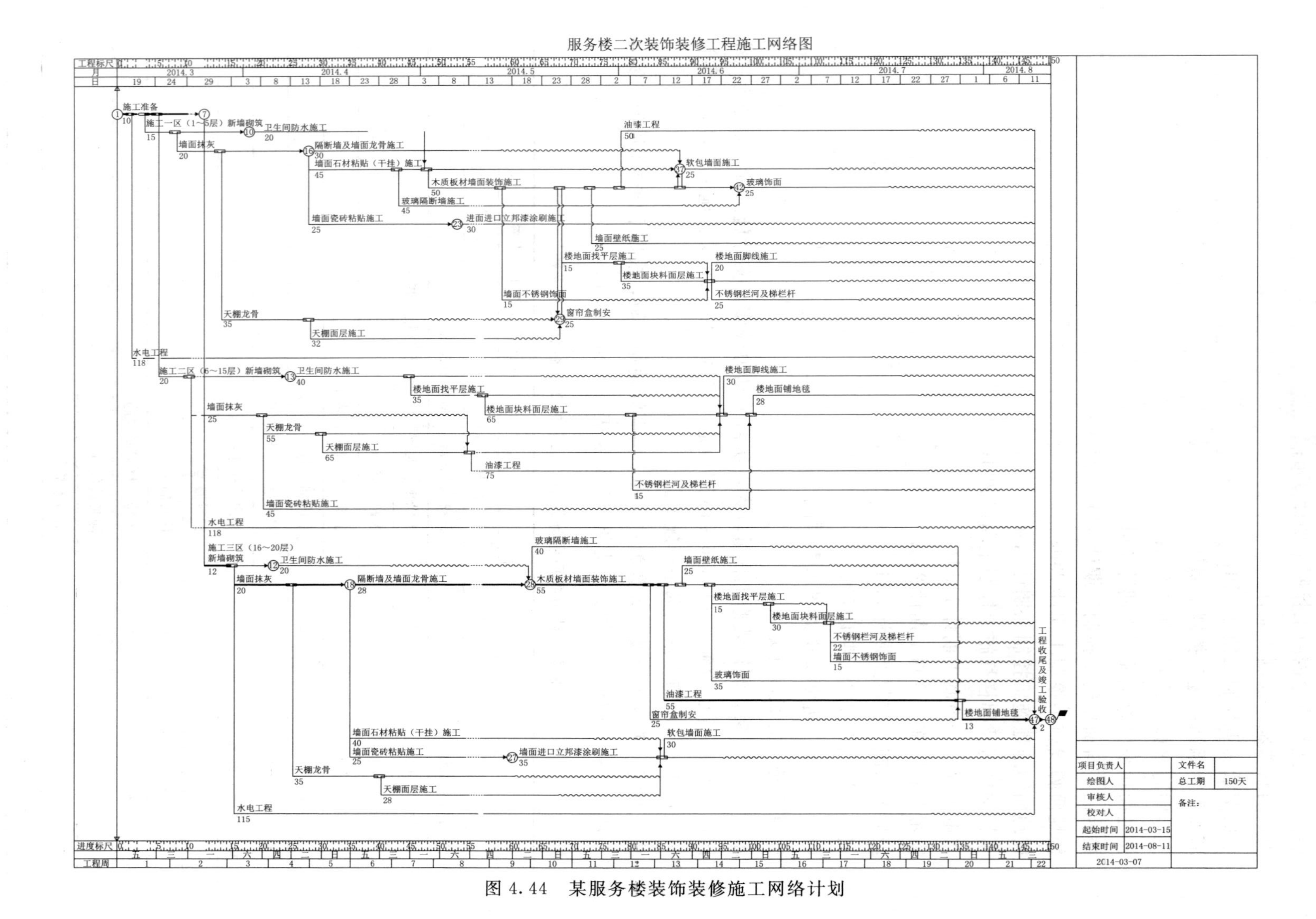

图 4.44　某服务楼装饰装修施工网络计划

表 4.4　　劳动力在各时间段内分配情况

序号	工种名称	计划总用工数	2014 年					
			3 月	4 月	5 月	6 月	7 月	8 月
1	木作施工班组	120	115	120	120	120	100	85
2	石材施工班组	75	25	65	75	75	75	75
3	焊接施工班组	18	9	12	18	18	15	10
4	天花施工班组	60	40	60	60	60	45	25
5	金属施工班组	30	15	30	30	30	30	25
6	油漆工	45			40	45	45	45
7	电气施工班组	30	30	30	30	30	30	25
8	给排水施工班组	25	25	25	25	25	25	20
9	综合工种	20	20	20	20	20	20	15
10	泥水工	30	30	30	30	30	30	25
11	钢筋工	25	15	25	25	20	10	
12	测量工	10	10	10	10	10	8	5
13	机修工	5	5	5	5	5	5	2
	合计	493	339	432	488	488	438	357

思　考　题

1. 组成双代号网络图的三要素是什么？试述各要素的含义。
2. 什么是虚箭线？它与实箭线有什么不同？它在双代号网络图中起什么作用？
3. 简述绘制双代号网络图的基本规则。
4. 试述总时差、自由时差的含义及特点。
5. 什么叫线路、关键工作、关键线路？
6. 双代号时标网络计划有何特点？
7. 单代号网络图和双代号网络图在表达上有何不同？
8. 费用优化中，工期和费用的关系是怎样的？
9. 网络计划有何优点及缺点，在建筑施工中有何用途？
10. 施工网络计划有哪几种排列方法？

实　操　题

1. 网络计划的有关资料见表 4.5～表 4.7，试对以下三个工程分别绘制双代号网络计划，并计算各个节点的最早时间和最迟时间及各项工作的六个时间参数，最后用双线标明关键线路。

表4.5　　工程1资料

工作	A	B	C	D	E
持续时间/天	2	3	5	7	3
紧前工作	—	—	A	A、B	B

表4.6　　工程2资料

工作	A	B	C	D	E	G
持续时间/天	5	3	2	4	7	5
紧前工作	—	—	—	A、B	A、B、C	D、E

表4.7　　工程3资料

工作	A	B	C	D	E	G	H
持续时间/天	4	3	5	6	4	7	8
紧前工作	—	—	—	—	A、B	B、C、D	C、D

2. 某网络计划的有关资料见表4.8，试绘制单代号网络计划，并在图中标出工作的六个时间参数及相邻两工作之间的时间间隔，最后用双线表明关键线路。

表4.8　　某网络计划资料

工作	A	B	C	D	E	G
持续时间/天	12	10	5	7	6	4
紧前工作	—	—	—	B	B	C、D

3. 某网络计划的有关资料见表4.9，试绘制双代号时标代号网络计划，并判定各工作的六个时间参数和关键线路。

表4.9　　某网络计划资料

工作	A	B	C	D	E	G	H	I
持续时间/天	5	4	2	2	7	3	4	5
紧前工作	—	A	A	B	B、C	C	D、E	E、G

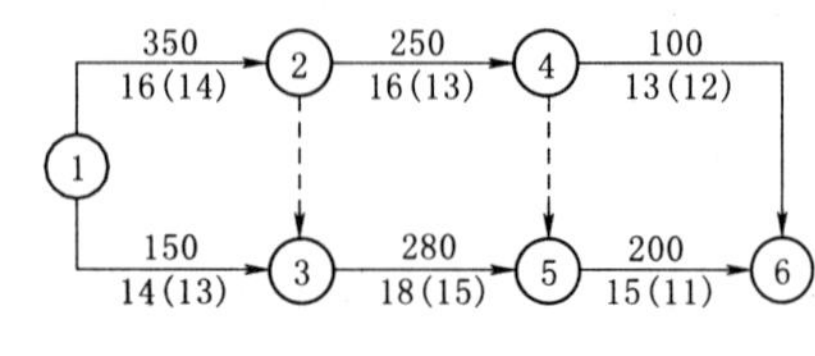

图4.45　某工程网络计划

4. 如图4.45所示网络计划，箭线下方括号外为正常持续时间，括号内为最短持续时间，箭线上方为直接费用率，当指定工期为43天时，请进行合理压缩使费用增量最少。

5. 已知某工程网络计划如图4.46所示，箭线上方为工作每天需要的资源量，箭线下方为工作的持续时间，若资源限量为14，试对网络计划进行资源有限-工期最短的优化。

6. 某网络计划如图4.47所示，箭线上方为工作的每天资源需要量，箭线下方为工作持续时间，试对该网络计划进行工期固定-资源均衡优化。

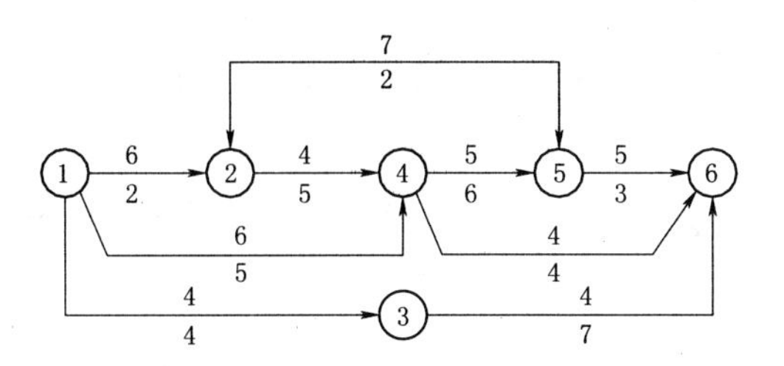

图 4.46　某工程网络计划

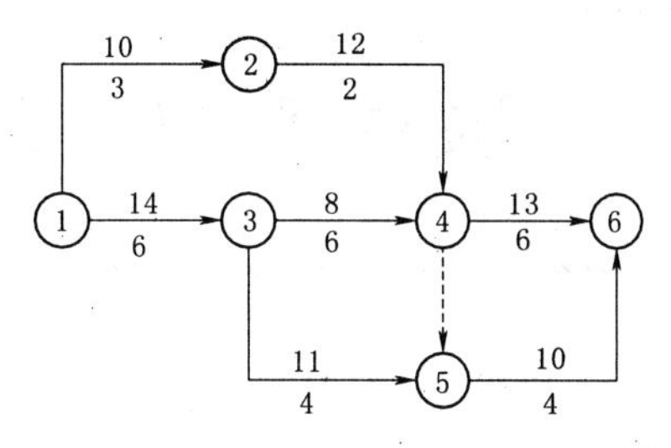

图 4.47　某工程网络计划

项目5 施工组织总设计

学习目标：

能力目标	知识要点
能掌握施工组织总设计的作用、编制内容和编制程序	1. 施工组织总设计的作用 2. 施工组织总设计的编制内容 3. 施工组织总设计的编制程序
能编写建设项目的工程概况	工程概况包括的内容
能对工程项目进行施工部署	施工部署包括的内容
能编制施工总进度计划	施工总进度计划的编制原则、编制内容和步骤
能布置施工总平面图	施工总平面图的设计原则、设计内容和设计方法

任务5.1 施工组织总设计概述

1. 施工组织总设计的概念

施工组织总设计是以一个建设项目或一个建筑群为编制对象，用以指导整个建设项目或建筑群施工全过程的各项施工活动的技术、经济和组织的综合性文件。它根据初步设计或扩大初步设计图纸，以及其他有关资料和现场施工条件编制，用以指导整个建设项目或群体工程进行施工准备和组织施工活动的全局性指导性文件。一般由建设总承包企业总工程师负责，会同建设、设计和分包单位的工程师共同编制。

2. 施工组织总设计的作用

(1) 为确定设计方案的施工可行性和经济合理性提供依据。

(2) 为建设项目或建筑群的施工作出全局性的战略部署。

(3) 拟定各项资源需要量计划和准备工作方案，直接为物质供应工作提供依据。

(4) 对现场所做的规划与布置，为现场的文明施工创造了条件，并为现场管理提供依据。

(5) 为建设单位编制工程建设计划提供依据。

(6) 为施工单位编制施工计划和单位工程施工组织设计提供依据。

3. 施工组织总设计的编制依据

为了保证施工组织总设计的编制工作顺利进行和提高其编制水平及质量，使施工组织总设计更能结合实际，并能更好地发挥其指导施工安排、控制施工进度的作用，应按照如下编制依据来进行编制。

（1）有关法律、法规、规章和技术标准。包括国家和工程所在地区有关基本建设的法规或条例，施工验收规范、质量标准、工艺操作规程、概算指标、概预算定额、技术规定和技术经济指标。

（2）可行性研究报告及审批意见、有关合同的规定。例如国家或有关部门批准的基本建设或技术改造项目的计划、可性研究报告、工程项目一览表、分批分期施工的项目和投资计划；建设地点所在地区主管部门有关批件；施工单位上级主管部门下达的施工任务计划；招标投标文件及签订的工程承包合同中的有关施工要求的规定；工程所需材料、设备的订货合同以及引进材料、设备的供货合同等。

（3）勘测、设计各专业有关成果。例如批准的初步设计或扩大初步设计、设计说明书、总概算或修正总概算和已经批准的计划任务书等。

（4）建设地区的工程勘察资料和调查资料。例如工程所在地区和河流的自然条件，施工电源、水源及水质、交通、环保、旅游、防洪、灌溉、航运、供水等现状和近期发展规划，建设地区的技术经济条件和当地政治、经济、文化、科技、宗教等社会调查资料，当地城镇现有修配、加工能力，生活、生产物资和劳动力供应条件，居民生活、卫生习惯等。

（5）其他资料。例如当前工程建设的施工装备、管理水平和技术特点，施工导流及通航等水工模型试验、各种原材料试验、混凝土配合比试验、重要结构模型试验、岩土物理力学试验等成果，工程有关工艺试验或生产性试验成果。

4. 施工组织总设计的编制原则

（1）遵守和贯彻国家工程建设的有关法律、法规和规章，严格执行基本建设程序，认真贯彻党和国家关于基本建设的有关方针、政策和规定。

（2）遵守定额工期和合同规定的工程竣工及交付使用期限，对总工期较长的大型项目，应该根据生产的需要，安排分期分批建设，从实质上缩短工期，尽早发挥建设投资的经济效益。

（3）运用科学的管理方法和先进的施工技术，努力推广应用新技术、新工艺、新材料、新设备，不断提高机械利用率和机械化施工的综合水平，不断降低施工成本，提高劳动生产率。在经济合理的基础上，充分发挥基地作用，提高工厂化施工程度，压缩现场施工场地及施工人员数量。

（4）在编制施工组织总设计时，要认真贯彻“质量第一”和“安全生产”的方针，严格按照施工验收规范和施工操作规程的要求，制订具体的保证质量和施工安全的措施，以确保工程顺利进行。加强质量管理，明确质量目标，消灭质量通病，保证施工质量，不断提高施工工艺水平。

5. 编制施工组织总设计的内容

（1）熟悉有关文件，如计划批准文件、设计文件等；进行施工现场调查研究，了解有关基础资料。

（2）分析原始资料（拟建工程地区的地形、地质、水文、气象、交通运输等）及工地临时给水、动力供应等施工条件，确定施工部署。听取建设单位及有关方面意见，修正施工部署。

（3）拟定主要工程项目的施工方案。

（4）估算工程量，编制工程总进度计划。

（5）编制材料、预制品加工件等用量计划及其加工、运输计划；编制劳动力、施工机具、设备等用量计划及进退场计划；编制施工临时用水、用电、用气及通信计划等；编制临时设施计划。

（6）编制施工准备工作计划，关于施工准备工作计划的编制详见项目2。

（7）绘制施工总平面图。

（8）计算技术经济效果。

6. 施工组织总设计的编制程序

施工组织总设计是整个工程项目或建筑群全面性和全局性的指导施工准备和组织施工的技术经济文件，通常应遵循以下编制程序，其框架形式如图5.1所示。

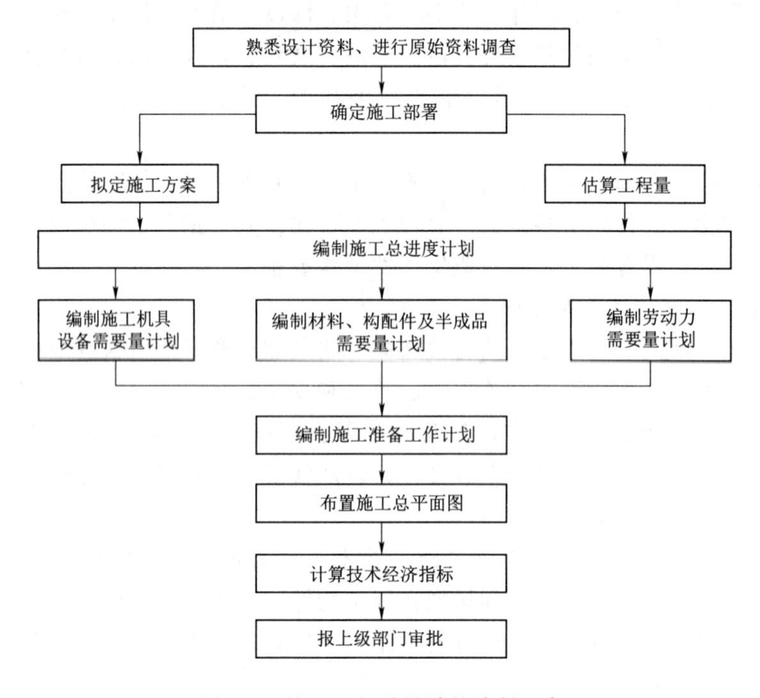

图5.1　施工组织总设计的编制程序

任务5.2　工　程　概　况

工程概况，是对拟建工程的建设项目的特点、建设地点特征和施工条件等所做的简单而又突出重点的文字介绍或描述。它是根据招标文件提供的工程概况进行编制和分析的。一般情况下，招标文件提供的工程概况都不详细，还需通过相关的建设单位进行深入细致的调查，包括自然情况、社会经济情况以及工程情况等。为弥补文字叙述的不足，有时也可附以拟建工程简介图表。

1. 建设项目的情况

主要介绍建设项目的单位工程组成情况、投资总规模、建设总期限（包括分批分期投入使用的规模和期限）、工程建设地点、工程结构类型、占地总面积和建筑总面积、建筑安装工作量和设备安装工作量、设计上采用的有关新工艺、新结构、新技术、新材料情况等。

有关建设项目的情况可列成一简表，使人一目了然。

2. 建设地点的情况

主要介绍建设地点周围的建筑物情况、地形、地质地貌和水文情况、气象情况、道路交通情况以及地方材料的供应情况、劳动力资源情况等，具体内容如下：

（1）项目建设地点气象状况，如当地最低、最高气温及时间，冬雨季施工的起止时间和主导风向等。

（2）项目施工区域地形和工程水文地质状况。

（3）项目施工区域地上、地下管线及相邻的地上、地下建(构)筑物情况。

（4）与项目施工有关的道路、河流等状况。

（5）当地建筑材料、设备供应和交通运输等服务能力状况。

（6）当地供电、供水、供热和通信能力状况。

（7）其他与施工有关的主要因素。

以水利工程为例，建设地点的情况包括坝址的地形地质、水文气象等自然条件，对外交通及物资供应条件，主要建筑材料的来源、分布及开采运输条件，当地水电供应情况，施工用地，库区淹没及移民安置条件，施工期间通航、过木、过鱼、供水环保等要求等。建设地点情况分析的主要目的是判断它们对工程施工可能造成的影响，以充分利用有利条件，回避或削弱不利影响。

3. 施工条件

施工条件主要包括施工企业的生产能力、技术装备、管理水平、主要设备、材料的供应情况，土地征用范围和居民搬迁时间等情况。

任务5.3　施　工　部　署

施工部署是对整个建设项目全局做出的统筹规划和全面安排，主要解决影响建设项目全局的组织问题和技术问题，它主要包括以下内容。

1. 项目经理部的组织结构和人员配备

绘制项目经理部组织结构图，表明相互之间的信息传递和沟通方法、人员的配备数量和岗位职责要求。项目经理部各组成人员的资质要求应符合国家有关规定。

2. 确定工程开工程序

确定建设项目中各项工程施工的程序是否合理将关系到整个建设项目能否顺利完成并投入使用。

对于大中型建设项目，一般要根据建设项目总目标的要求，分期分批建设。分期分批建设可以使某些具体项目尽早建成，尽早投入使用，减少暂设工程数量，降低工程成本。

至于分几期施工，各期工程包含哪些项目，则需要根据生产工艺的要求、建设部门的要求、工程规模的大小、施工的难易程度、资金、技术等情况由建设单位和施工单位共同研究确定。

对于小型建设项目或大型建设项目的某一工程项目，由于工期较短，采取一次性建设投产。

在安排各类项目施工时，要保证重点、兼顾其他。其中应优先安排工程量大、施工难度大、工期长的项目，或按生产工艺要求需要先期投入生产或起主导作用的工程项目。

3. 拟定主要工程项目的施工方案

施工组织总设计要拟定一些主要工程项目的施工方案，这与单位工程施工组织设计中的施工方案所要求的内容和深度有所不同。前者相当于设计概算，后者相当于施工图预算。施工组织总设计拟定主要工程项目施工方案的目的是进行技术和资源的准备工作，同时也为了能使施工顺利进行和现场的布局合理。它的内容包括施工方法、施工工艺流程和施工机械设备等内容。

施工方法的确定要考虑技术工艺的先进性和经济上的合理性。对施工机械的选择，应使主导机械的性能既能满足工程的需要，又能发挥其效能。

4. 明确施工任务的划分与组织安排

在已明确施工项目管理机构、确定项目经理部领导班子后，划分施工阶段，明确参与建设的各施工单位的施工任务；明确总包单位与分包单位的关系，各施工单位之间的协作配合关系；确定各施工单位分期分批的主导项目和穿插施工项目。

任务5.4 施工总进度计划

施工总进度计划是以拟建项目交付使用的时间为目标而确定的控制性施工进度计划，是施工部署在时间上的体现，是编制资源需要量计划、设计施工总平面图的重要依据。它通过规定各项目施工的开工时间、完成时间、施工顺序等，综合平衡人力、资金、技术、时间等施工资源，在保证施工质量和安全的前提下，使施工活动均衡、有序、连续地进行。

施工总进度计划是施工组织总设计的主要组成部分，并与其他部分关系密切，它们之间相互影响，互为基础。

1. 施工总进度计划的编制依据

(1) 国家现行的施工技术质量安全规范、操作规程和技术经济指标。

(2) 地方建设行政主管部门对施工的要求。

(3) 工程项目的全部设计图纸。

(4) 工程项目有关概(预)算资料、指标和定额。

(5) 施工部署。

(6) 工程项目所在地区的自然条件和技术经济条件。

(7) 施工承包合同规定的进度要求。

(8) 工程项目需要的资源。

2. 施工总进度计划的编制原则

(1) 认真贯彻执行国家法律法规、主管部门对本工程建设的要求。

(2) 统筹兼顾，全面安排，主次分明。集中力量，优先保证关键性工程按期完成，并以关键性工程的施工分期和施工程序为主导，协调安排其他单项工程的施工进度，使工程各部分前后兼顾、顺利衔接，保证在劳动力、材料物资以及资金消耗量最少的情况下，按规定工期完成拟建工程施工任务。

(3) 在充分掌握和认真分析基本资料的基础上，采用合理的施工组织方法，保证工程质量和安全施工。

3. 施工总进度计划的编制内容

施工总进度计划的编制内容一般包括：列出主要工程项目一览表并计算其实物工程量；确定各单位工程(或单个建筑物)的施工期限；确定单位工程开、竣工时间及互相搭接关系；编制施工总进度计划表。

4. 施工总进度计划的编制步骤

(1) 列出工程项目。列出工程项目，就是将整个工程中的各单项工程、各项准备工作、辅助设施以及工程建设所必需的其他施工项目等列出，施工总进度计划的项目划分不宜过细。列项时应根据施工部署分期分批开工的顺序，对于一些次要的零星项目，可合并到其他项目中去。比如河床中的水利水电工程，有准备工作、导流工程、拦河坝工程、溢洪道工程、引水工程、电站厂房、升压变电站、水库清理工程、结束工作等。然后根据这些项目施工的先后顺序和相互联系的密切程度，进行适当的综合排队，依次填入总进度表中。比如，水利工程的总进度表中工程项目的填写顺序一般是：准备工作列第一项，随后列出导流工程（包括基坑排水)、大坝工程及其他各单项工程，最后列出机电安装、水库清理及结尾工作。在列工程项目时，最重要的是不能漏项。

(2) 计算工程量。在列出工程项目后，应依据列出的项目、设计图纸、工程量计算规则及有关定额手册或资料进行工程量的计算。由于设计阶段基本资料详细程度不同，工程量计算的精确程度也不一样，所以当没有做出各种建筑物详细设计时，可以根据类似工程或概算指标估算工程量。有时根据施工需要，还要算出不同高程、不同桩号的工程量，做出累积曲线，以便分期、分段组织施工。

计算工程量常采用列表的方式进行。工程量的计量单位要与使用的定额单位相吻合。计算出的工程量应填入工程量汇总表。

(3) 确定各单位工程的施工持续时间。确定进度计划中各单位工程的作业时间是计算项目计划工期的基础。在工作项目的实物工程量一定的情况下，工作持续时间与安排在工程上的设备水平、人员技术水平、人员与设备数量、效率等有关。在现阶段，工作项目持续时间的确定方法主要有两种：一种是按实物工程量和定额标准计算；另一种是三时估计法，它包括最乐观时间、正常时间和最悲观时间。

(4) 分析确定项目之间的逻辑关系。项目之间的逻辑关系取决于工程项目的性质、施工组织、施工技术等多种因素，概括来说分为以下两大类。

1) 工艺关系，即由施工工艺决定的施工顺序关系。在作业内容、施工技术方案确定的情况下，各工种工作逻辑关系是确定的，不得随意更改，不能违反这种顺序关系。

2）组织关系，即由施工组织安排决定的施工顺序关系。工艺上没有明确规定先后顺序关系的工作，由于考虑到其他因素（如工期、质量、安全、资源限制、场地限制等）的影响而人为安排的施工顺序关系，均属此类。由组织关系所决定的衔接顺序一般是可以改变的。只要改变相应的组织安排，有关项目的衔接顺序就会发生相应的变化。

项目之间的逻辑关系，是科学地安排施工进度的基础，应逐项研究，仔细确定。

（5）初拟各单位工程的开竣工时间和相互之间的搭接关系。这一步骤是编制施工总进度计划的主要工作。在初拟各项进度时，一定要抓住关键，合理安排，分清主次，互相配合。

以水利工程为例，要特别注意把与洪水有关、受季节性限制较强的或施工技术复杂的控制性工程的施工进度优先安排好。

对于堤坝式水电枢纽工程，其关键工程一般均位于河床，故施工总进度安排应以导流程序为主线，先将导流工程、围堰截流、基坑排水、坝基开挖、基础处理、施工度汛、坝体拦洪、水库蓄水和机组发电等关键性控制进度安排好，其中还应包括相应的准备工作、结尾工作和辅助工程的进度安排。这样构成整个工程进度计划的轮廓，再将不直接受水文条件控制的其他工程项目配合安排，即可拟成整个枢纽工程的施工总进度计划草案。

必须指出，在初拟控制性进度时，对于围堰截流、蓄水发电等一些关键项目，一定要进行认真的分析论证，在技术措施、组织措施等方面都应该得到可靠的保证。

（6）安排施工总进度计划。施工总进度计划通常以图表的形式表示。目前采用较多的是横道图式和网络图式两种施工进度表。

横道图式的施工进度表是将所有的单位工程(建筑物及构筑物)列于一表左侧，顺序排列，表的右侧则为时间进度。施工总进度计划表上的时间常以月份进行安排，也有以季度、年度进行安排的，见表5.1。一个单位工程的进度线上，有时将各主要施工期以不同的线条形式加以区别表示，如基础施工期、主体工程施工期、设备安装施工期或装饰装修施工期等。

表5.1　　　　施工总进度计划表

序号	工程名称	建筑面积	结构形式	工作量	施工进度计划														
					××××年						××××年								
					三季度			四季度			一季度			二季度			三季度		
					7	8	9	10	11	12	1	2	3	4	5	6	7	8	9
1	铸造车间																		
2	金工车间																		
⋮																			
n	单身宿舍																		

施工总进度计划还经常采用网络图式，网络图可以应用计算机进行计算和分析，便于对进度计划进行调整和优化。

（7）论证施工强度。在初拟各项工程的进度时，必须根据工程的施工条件和施工方

法，对各项工程的施工强度，特别是起控制作用的关键性工程的施工强度，进行充分论证，使编制的施工总进度有比较可靠的依据。论证施工强度一般采用工程类比法，即参考已建的类似工程所达到的施工水平，对比本工程的施工条件，论证进度计划中所拟定施工强度是否合理可靠。如果没有类似工程可供对比，则应通过施工设计，从施工方法、施工机械的生产能力、施工的现场布置、施工措施等方面进行论证。

在进行论证时不仅要研究各项工程施工期间所要求达到的平均施工强度，而且还要估计到施工期间可能出现的不均衡性。因为工程施工，常受到各种自然条件的影响，如水文、气象等条件，在整个施工期间，要保持均衡施工是比较困难的。

(8) 编制劳动力、材料、机械设备等需要量计划。根据拟定的施工总进度和定额指标，计算劳动力、材料、机械设备等的需要量，并提出相应的计划。这些计划应与器材调配、材料供应、厂家加工制造的交货日期相协调。所有材料、设备尽量均衡供应，这是衡量施工总进度是否完善的一个重要标志。

(9) 调整和修改。初拟进度计划形成以后，要配合施工组织设计其他部分的分析，对一些控制环节、关键项目的施工强度、资源需要量、投资过程等重大问题进行分析计算。若发现主要工程的施工强度过大或施工强度很不均衡，则应进行调整和优化，使新定出的计划更加完善，更加切实可行。

任务 5.5　各项资源需要量计划

资源需要量计划包括劳动力需要量计划，材料构件和半成品需要量计划，施工机械需要量计划。

5.5.1　劳动力需要量计划

建设工程劳动力需要量是施工总进度计划的一项重要指标，也是确定临时工程规模和计算工程总投资的重要依据之一。劳动力需要量计划包括施工期各年份月劳动力量、施工期高峰劳动力量、施工期平均劳动力量和整个工程施工的总劳动量（工日）。劳动力需要量的计算方法如下。

1. 劳动定额法

劳动力需要量计算步骤如下：

(1) 拟定劳动力定额。

(2) 以施工总进度表为依据，绘制单项工程的施工进度线，并说明各时段的施工强度。

(3) 计算基本劳动力曲线。计算应以施工总进度表为依据，用各单位工程分年、分月和日的强度乘以相应劳动力定额，即得单项工程相应时段劳动力需要量。同年同月各单项工程劳动力需要量相加，即为该年该月的日劳动力需要量。

(4) 计算企业工厂运行劳动力曲线。以施工进度表为依据，列出各企业工厂在各年各月的运行人员数量，同年同月逐项相加而得。

(5) 计算对外交通、场内道路维护等劳动力曲线。对外交通及道路维护劳动力计算，可用基本劳动力与运行人员之和乘以系数 0.1～0.5(混凝土坝工程和对外交通距离较远者取大值)。

（6）计算管理人员、服务人员劳动力曲线。按系数法计算，管理人员取基本劳动力、企业工厂运行劳动力、对外交通及道路维护劳动力之和的生产人员总数的 7%～10%。

（7）计算缺勤劳动力曲线。缺勤人员取上述生产人员与管理人员总数之和的 5%～8%。

（8）计算不可预见劳动力曲线。

（9）计算和绘制整个工程的劳动力曲线。

2. 类比法

根据同类型、同规模建设工程施工项目的实际定员类比，认真分析加以适当调整。此方法比较简单，也有一定的准确度。

5.5.2　材料、构件和半成品需要量计划

建设工程所使用的材料包括消耗性材料、周转性材料和装置性材料。由于材料品种繁多，且不同设计阶段对材料需要量估算精度的要求不同，一般在初步设计阶段，仅对工程施工影响大、用量多的钢材、木材、水泥、炸药、燃料等材料进行估算。

1. 材料需要量估算依据

估算依据包括各单项工程的分项工程量、各种临时建设工程的分项工程量、其他工程的分项工程量、材料消耗指标、施工方法等。

2. 材料需要量计算方法

（1）计算消耗性材料需要量。消耗性材料需要量的计算有直接计算法和间接计算法。

1）直接计算法：指用直接资料计算材料需要量的方法，主要有定额计算法和万元比例两种方法。

a. 定额计算法：指依据计划任务量和材料消耗定额来确定材料需要量的方法，其计算公式为

$$\text{计划需要量}=\text{计划任务量}\times\text{材料消耗定额} \tag{5.1}$$

b. 万元比例法：指根据基本建设投资总额的每万元投资额平均消耗材料来计算需要量的方法。这种方法主要是在综合部分使用，其计算公式为

$$\text{计划需要量}=\text{某项工程总投资额(万元)}\times\text{万元消耗材料数量} \tag{5.2}$$

用这种方法计算出的材料需要量误差较大，但用于概算基建用料、审查基建材料计划指标，是简便有效的。

2）间接计算法：这是运用一定的比例、系数和经验来估算材料需要量的方法。间接计算法分为动态分析法、类比计算法等。

a. 动态分析法：指对历史资料进行分析、研究，找出计划任务量与材料消耗量变化的规律来计算材料需要量的方法。

b. 类比计算法：指生产某项产品时，既无消耗定额，也无历史资料参考的情况下，参照同类产品的消耗定额来计算需要量的方法。

（2）计算周转材料需要量。周转材料的特点在于周转，根据计划期内的材料分析确定的周转材料总需要量，然后结合工程特点，确定一个计划期内的周转次数，再算出周转材

料的实际需要量。

（3）施工设备和机械制造的材料需要量计算。企业自制施工设备，一般没有健全的定额消耗管理制度，而且产品也是非定型的多，所以可按各项具体产品，采用直接计算法计算材料的需要量。如果定额资料也不齐全，其需要量可采用间接计算法计算。

3. 主要材料汇总

主要材料需要量应按单项工程汇总并小计需要量，最后累计全部工程主要材料需要量。

4. 编制分期供应计划

（1）根据施工总进度计划的要求，在主要材料计算和汇总的基础上编制分期供应计划。

（2）分期材料需要量表有材料种类、工程项目、计算分期工程量占总工程量的比例等，并累计整个工程在各时段中的材料需要量。

（3）材料供应至工地时间应早于需要时间，并留有验收、材料质量鉴定、出入库等时间。

（4）如考虑某些材料供应的实际困难，可在适当时候多供应一定数量以备后用。但储存时间不能超过有关材料管理和技术规程所限定的时间，同时应考虑资金周转等问题。

（5）供应计划应按各种材料品种或规格、产地或来源分列供应数量和小计供应量。

5.5.3　施工机械需要量计划

1. 计算机械总需要量

主要工程的机械需要量要根据施工总进度计划、主要单位工程施工方案和工程量，并参考机械产量定额求得，辅助机械需要量可根据建筑安装工程每10万元扩大概算指标表查得，运输机具需要量可根据运输量计算。计算机械总需要量时，应注意以下几个问题：

（1）总需要量应在机械设备平衡后汇总数量的基础上进行计算。

（2）同一作业可由不同类型或型号机械互代(即容量互补)，且条件允许时，备用系数可适当降低。

（3）对生产均衡性差，时间利用率低，使用时间不长的机械，备用系数可以适当降低。

（4）应专门研究风、水、电机械设备的备用量。

（5）切合工程实际情况来确定备用系数时，应考虑设备的新旧程度、维修能力、管理水平等因素。

2. 编制施工机械设备分年供应计划

编制施工机械设备分年供应计划时，应注意以下几个问题：

（1）分年供应计划需反映机械进场的时间要求，在机械设备平衡表、平衡后的机械设备数量汇总表的基础上编制。

（2）分年度供应计划应分类型列表，分类型小计。

（3）供应时间应早于使用时间。供应时间指从机械设备全部抵运工地仓库时起至能实际运用时止，包括清点、组装、试运转等时间。对于技术先进的机械设备，还应包括技术工人培训时间。

（4）考虑设备进场及其他实际问题，备用数量可分阶段实现，但供应数不得低于实际数量。

（5）制订分年供应计划时应对设备来源进行调查。如供应型号不能满足要求时，应与使用设计人员协商调整型号。

任务5.6 施工总平面图

施工总平面图是在拟建项目的施工场地范围内，按照施工布置和施工总进度计划的要求，将拟建项目和各种临时设施进行合理部署的总体布置图，是施工组织总设计的一个重要组成部分，也是施工部署在空间上的反映。对于有组织、有计划地进行文明和安全施工，节约施工用地，减少场内运输，避免相互干扰，降低工程费用具有重要的意义。

5.6.1 施工总平面图的设计原则

（1）尽量减少施工土地，使平面布置紧凑合理，并且少占甚至不占农田。

（2）做到道路畅通、运输方便，合理布置仓库、起重设备、加工厂和机械的位置，保证垂直和水平运输方便，减少材料及构件的二次搬运，最大限度地降低工地的运输费，保证不间断流水施工。

（3）尽量降低临时设施的修建费用，充分利用已建或拟建永久性建筑物。

（4）要满足防火和安全生产方面的要求，特别是恰当安排易燃易爆品和有明火操作场所的位置，并设置必要的消防设施。

（5）施工区域的划分和场地的确定应符合施工流程要求，尽量减少专业工种和各工程之间的干扰。

5.6.2 施工总平面图的设计内容

（1）建设项目建筑用地范围内一切原有和拟建的地上、地下建筑物、构筑物以及其他设施的位置和尺寸。

（2）一切为全工地施工服务的临时设施的布置，包括：

1）施工用地范围，施工用的各种道路的布置。

2）加工厂、搅拌站及有关机械的位置。

3）办公、宿舍、文化生活和福利设施等建筑的位置。

4）各种建筑材料、构件、半成品的仓库和堆场，取土弃土位置。

5）水源、电源、变压器位置，临时给水排水管线和供电、通信、动力设施位置。

6）安全、消防设施等。

（3）永久性测量放线标桩位置。许多规模较大的建设项目建设工期很长，随着工程的进展，施工现场的面貌将不断改变。因此，应按不同阶段分别绘制若干张施工总平面图，或根据工地的实际变化情况，及时对施工总平面图进行修改，以适应不同时期的需要。

5.6.3　施工总平面图的设计步骤与设计方法

施工总平面图的设计步骤为：引入场外交通道路→布置仓库→布置加工厂和混凝土搅拌站→布置场内运输道路→布置行政与生活临时建筑→布置临时供水系统→布置临时供电系统→绘制施工总平面图。

施工总平面图的设计方法如下。

1. 场外交通的引入

对外运输方式的选择，首先应从考虑大宗材料、成品、半成品、设备等进入工地的运输方式入手，主要依赖于施工工地原有的交通运输条件、建筑器材运输量、运输强度和重型器材的重量等因素。

对外运输最常见的方式是铁路、水路和公路。当施工地同时存在多种运输方式时，应从运输距离、综合运费、安全等方面加以选择，最终选定相对较为经济安全的运输方式。

由于公路运输方便、灵活、可靠、适应性强，可以单独解决施工期的高峰运输强度及重大构件运输任务，而且基建工程量小、工期短，因而在枢纽工程施工中使用最多，一般先将仓库、加工厂等生产性临时设施布置在最经济合理的地方，再布置通向场外的公路。

当铁路网距工地较近、工程运输量较大、施工场地较为平坦或梯级开发能够结合利用时，经技术经济比较论证后也可采用铁路运输方式。

水利工程在河道上修建，如果该河段水量较大，水位相对比较稳定，可优先考虑水路运输，场内主要仓库和加工厂应布置在码头附近。如果为山区河流，流量水位受季节性影响较大，则应首先考虑公路运输方式。统计资料表明，当地材料坝枢纽工程的对外交通采用公路方式较多，而大中型混凝土坝枢纽工程采用标准轨铁路方式较为适宜。对拟建永久性铁路的大型工业企业工地，一般可提前修建永久性铁路专用线。铁路专用线宜由工地的一侧或两侧引入，不宜横穿工地中部，否则将严重影响工地的内部运输，对施工不利。

2. 仓库和材料堆场的布置

工地仓库的主要功能是储存和供应工程施工所需的各种物资、器材和设备。

(1) 仓库的类型。根据其用途和管理形式分为：

1) 中心仓库：是储存全工地统一调配使用物料的仓库，一般设在现场附近或施工区域中心。

2) 转运仓库：是储存待运物资的仓库，一般设在货物的转载地点，如火车站、码头等。

3) 现场仓库：是为某一工程服务的仓库，一般设在工地内或就近布置。

通常施工组织总设计需对中心仓库和转运仓库作出设计布置，单位工程施工组织设计仅考虑现场仓库的布置。

按照结构形式分为露天式仓库、棚式仓库和封闭式仓库等。

(2) 各种仓库和材料堆场面积的确定。

1) 中心仓库和转运仓库面积的确定。中心仓库和转运仓库面积可按系数估算仓库面积，其计算公式为

$$F=\phi\times m \tag{5.3}$$

式中　F——仓库总面积，m^2；

ϕ——系数，见表5.2；

m——计算基数（生产工人人数或全年计划工作量），见表5.2。

表5.2　　按系数计算仓库面积表

序号	名　称	计算基数 m	单位	系数 ϕ
1	仓库（综合）	按全员（工地）人数	m^2/人	0.7～0.8
2	水泥库	按当年水泥用量的40%～50%	m^2/t	0.7
3	其他仓库	按当年工作量	m^2/万元	2～3
4	五金杂品库	按年建安工作量	$m^2/100m^2$	0.2～0.3
		按在建建筑面积		0.5～1
5	土建工具库	按高峰年（季）平均人数	m^2/人	0.1～0.2
6	水暖器材库	按年在建建筑面积	$m^2/100m^2$	0.2～0.4
7	电器器材库	按年在建建筑面积	$m^2/100m^2$	0.3～0.5
8	化工油漆危险品库	按年建安工作量	m^2/万元	0.1～0.15
9	三大工具库（脚手架、跳板、模板）	按在建建筑面积	m^2/万元	1～2
		按年建安工作量		0.5～1

2）现场仓库及堆场面积的确定。现场仓库及堆场所需的面积，可根据施工进度、材料供应情况确定分批分期进场，其计算公式为

$$F=Q/nqk \tag{5.4}$$

式中　F——仓库或材料堆场需要面积，m^2；

Q——各种材料在现场的总用量，m^3；

n——该材料分批分期进场的次数；

q——该材料每平方米储存定额，见表5.3；

k——仓库、堆场面积利用系数，见表5.3。

表5.3　　常用材料仓库或堆场面积计算参考指标

序号	材料、半成品名称	单位	每平方米储存定额 q	面积利用系数 k	备　注	库存或堆场
1	水泥	t	1.21～1.5	0.7	堆高12～15袋	封闭库存
2	生石灰	t	1.0～1.5	0.8	堆高1.2～1.7m	棚
3	砂子（人工堆放）	m^3	1.0～1.2	0.8	堆高1.2～1.5m	露天
4	砂子（机械堆放）	m^3	2.0～2.5	0.8	堆高2.4～2.8m	露天
5	石子（人工堆放）	m^3	1.0～1.2	0.8	堆高1.2～1.5m	露天
6	石子（机械堆放）	m^3	2.0～2.5	0.8	堆高2.4～2.8m	露天
7	块石	m^3	0.8～1.0	0.7	堆高1.0～1.2m	露天
8	卷材	卷	45～50	0.7	堆高2.0m	库
9	木模板	m^2	4～6	0.7	—	露天
10	红砖	千块	0.8～1.2	0.8	堆高1.2～1.8m	露天
11	泡沫混凝土	m^3	1.5～2.0	0.7	堆高1.5～2.0m	露天

(3) 仓库和材料堆场的布置原则。仓库布置通常考虑设置在运输方便、位置适中和运输距离较短并且安全防火的地方，并应根据不同材料、设备和运输方式来设置。

当采用铁路运输时，仓库通常沿铁路线布置，并且要留有足够的装卸前线。如果没有足够的装卸前线，必须在附近设置转运仓库。布置铁路沿线仓库时，应将仓库设置在靠近工地一侧，以免内部运输跨越铁路，同时仓库不宜设置在弯道处或坡道上。

当采用水路运输时，一般应在码头附近设置转运仓库，以缩短船只在码头上的停留时间。

当采用公路运输时，一般中心仓库布置在工地中央或靠近使用的地方，也可以布置在靠近外部交通连接处。

仓库与材料、构件堆场的布置要求如下：

1) 直接使用的材料、构件仓库或堆场宜布置在使用地点附近，以免二次搬运，又要便于材料的装卸和运输。比如，模板、脚手架等周转性材料，应选择在装卸、取用、整理方便和靠近拟建工程的地方布置。

2) 需要垂直运输机械吊装的材料、构件堆场宜布置在垂直运输机械附近或服务范围内，以减少水平运输距离。

3) 需要加工的材料堆场宜布置在加工厂附近，以免二次搬运。比如砂石应尽可能布置在搅拌站后台附近，钢筋应与钢筋加工厂统一考虑布置。

4) 考虑材料自身的特性来布置仓库，比如：

a. 易燃材料的仓库设在拟建工程的下风方向。

b. 油库、氧气库布置在僻静、安全之处。

c. 袋装水泥放在干燥、防潮的水泥库房内，散装水泥一般设置圆形储罐。

组织施工时，应尽可能按照施工进度计划采购有关材料，尽可能减少材料的库存量，减少资金长期积压和浪费，并减少仓库建筑面积。

3. *加工厂和搅拌站的布置*

加工厂布置包括钢筋加工厂、木材加工厂、混凝土加工厂和钢筋混凝土预制构件工厂，金属结构、机电设备和施工设备的安装基地等。

(1) 加工厂面积的确定。现场加工作业棚主要包括各种料具仓库、加工棚，其面积大小可参考表 5.4 确定。

表 5.4　　现场作业棚面积计算基数和计算指标表

序号	名称	面积	堆场占地面积	序号	名称	面积	堆场占地面积
1	木工作业棚	$2m^2$/人	棚的 3～4 倍	8	电工房	$15m^2$	
2	电锯房	40～$80m^2$		9	钢筋对焊	15～$24m^2$	棚的 3～4 倍
3	钢筋作业棚	$3m^2$/人	棚的 3～4 倍	10	油漆工房	$20m^2$	—
4	搅拌棚	10～$18m^2$/台	—	11	机钳工修理	$20m^2$	—
5	卷扬机棚	6～$12m^2$/台	—	12	立式锅炉房	5～$10m^2$/台	—
6	烘炉房	30～$40m^2$	—	13	发电机房	0.2～$0.3m^2$/kW	—
7	焊工房	20～$40m^2$		14	水泵房	3～$8m^2$/台	

常用各种临时加工厂的面积参考指标，见表5.5。

表5.5　　临时加工厂所需面积参考指标

序号	加工厂名称	年产量		单位产量所需建筑面积	占地总面积/m^2	备　注
		单位	数量			
1	混凝土搅拌站	m^3	3200	0.022 m^2/m^3	按砂石堆场考虑	400L搅拌机2台
		m^3	4800	0.021 m^2/m^3		400L搅拌机3台
		m^3	6400	0.020 m^2/m^3		400L搅拌机4台
2	临时性混凝土预制厂	m^3	1000	0.25 m^2/m^3	2000	生产屋面板和中小型梁柱板等，配有蒸养设施
		m^3	2000	0.20 m^2/m^3	3000	
		m^3	3000	0.15 m^2/m^3	4000	
		m^3	5000	0.125 m^2/m^3	小于6000	
3	半永久性混凝土预制厂	m^3	3000	0.6 m^2/m^3	9000～12000	
		m^3	5000	0.4 m^2/m^3	12000～15000	
		m^3	10000	0.3 m^2/m^3	15000～20000	
4	木材加工厂	m^3	15000	0.0244 m^2/m^3	1800～3600	进行原木、木方加工
		m^3	24000	0.0199 m^2/m^3	2200～4800	
		m^3	30000	0.018 m^2/m^3	3000～5500	
	综合木工加工厂	m^3	200	0.30 m^2/m^3	100	加工木窗、模板、地板、屋架等
		m^3	500	0.25 m^2/m^3	200	
		m^3	1000	0.20 m^2/m^3	300	
		m^3	2000	0.15 m^2/m^3	420	
	粗木加工厂	m^3	5000	0.12 m^2/m^3	1350	加工屋架、模板
		m^3	10000	0.1 m^2/m^3	2500	
		m^3	15000	0.09 m^2/m^3	3750	
		m^3	20000	0.08 m^2/m^3	4800	
	细木加工厂	万m^3	5	0.014 m^2/m^3	7000	加工门窗、地板
		万m^3	10	0.0114 m^2/m^3	10000	
		万m^3	15	0.0106 m^2/m^3	14000	
	钢筋加工厂	t	200	0.35 m^2/t	280～560	加工、成型、焊接
		t	500	0.25 m^2/t	380～750	
		t	1000	0.2 m^2/t	400～800	
		t	2000	0.15 m^2/t	450～900	
5	现场钢筋调直或冷拉			所需场地（长×宽）		包括材料和成品堆放
	拉直场			(70～80)m×(3～4)m		
	卷扬机棚			15～20 m^2		
	冷拉场			(40～60)m×(3～4)m		
	时效场			(30～40)m×(6～8)m		

续表

序号	加工厂名称	年产量		单位产量所需建筑面积	占地总面积/m^2	备注
		单位	数量			
5	钢筋对焊 对焊场地 对焊棚	所需场地（长×宽） (30～40)m×(4～5)m 15～24 m^2				包插材料和成品堆放
	钢筋冷加工 冷拔冷轧机 剪断机 弯曲机 ϕ12 以下 弯曲机 ϕ40 以下	所需场地/（m^2/台） 40～50 30～40 50～60 60～70				按一批加工数量计算
6	金属结构加工 （包括一般铁件）	所需场地/(m^2/t) 年产 500t 为 10 年产 1000t 为 8 年产 2000t 为 6 年产 3000t 为 5				按一批加工数量计算
7	储灰池 石灰消化淋灰池 淋灰槽	5×3=15（m^2） 4×3=12（m^2） 3×2=6（m^2）				每两个储灰池配一个淋灰池
8	沥青锅场地	20～24 m^2				台班产量 1～1.5t/台

（2）加工厂的布置原则。各种加工厂的布置，应以方便使用、安全防火、运输费用最少、不影响建筑安装工程施工的正常进行为原则。一般应将加工厂集中布置在同一个地区，且多处于工地边缘。各种加工厂应与相应的仓库或材料堆场布置在同一地区。用电量大的现场加工机械设备应尽量靠近电源处布置，以减少现场临时电线的架空数量。

1）预制件加工厂尽量利用建设地区永久性加工厂。只有其生产能力不能满足工程需要时，才考虑现场设置临时预制厂，其位置最好布置在建设场地中的空闲地带上。

2）钢筋加工厂可集中或分散布置，视工地具体情况而定。一般需要的面积较大，最好布置在来料处，即靠近码头、车站等。对于需冷加工、对焊、点焊钢筋骨架和大片钢筋网时，宜采用集中布置加工。对于小型加工、小批量生产和利用简单机具就能成型的钢筋加工，采用就近的钢筋加工棚进行。

3）木材加工厂设置与否、是集中还是分散设置以及设置规模，应视建设地区内有无可供利用的木材加工厂而定。应布置在铁路或公路专用线的近旁，又因其有防火的要求，所以必须安排在空旷地带，且主要在建筑物的下风向，以免发生火灾时蔓延。

4）金属结构、锻工、电焊和机修厂等应集中布置在一起。

5）机械修配厂应与汽车修配厂和保养厂统一设置，其位置一般选在平坦、宽阔、交通方便的地段，当采用分散布置时，应分别靠近使用的机械、设备等地段。

（3）搅拌站的布置。

1）布置方式。工地的砂浆及混凝土搅拌站的布置有集中、分散、集中与分散相结合三种方式。

混凝土搅拌站应尽量集中布置，并靠近混凝土工程量集中的地点，水利工程中，当坝体高度不大时，混凝土搅拌站高程可布置在坝体重心位置。混凝土搅拌站的面积可依据选择的拌和设备的生产能力来确定。当运输条件较好时，以采用集中布置较好，或现场不设搅拌站而使用商品混凝土；当运输条件较差时，则以分散布置在使用地点或升降架等附近为宜。一般当砂、石等材料由铁路或水路运入，而且现场又有足够的混凝土输送设备时，宜采用集中布置。若利用城市的商品混凝土搅拌站，只要考虑其供应能力和输送设备能否满足，及时做好订货联系即可，工地则可不考虑布置搅拌站。除此之外，还可采用集中和分散相结合的方式。

2）布置要求。

a. 搅拌站应尽可能布置在垂直运输机械附近或服务范围内，以减少水平运距。

b. 搅拌站应设置在施工道路近旁，使小车、翻斗车运输方便。

c. 搅拌站应有后台上料的场地，要与砂石堆场、水泥库一起考虑布置，既要相互靠近，又要便于材料的装卸和运输。

d. 搅拌站场地四周应设置排水沟，以有利于清洗机械和排出污水，避免造成现场积水。

4. 场内道路的布置

场内交通运输主要解决外来物资的转运以及场内施工材料或者构件、成品及半成品在工地范围内各单位之间的运输。它是联系施工工地内部各工区、料场、堆料场及各生产、生活区之间的交通，一般应与对外交通衔接。

道路规划应根据加工厂、仓库及各施工对象的相对位置，考虑货物运转，尽可能缩短运输线路长度。

（1）在规划临时道路时，应充分利用拟建的永久性道路，提前修建永久性道路或者先修路基和简易路面作为施工临时道路，以达到节约投资的目的。临时道路路面的种类和厚度见表5.6。

表5.6　临时道路路面的种类和厚度表

路面种类	特点及其使用条件	路基土	路面厚度/cm	材料配合比
级配砾石路面	雨天照常通车，可通行较多车辆，但材料级配要求严	砂质土	10～15	体积比： 黏土∶砂子＝1∶0.7∶3.5 重量比： （1）面层：黏土13%～15%，砂石料85%～87%。 （2）底层：黏土10%，砂石混合料90%
		黏质土或黄土	14～18	
碎（砾）石路面	雨天照常通车，碎（砾）石本身含土较多，不加砂	砂质土	10～18	碎（砾）石＞65%，当土地含量≤35%
		砂质土或黄土	15～20	
碎砖路面	可维持雨天通车通行，车辆较少	砂质土	13～15	垫层：砂或炉渣4～5cm 底层：7～10cm碎石 面层：2～5cm
		砂质土或黄土	15～18	

续表

路面种类	特点及其使用条件	路基土	路面厚度/cm	材料配合比
炉渣或矿渣路面	雨天可通车，通行车较少	一般土	10～15	炉渣或矿渣75%，当地土25%
		较松软时	15～30	
砂石路面	雨天停车，通行车少，附近不产石，只有砂	砂质土	15～20	粗砂50%，细砂、砂粉和黏质土50%
		黏质土	15～30	
风化石屑路面	雨天不通车，通行车少，附近有石料	一般土	10～15	石屑90%，黏土10%
石灰土路面	雨天停车，通行车少，附近产石灰	一般土	10～13	石灰10%，当地土90%

(2) 道路应有两个以上进出口，道路末端应设置回车场；场内道路干线应采用环形布置。主要道路宜采用双车道，宽度不小于6m；次要道路宜采用单车道，宽度不小于3.5m。

(3) 场区内的干线和施工机械行驶路线，最好采用碎石级配路面，以利修补；场内支线一般为土路或砂石路。

场内运输方式通常有自卸汽车、皮带传送机和架子车等。运输线路的选择主要决定于物料的运输量、运输强度、运输材料特点和施工工艺流程。如混凝土运输，当拌和楼距浇筑点远时，采用自卸汽车运输方式；当距离近且具有较好的场地条件时，可采用皮带传送机或混凝土泵运输。

5. 临时行政、生活用房的布置

临时行政、生活用房包括行政管理用房（如指挥部、办公室等）、居住用房（如职工宿舍等）、生活福利用房（如浴室、开水房、食堂）等。

(1) 临时行政、生活用房建筑面积的确定。临时行政、生活用房所需的建筑面积应视工程项目的规模、工期、施工现场条件、项目管理机构设置类型而定，依据建筑工程劳动定额，先确定工地年（季）高峰平均职工人数，然后根据现行定额或实际经验数值，按式(5.5)计算。

$$S=NP \tag{5.5}$$

式中　S——临时行政、生活用房所需的建筑面积，m^2；

N——人数；

P——建筑面积指标，参考表5.7。

表5.7　行政、生活福利临时设施建筑面积参考指标

序号	临时建筑物名称	指标使用方法	参考指标
一	办公室	按使用人数	3～4m^2/人
二	宿舍	—	—
1	单层通铺	按高峰年（季）平均人数	2.5～3.0m^2/人
2	双层床	（扣除不在工地住的人数）	2.0～2.5m^2/人

续表

序号	临时建筑物名称	指标使用方法	参考指标
3	单层床	（扣除不在工地住的人数）	3.5～4.0m^2/人
三	家属宿舍	—	16～25m^2/户
四	食堂	按高峰年（季）平均人数	0.5～0.8m^2/人
	食堂兼礼堂	按高峰年（季）平均人数	0.6～0.9m^2/人
五	其他	—	—
1	医务所	按高峰年（季）平均人数	0.05～0.07m^2/人
2	浴室	按高峰年（季）平均人数	0.07～0.1m^2/人
3	理发室	按高峰年（季）平均人数	0.01～0.03m^2/人
4	俱乐部	按高峰年（季）平均人数	0.1m^2/人
5	小卖部	按高峰年（季）平均人数	0.03m^2/人
6	招待所	按高峰年（季）平均人数	0.06m^2/人
7	托儿所	按高峰年（季）平均人数	0.03～0.06m^2/人
8	子弟学校	按高峰年（季）平均人数	0.06～0.08m^2/人
9	其他公共用房	按高峰年（季）平均人数	0.05～0.10m^2/人
10	开水房	每个项目设置一处	10～40m^2
11	厕所	按工地平均人数	0.02～0.07m^2/人
12	工人休息室	按工地平均人数	0.15m^2/人
13	会议室	按高峰年（季）平均人数	0.6～0.9m^2/人

注 家属宿舍应以施工期长短和离基地情况而定，一般可按高峰平均职工人数的10%～30%考虑。

（2）临时行政、生活用房的布置原则。修建这些临时房屋时具体应考虑以下问题：

1）尽量利用建设单位的生活基地或其他永久性建筑，不足部分另行建造，还可考虑租用当地的民房。

2）全工地性行政管理用房宜设在全工地入口处，以便对外联系；也可设在工地中间，便于全工地管理。

3）结合施工地区新建城镇的规划统一考虑，临时房屋宜采用装配式结构。

4）工人用的福利设施应设置在工人较集中的地方或工人必经之处；生活基地应设在场外，宜距工地500～1000m；食堂可布置在工地内部或工地与生活区之间。临时行政、生活用房应尽量避开危险品仓库和砂石加工厂等位置，以保证安全和减少污染。

6. 临时供水系统的布置

为了满足建设工地在施工生产、生活及消防方面的用水需要，建设工地应设置临时供水系统。在考虑施工临时供水时，首先应考虑利用工程建设中永久性供水设施的可能性，尽可能先建成永久性供水系统的主要构筑物和设施，如果不能利用永久性供水设施，才设置临时供水系统。

施工临时供水设计一般包括以下一些内容：计算整个施工工地及各个地段的用水量；选配管网布置方式和适当的管径；选择供水水源；设计各种供水构筑物和机械设备等。

（1）用水量的计算。施工临时用水主要由施工生产、生活及消防三方面用水组成。

生产用水是指完成混凝土工程、土方工程等所需要的用水量，以及施工机械、施工工程设施和动力设备等所消耗的水量，所以它包括施工用水和施工机械用水。

生活用水是指工地职工和家属在生活饮用、食堂、浴室等方面的用水量，它包括施工现场生活用水和生活区生活用水。

工地供水量应满足不同时期日高峰生产用水与生活用水的需要，并按消防用水量进行校核。

1）施工用水量计算。施工用水量是指施工高峰的某一天或高峰时期内平均每天需要的最大用水量，可按下式计算

$$q_1=K_1\sum\frac{Q_1N_1}{T_1t}\times\frac{K_2}{8\times3600}=K_1\sum\frac{Q_1}{T_1t}\times N_1\times\frac{K_2}{8\times3600} \tag{5.6}$$

式中　q_1——施工用水量，L/s；

K_1——未预见的施工用水系数，取 1.05～1.15；

Q_1——年（季、月）度工程量（以实物计算量单位计算）；

T_1——年（季、月）度有效工作日；

N_1——施工用水定额，参考表 5.8；

t——每天工作班数；

K_2——用水不均匀系数，见表 5.9；

$\sum Q_1N_1$——在最大用水日那一天各施工项目的工程量与其对应用水定额的乘积之和。此日可在施工进度表中，选取既有大量浇筑混凝土又有大量砌筑工程的那一天施工的工程量、加工量和使用机械台班数来估算；

Q_1/T_1t——指最大用水日一个班即 8 小时所完成的实物工程量。

表 5.8　　施工用水参考定额

序号	用水对象	单位	耗水量 N_1	备注
1	浇筑混凝土全部用水	L/m³	1700～2400	
2	搅拌普通混凝土	L/m³	250	
3	搅拌轻质混凝土	L/m³	300～350	
4	搅拌泡沫混凝土	L/m³	300～400	
5	搅拌热混凝土	L/m³	300～350	
6	混凝土养护（自然养护）	L/m³	200～400	
7	混凝土养护（蒸汽养护）	L/m³	500～700	
8	冲洗模板	L/m³	5	
9	搅拌机清洗	L/台班	600	
10	人工冲洗石子	L/m³	1000	2%＜含泥量＜3%
11	机械冲洗石子	L/m³	600	
12	洗砂	L/m³	1000	
13	砌砖工程全部用水	L/m³	150～250	

续表

序号	用 水 对 象	单位	耗水量 N_1	备 注
14	砌石工程全部用水	L/m³	50～80	
15	抹灰工程全部用水	L/m²	30	
16	耐火砖砌体工程	L/m³	100～150	包括砂浆搅拌
17	浇砖	L/千块	200～250	
18	浇硅酸盐砌块	L/m³	300～350	
19	抹面	L/m²	4～6	不包括调制用水
20	楼地面	L/m²	190	主要是找平层
21	搅拌砂浆	L/m³	300	
22	石灰消化	L/t	3000	
23	上水管道工程	L/m	98	
24	下水管道工程	L/m	1130	
25	工业管道工程	L/m	35	

表 5.9　　施工用水不均匀系数

编号	用 水 名 称	系 数	编号	用 水 名 称	系 数
K_2	现场施工用水	1.5	K_3	用水动力设备用水	1.05～1.10
	附属生产企业用水	1.25	K_4	施工现场生活用水	1.30～1.50
K_3	施工机械、运输机械设备用水	2.00	K_5	生活区生活用水	2.00～2.50

2）施工机械用水量计算。

$$q_2=K_1\sum Q_2N_2\times\frac{K_3}{8\times3600} \tag{5.7}$$

式中 q_2——机械用水量，L/s；

K_1——未预见的施工用水系数，取1.05～1.15；

Q_2——同一种机械台数，台；

N_2——施工机械台班用水定额，参考表5.10中的数据换算求得；

K_3——施工机械用水不均匀系数，见表5.9。

表 5.10　　施工机械台班用水参考定额

序号	用水名称	单 位	耗水量	备 注
1	内燃挖土机	L/(台班×m³)	200～300	以斗容量立方米计
2	内燃起重机	L/(台班×t)	15～18	以起重吨数计
3	蒸汽起重机	L/(台班×t)	300～400	以起重吨数计
4	蒸汽打桩机	L/(台班×t)	1000～1200	以锤重吨数计
5	蒸汽压路机	L/(台班×t)	100～150	以压路机吨数计
6	内燃压路机	L/(台班×t)	12～15	以压路机吨数计

续表

序号	用水名称	单 位	耗水量	备 注
7	拖拉机	L/(昼夜×台)	200～300	
8	汽车	L/(昼夜×台)	400～700	
9	标准轨蒸汽机车	L/(昼夜×台)	10000～20000	
10	窄轨蒸汽机车	L/(昼夜×台)	4000～7000	
11	空气压缩机	L/[台班×(m^3/min)]	40～80	以空压机排气量m^3/min计
12	内燃机动力装置	L/(台班×马力)	120～300	直流水
13	内燃机动力装置	L/(台班×马力)	25～40	循环水
14	锅驼机	L/(台班×马力)	80～160	不利用凝结水
15	锅炉	L/(h×t)	1000	以小时蒸发量计
16	锅炉	L/(h×m^2)	15～30	以受热面积计

3）施工现场生活用水量计算。施工现场生活用水量是指施工现场人数最多时，职工及民工的生活用水量，可按式（5.8）计算。

$$q_3=\frac{P_1N_3K_4}{t\times8\times3600} \tag{5.8}$$

式中 q_3——施工现场生活用水量，L/s；

P_1——施工现场高峰昼夜人数，人；

N_3——施工现场生活用水定额，取20～60L/(人·班)；

K_4——施工现场用水不均匀系数，见表5.9；

t——每天工作班数。

4）生活区生活用水量计算。

$$q_4=\frac{P_2N_4K_5}{24\times3600} \tag{5.9}$$

式中 q_4——生活区生活用水量，L/s；

P_2——生活区居民人数，人；

N_4——生活区生活用水定额，见表5.11；

K_5——生活区用水不均匀系数，见表5.9。

表5.11 生活用水（N_3、N_4）定额

用水名称	单 位	耗水量	用水名称	单 位	耗水量
盥洗、饮用水	L/(人·日)	20～40	学校	L/(学生·日)	10～30
食堂	L/(人·日)	10～20	幼儿园、托儿所	L/(幼儿·日)	75～100
淋浴带大池	L/(人·次)	50～60	医院	L/(病床·日)	100～150
洗衣房	L/(kg·干衣)	40～60	施工现场生活用水	L/(人·班)	20～60
理发室	L/(人·次)	10～25	生活区全部生活用水	L/(人·日)	80～120

5）消防用水量计算。消防用水主要是满足发生火灾时消火栓用水的要求，其用水量q_5见表5.12。

表 5.12　　消 防 用 水 量

序号	用　水　名　称		火灾同时发生次数	单位	用水量
1	居民区消防用水	5000 人以内	一次	L/s	10
		10000 人以内	两次	L/s	10～15
		25000 人以内	两次	L/s	15～20
2	施工现场消防用水		一次	L/s	10～15
	施工现场在 $25hm^2$ 以内每增加 $25hm^2$		一次	L/s	5

6）总用水量（Q）。总用水量计算并不是所有用水量的总和，因为施工用水是间断的，生活用水时多时少，消防用水是偶然的。总用水量计算公式如下：

当$q_1+q_2+q_3+q_4 \leqslant q_5$时，则 $Q=q_5+1/2(q_1+q_2+q_3+q_4)$。

当$q_1+q_2+q_3+q_4 > q_5$时，则 $Q=q_1+q_2+q_3+q_4$。

当工地面积小于 $5hm^2$，且（$q_1+q_2+q_3+q_4$）$<q_5$时，则 $Q=q_5$。

最后计算出的总用水量，还应增加 10%，以补偿不可避免的水管漏水损失，即

$$Q_{总}=1.1Q \tag{5.10}$$

（2）供水管网布置。

1）布置方式。临时供水管网布置一般有三种方式，即环状管网、枝状管网和混合管网，如图 5.2 所示。

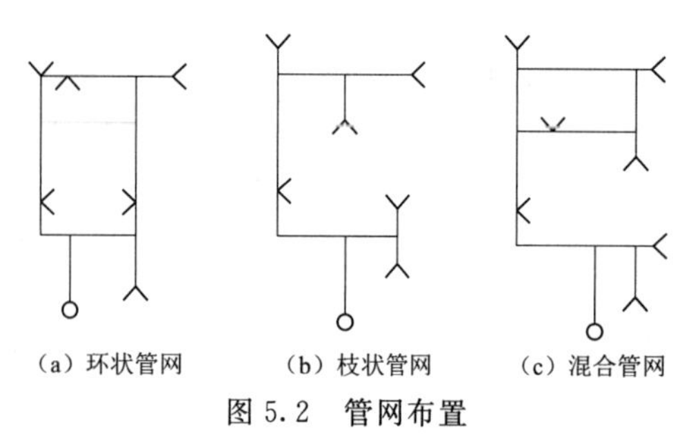

图 5.2　管网布置

环状管网是围绕施工对象做环状布置，其优点是能保证供水的可靠性，当管网某处发生故障时，水仍能由其他管路供应。缺点是管线长，造价高，管材消耗量大。环状管网布置适用于供水可靠性要求较高的建设项目或建筑群工程。

枝状管网是置一条或若干条干线，从干线到各使用地点用支线联结。其优点是管线短，造价低、耗材少。缺点是当某处发生故障时，会造成断水，供水可靠性差，适用于一般中小型建设工程。

混合管网是主要用水区及干管采用环状布置，其他用水区及支管采用枝状布置的混合形式，兼有上述两种管网的优点，一般适用于大型工程。

管网铺设有明铺（在地面上）及暗铺（在地面下）两种。考虑交通车辆的影响和冬季防冻的需要，一般以暗铺为好，但要增加铺设费用。在冬季或寒冷地区，水管应埋置在冰冻线以下或采取防冻措施，防止水管冻结或冻裂。

2）布置要求。

a. 应尽可能利用工程建设的永久性管网，这是最经济的方案，所以应尽量提前修建并充分利用拟建的永久性管网作为工地临时供水系统。

b. 应注意管网布置要与土方平整、临时道路修建等统一规划，避免因土方挖、填而对管网有所损害，造成返工浪费。此外，管网布置应避开拟建工程和室外管沟的位置，以

防二次拆迁改建。

c. 高层建筑施工时，还常常设置蓄水池、加压泵。有的工地还设置临时水塔，以满足高空施工与消防用水的要求。临时水池、水塔应尽量设置在地势较高处。

d. 供水管网应按防火要求布置室外消火栓。消火栓应靠近十字路口、工地出入口附近布置，并沿道路布置，距路边不大于 2m，距拟建房屋外墙不小于 5m，不大于 25m。消火栓之间间距不大于 120m。消火栓供水干管的直径不小于 100mm。室外消火栓必须设有明显标志，其周围 3m 范围内不准堆放材料、机具和搭设临时房屋等。

（3）管径计算。当总用水量确定之后，即可按式（5.11）计算供水管道的管径：

1）计算法。

$$D=\sqrt{\frac{4Q}{\pi V\times 1000}} \tag{5.11}$$

式中 D——某管段的供水管直径，m；

Q——某管段用水量，L/s，供水总管段按总用水量$Q_{总}$计算，环形管网布置的各管段采用环管内同一用水量计算，枝状管段按各校管内的最大用水量计算；

V——管网中水流速度，m/s，一般生活及施工用水取 1.5m/s，消防用水取 2.5m/s。

2）经验法。单位工程施工供水也可以根据经验进行安排，一般 5000～10000m² 的建筑物，施工用水的总管管径为 100mm，支管管径为 40mm 或 25mm。直径 100mm 管能够供一个人消防龙头的水量。

（4）水源的选择。建设工地临时供水水源一般有两种方案，即采用已有的城市供水系统或自行供水系统。当城市供水能满足用水要求时，应优先采用城市供水方案。如供水能力不能满足时，可以利用其一部分作为生活用水，而生产用水可以利用地面水（如河水、江水、蓄水库的水等）或地下水（如井水、泉水等）。

采用地面水或地下水作供水系统时，应注意水质要符合饮用和施工用水要求。生活饮用水的质量，应符合国家及当地卫生部门的规定；其他生活用水及施工用水中的有害及侵蚀性物质的含量不得超过有关规定的限制。否则，必须经过软化及其他处理后，方可使用。

（5）储水构筑物及水泵。在城市供水能力不足或是自行供水系统中，工地用水常设置储水构筑物——水塔、水箱或蓄水池等，用水泵向上提水，以保证工地正常用水的需要。

1）储水构筑物。在临时供水系统中，只有在水泵非昼夜工作时才设置水塔。水箱的容量，以每小时消防用水量来决定，但一般不得小于 10～20 m³。水塔高度与供水范围、供水对象的位置及水塔本身的位置有关，可采用式（5.12）确定：

$$H_t=(Z_y-Z_t)+H_y+h \tag{5.12}$$

式中 H_t——水塔高度，m；

Z_y——供水对象（即用户）最不利处的标高，m；

Z_t——水塔处的地面标高，m；

H_y——供水对象最不利处必需的自由水头，一般为 8～10m；

h——从水泵站到水塔间的水头损失，m。

水头损失包括沿程水头损失和局部水头损失，即

$$h=h_1+h_2 \tag{5.13}$$

$$h_1=i\times L$$

式中　h_1——沿程水头损失，m；

h_2——局部水头损失，m；

i——单位管长水头损失，mm/m；

L——计算管段长度，km。

在实际工作中，不详细计算局部水头损失h_2，而只是按沿程水头损失的15%～20%估计即可，即$h=(1.15\sim1.2)h_1=(1.15\sim1.2)i\times L$。

2）水泵的选择。水泵的类型有离心泵、隔膜泵及活塞泵三种。所选用的水泵要有足够的抽水能力和扬程。对于水泵应具有的扬程，可按下列公式计算。

a. 将水送至水塔时的扬程为

$$H_p=(Z_t-Z_p)+H_t+a+h+h_s \tag{5.14}$$

式中　H_p——水泵所需的扬程，m；

Z_p——水泵轴中心的标高，m；

a——水塔的水箱高度，m；

h_s——水泵的吸水高度，m。

Z_t、H_t、h 符号意义同前。

b. 将水直接送到用户时，其扬程为

$$H_p=(Z_y-Z_p)+H_y+h+h_s \tag{5.15}$$

式中符号意义同前。

水泵选择可根据管段的计算流量 Q 和总扬程 H 从相关手册的水泵工作性能表中查出需要的水泵。

【例5.1】 某项目占地面积为15000 m²，施工现场使用面积为12000 m²，总建筑面积为7845 m²，所用混凝土和砂浆均采用现场搅拌，现场拟分生产、生活、消防三路供水，日最大混凝土浇筑量为400 m³，施工现场高峰昼夜人数为180人，试计算该项目的用水量并选择供水管径。

解：1. 用水量计算

（1）计算现场施工用水量q_1。

$$q_1=K_1\sum\frac{Q_1N_1}{T_1t}\times\frac{K_2}{8\times3600}=K_1\sum\frac{Q_1}{T_1t}\times N_1\times\frac{K_2}{8\times3600}$$

式中：$K_1=1.15$、$K_2=1.5$、$t=1$、$\frac{Q_1}{T_1}=400\ \mathrm{m^3/天}$，$N_1$查表取250L/m³，得

$$q_1=1.15\times400\times250\times\frac{1.5}{8\times3600}=5.99(\mathrm{L/s})$$

（2）计算施工机械用水量q_2。

因施工中不使用特殊机械，所以$q_2=0$。

（3）计算施工现场生活用水量q_3。

$$q_3=\frac{P_1N_3K_4}{t\times8\times3600}$$

式中：$K_4=1.5$、$P_1=180$ 人、$t=1$，N_3 按生活用水和食堂用水计算 $N_3=20+20=40$ [L/(人·日)]，得

$$q_3=\frac{180\times40\times1.5}{1\times8\times3600}=0.375(\mathrm{L/s})$$

(4) 计算生活区生活用水量 q_4。因现场不设生活区，故不计算 q_4。

(5) 计算消防用水量 q_5。本工程施工现场使用面积为 12000 m²，即 $1.2\mathrm{hm}^2<25\mathrm{hm}^2$，故 $q_5=10\mathrm{L/s}$。

(6) 计算总用水量。

$$q_1+q_2+q_3+q_4=5.99+0.375=6.365(\mathrm{L/s})<q_5=10\mathrm{L/s}$$

因工地面积 $1.2\mathrm{hm}^2<5\mathrm{hm}^2$，且 $(q_1+q_2+q_3+q_4)<q_5$ 时，则 $Q=q_5=10\mathrm{L/s}$。

$$Q_{总}=1.1Q=1.1\times10=11(\mathrm{L/s})$$

即本工程用水量为 11L/s。

2. 供水管径的计算

$$D=\sqrt{\frac{4Q}{\pi V\times1000}}=\sqrt{\frac{4\times11}{3.14\times1.5\times1000}}=0.097(\mathrm{m})=97(\mathrm{mm})$$

取管径为 100mm 的上水管。

7. 临时供电系统的布置

施工工地用电主要包括室内外交通照明用电和各种机械，动力设备用电等。工地临时供电设计工作主要内容有：确定用电点及用电量；选择电源；确定供电系统的形式和变电所功率、数量及位置；布置供电线路和决定导线截面等。

(1) 确定用电点及用电量。根据施工总平面设计图中的拟建房屋的位置、现场加工厂位置以及各机械设备布置位置，即能确定整个施工现场几个主要用电点，同时列出所用机械数量及电动机用电功率等情况一览表，以便计算总用电量。

常用机械设备电动机额定功率和电焊机容量见表 5.13。

现场室内照明用电定额可参见表 5.14。

室外照明用电可参见表 5.15。

建设工地用电，主要是施工中动力设备用电和照明用电两大部分。计算用电量时应考虑：全工地所使用的动力设备及照明设备的总数量；整个施工阶段中同时用电的机械设备的最高数量以及照明用电情况。其总用电量可按式 (5.16) 计算：

$$P=(1.05\sim1.1)(k_1\sum P_1/\cos\phi+k_2\sum P_2+k_3\sum P_3+k_4\sum P_4) \tag{5.16}$$

式中　P——供电设备总用电量；

P_1——施工机械和动力设备上电动机额定容量，参见表 5.13；

P_2——电焊机额定容量，参见表 5.13；

P_3——室内照明设备容量，参见表 5.14；

P_4——室外照明设备容量，参见表 5.15；

$\cos\phi$——电动机平均功率因数，一般取 0.65～0.75，施工现场最高为 0.75～0.78；

k_1、k_2、k_3、k_4——需要系数，参见表 5.16。

表 5.13　　常用施工机械用电定额参考表

机械名称	型　号	功率/kW
蛙式打夯机	HW—20	1.5
	HW—60	2.8
振动夯土机	HZ—380A	4
振动沉桩机	DZ45	45
	DZ45Y	30
	DZ55Y	55
	DZ90B	90
	DZ90A	90
螺旋钻孔机	LZ 型长螺旋钻	30
	BZ—1 短螺旋钻	40
	ZK2250	22
螺旋式钻扩孔机	ZK120—1	13
冲击式钻机	YKC—30M	40
塔式起重机	红旗 II—16(整体托运)	19.5
	QT40（TQ2—6）	48
	TQ60/80	55.5
	QJ100（自升式）	63.37
卷扬机	JJK0.5	3
	JJK—0.5B	2.8
	JJK—1A	7
	JJK—5	40
	JJZ—1	7.5
	JJ2K—1	7
	JJ2K—3	28
	JJ2K—5	40
	JJM—0.5	3
	JJM—3	7.5
	JJM—5	11
	JJM—10	22
自落式混凝土搅拌机	JD150	5.5
	JD200	7.5
	JD250	11
	JD350	15
	JD500	18.5
强制式混凝土搅拌机	JW250	11
	JW500	30
混凝土输送泵	HB—15	32.2
插入式振捣器	ZX25	0.8
	ZX35	0.8
	ZX50	1.1
	ZX50C	1.1
	ZX70	1.5
平板式振动器	ZB5	0.5
	ZB11	1.1
灰浆搅拌机	UJ325	3
	UJ100	2.2
钢筋调直切断机	GT4/14	4
	GT6/14	11
	GT6/8	5.5
	GT3/9	7.5
钢筋切断机	QJ_5—40(QJ_{10})	7
	QJ_5—40—1(QJ_{40}—1)	5.5
	QJ_5r—32(Q_{32}—1)	3
钢筋弯曲机	GW40	3
	WJ40	3
	GW32	2.2
交流电焊机	BX_3—120-1	9
	BX_3—300—2	23.4
交流电焊机	BX_3—500—2	38.6
	BX_2—1000(BG—1000)	76
单盘水磨石机	SF—D	2.2
双盘水磨石机	SF—S	4
木工圆锯	MJ106	5.5
	MJ114	3
木工平刨床	MB503A	3
	MB504A	3
载货电梯	JT1	7.5
建筑施工外用电梯	SCD100/100A	11
混凝土搅拌站（楼）	HL80	41

表 5.14　　　　室内照明用电定额参考表

序号	用 电 名 称	定额/(W/m²)	序号	用 电 名 称	定额/(W/m²)
1	混凝土及灰浆搅拌站	5	13	学校	6
2	钢筋室外加工	10	14	招待所	5
3	钢筋室内加工	8	15	医疗所	6
4	木材加工（锯木及细木制做）	5～7	16	托儿所	9
5	木材加工（模板）	8	17	食堂或娱乐场所	5
6	混凝土预制构件厂	6	18	宿舍	3
7	金属结构及机电维修	12	19	理发店	10
8	空气压缩机及泵房	7	20	淋浴间及卫生间	3
9	卫生技术管道加工	8	21	办公楼、试验室	6
10	设备安装加工厂	8	22	棚仓库及仓库	2
11	变电站及发电站	10	23	锅炉房	3
12	机车或汽车停放库	5	24	其他文化福利场所	3

表 5.15　　　　室外照明用电参考表

序号	用 电 名 称	容　量	序号	用 电 名 称	容　量
1	安装及铆焊工程	2.0W/m²	6	行人及车辆主干道	2000W/km
2	卸车场	1.0W/m²	7	行人及非车辆主干道	1000W/km
3	设备存放，砂、石、木材、钢材、半成品存放	0.8W/m²	8	打桩工程	0.6W/m²
			9	砖石工程	1.2W/m²
4	夜间运料（或不运料）	0.8（0.5）W/m²	10	混凝土浇筑工程	1.0W/m²
			11	机械挖土工程	1.0W/m²
5	警卫照明	1000W/km	12	人工挖土工程	0.8W/m²

表 5.16　　　　k_1、k_2、k_3、k_4 系数表

用电名称	数　量	需要系数		备　　注
		k	数值	
电动机	3～10 台	k_1	0.7	（1）为使计算结果切合实际，式（5.16）中各项动力和照明用电，应根据不同工作性质分类计算。 （2）单班施工时，用电量计算可不考虑照明用电。 （3）由于照明用电比动力用电要少得多，故在计算总用电时，只在动力用电量式（5.16）括号内第 1、2 项之外再加 10%作为照明用量即可
	11～30 台		0.6	
	30 台以上		0.5	
加工厂动力设备			0.5	
电焊机	3～10 台	k_2	0.6	
	10 台以上		0.5	
室内照明		k_3	0.8	
室外照明		k_4	1.0	

由于照明用电量所占的比重较动力用电量要少很多，为简化计算，只要在动力用电量之外再加 10%作为照明用电量即可，则上式可进一步简化为

$$P=1.1\times(1.05\sim1.1)(k_1\sum P_1/\cos\phi+k_2\sum P_2) \quad (5.17)$$

计算用电量时，应注意选择在施工进度计划中施工高峰期同时用电机械设备最高数量进行计算。

(2) 变压器容量计算。工地附近有 10kV 或 6kV 高压电源时，一般多采取在工地设小型临时变电站，装设变压器将二次电源降至 380V/220V，有效供电半径一般在 500m 以内。大型工地可在几处设变压器（变电站）。

需要的变压器的功率可按式（5.18）计算：

$$W=\frac{1.05P}{\cos\phi} \quad (5.18)$$

式中　W——变压器功率；

P——施工现场的最大计算负荷，kW；

$\cos\phi$——用电设备功率因数，临时网络取 0.7～0.75。

求得 W 值，可据此查表 5.17 来选择相应的变压器型号。

表 5.17　常用电力变压器性能表

型　号	额定容量/(kVA)	额定电压/kV		耗损/W		总量/kg
		高压	低压	空载	短路	
SL7—30/10	30	6；6.3；10	0.4	150	800	317
SL7—50/10	50	6；6.3；10	0.4	190	1150	480
SL7—63/10	63	6；6.3；10	0.4	220	1400	525
SL7—80/10	80	6；6.3；10	0.4	270	1650	590
SL7—100/10	100	6；6.3；10	0.4	320	2000	685
SL7—125/10	125	6；6.3；10	0.4	370	2450	790
SL7—160/10	160	6；6.3；10	0.4	460	2850	945
SL7—200/10	200	6；6.3；10	0.4	540	3400	1070
SL7—250/10	250	6；6.3；10	0.4	640	4000	1235
SL7—315/10	315	6；6.3；10	0.4	760	4800	1470
SL7—400/10	400	6；6.3；10	0.4	920	5800	1790
SL7—500/10	500	6；6.3；10	0.4	1080	6900	2050
SL7—630/10	630	6；6.3；10	0.4	1300	8100	2760
SL7—50/35	50	35	0.4	265	1250	830
SL7—100/35	100	35	0.4	370	2250	1090
SL7—125/35	125	35	0.4	420	2650	1300
SL7—160/35	160	35	0.4	470	3150	1465
SL7—200/35	200	35	0.4	550	3700	1695
SL7—250/35	250	35	0.4	640	4400	1890
SL7—315/35	315	35	0.4	760	5300	2185
SL7—400/35	400	35	0.4	920	6400	2510

续表

型　号	额定容量/（kVA）	额定电压/kV		耗损/W		总量/kg
		高压	低压	空载	短路	
SL7—500/35	500	35	0.4	1080	7700	2810
SL7—630/35	630	35	0.4	1300	9200	3225
S6—10/10	10	10	0.433	60	270	245
S6—30/10	30	10	0.4	125	600	140
S6—50/10	50	10	0.433	175	870	540
S6—80/10	80	6～10	0.4	205	1240	685
S6—100/10	100	6～10	0.4	300	1470	740
S6—125/10	125	6～10	0.4	360	1720	855
S6—160/10	160	6～10	0.4	430	2100	990
S6—200/10	200	6～11	0.4	500	2500	1240
S6—250/10	250	6～10	0.4	600	2900	1330
S6—315/10	315	6～10	0.4	720	3450	1495
S6—400/10	400	6～10	0.4	870	4200	1750
S6—500/10	500	6～10，5	0.4	1030	4950	2330
S6—630/10	630	6～10	0.4	1250	5800	3080

（3）布置临时配电线路。施工用电临时配电线路的布置一般有三种方式，即枝状式、环状式和混合式。要根据工地大小和工地使用情况确定选用哪一种方案。一般 3～10kV 的高压线路常采用环状式布线；380V/220V 的低压线路常采用枝状式布线。

如果施工现场只设置一台变压器，供电线路可作枝状布置。如果工地较大，需要设置若干台变压器时，则各台变压器作环状连接布置，而每个变压器到该变压器负担的各用电点的线路可作枝状布置，即总的配电线路作混合式布置。实际工程中，单位工程的临时供电系统一般采用枝状布置，并尽量利用原有的高压电网和已有的变压器。

临时供电线路的布线应满足以下要求：

1）线路应尽量架设在道路的一侧，不得妨碍交通；同时应考虑到塔式起重机的装、拆、进、出；避开将要堆料、开槽、修建临时设施等用地；选择平坦路线，保持线路水平且尽量取直，以免电杆受力不匀。

2）工地的高压线路可采用架空裸线，其电杆距离为 40～60m，也可采用地下电缆。户外的低电压线路可采用架空裸线，与建筑物、脚手架等距离相近时，必须采用绝缘架空线，其电杆距离为 25～40m。分支线和引入线均应从电杆处接出，不得由两杆之间的线路上接出。

3）各用电设备必须装配与设备功率相应的闸刀开关，其高度与装设点应便于操作，单机单闸，不得一闸多机使用。

4）配电箱与闸刀在室外装配时，应有防雨措施，严防漏电、短路及触电事故的发生。

5）新建变压器应远离交通要道口处，布置在现场边缘高压线接线处，离地高度应大于3m，四周设有高度大于1.7m的铁丝网防护栏，并设置明显标志。

（4）配电导线截面计算。导线截面一般根据用电量计算允许电流进行选择，然后再以允许电压降及机械强度加以校核。

1）按允许电流强度选择导线截面。配电导线必须能承受负荷电流长时间通过所引起的温升，而其最高温升不超过规定值。电流强度的计算如下。

a. 三相四线制线路上的电流强度按式（5.19）计算：

$$I=\frac{1000P}{\sqrt{3}\cos\phi U_{线}} \tag{5.19}$$

式中 I——某一段线路上的电流强度，A；

P——该线路上的施工现场的最大计算负荷，kW；

$U_{线}$——线路工作电压值，V，三相四线制低压时取380V；

$\cos\phi$——用电设备功率因数，临时网络取0.7～0.75。

将三相四线制低压时，$U_{线}=380V$代入，式（5.19）可简化为$I=2P$。

b. 二相制线路上的电流强度按式（5.20）计算：

$$I=\frac{1000P}{U\cos\phi} \tag{5.20}$$

式中 U——线路工作电压值，V，二相制低压时取220V；

其余符号意义同前。

求出线路电流后，可根据导线持续允许电流，按表5.18初选导线截面，使导线中通过的电流控制在允许范围内。

表5.18　配电导线持续允许电流强度（空气温度25℃时）　单位：A

序号	导线标称截面/mm^2	裸线			橡皮或塑料绝缘线（单芯500V）			
		TJ型导线	钢芯铝绞线	LJ型导线	BX型（铜橡）	BLX型（铝橡）	BV型（铜、塑）	BLV型（铝、塑）
1	0.75	—	—	—	18	—	16	—
2	1	—	—	—	21	—	19	—
3	1.5	—	—	—	27	19	24	18
4	2.5	—	—	—	35	27	32	25
5	4.0	—	—	—	45	35	45	32
6	6	—	—	—	58	45	55	42
7	10	—	—	—	85	65	75	50
8	16	130	105	105	110	85	105	80
9	25	180	135	135	145	110	138	105
10	35	220	170	170	180	138	170	130
11	50	270	215	215	230	175	215	165
12	70	340	265	265	285	220	265	205
13	95	415	325	325	345	265	325	250

续表

序号	导线标称截面/mm²	裸　线			橡皮或塑料绝缘线（单芯 500V）			
		TJ 型导线	钢芯铝绞线	LJ 型导线	BX 型（铜橡）	BLX 型（铝橡）	BV 型（铜、塑）	BLV 型（铝、塑）
14	120	485	375	375	400	310	375	285
15	150	570	440	440	470	360	430	325
16	185	645	500	500	540	420	490	380
17	240	770	610	610	600	510	—	—

2）按机械强度选择导线截面面积。配电导线必须具有足够的机械强度，以防止受拉或机械损伤时折断。在各种不同的敷设方式下，导线按机械强度要求所必须达到的最小截面面积应符合表 5.19 中的规定。

表 5.19　　导线按机械强度要求所必须达到的最小截面面积

导　线　用　途	导线最小截面面积/mm²	
	铜线	铝线
照明装置用导线： 户内用 户外用	 0.5 1.0	 2.5 2.5
双芯软电线： 用于吊灯 用于移动式生产用电设备	 0.35 0.5	 — —
多芯软电线及软电缆： 用于移动式生产用电设备	 1.0	 —
绝缘导线：固定架设在户内支持件上，其间距为 2m 及以下 6m 及以下 25m 及以下	 1.0 2.5 4	 2.5 4 10
裸导线： 户内用 户外用	 2.5 6	 4 16
绝缘导线： 穿在管内 设在木槽板内	 1.0 1.0	 2.5 2.5
绝缘导线： 户外沿墙敷设 户外其他方式敷设	 2.5 4	 4 10

3）按允许电压降选择导线截面面积。配电导线上的电压降必须限制在一定限度内，否则距变压器较远的机械设备会因电压不足而难以启动。

按允许电压降选择导线截面面积的计算公式如下：

$$S=\frac{\sum(PL)}{C[\varepsilon]}=\frac{\sum M}{C[\varepsilon]} \tag{5.21}$$

式中　S——配电导线的截面面积，mm^2；

P——线路上所负荷的电功率或线路上所输送的电功率，kW；

L——用电负荷至电源（变压器）之间的送电线路长度，m；

M——每一次用电设备的负荷距，kW·m；

$[\varepsilon]$——线路上允许的相对电压降，%，动力负荷线路取10，照明线路取6，混合线路取8；

C——输电系数，是由导线材料、线路电压和输电方式等因素决定的输电系数，见表5.20。

表5.20　　按允许电压降计算时的 *C* 值

线路额定电压/V	线路系统及电流种类	系数 *C* 值	
		铜线	铝线
380/220	三相四线	77	46.3
380/220	二相三线	34	20.5
220	单线或直流	12.8	7.75
110		3.2	1.9
36		0.34	0.21
24		0.153	0.092
12		0.038	0.023

导线截面面积必须同时满足以上三项要求，所以应以求得的三个导线截面面积中最大者为准，作为最后确定选择的导线截面面积。

实际上，当配电线路较长时，线路上的负荷较大时，往往以允许电压降为主来确定导线截面面积；当配电线路较短时，往往以允许电流为主来确定导线截面面积；当配电线路上的负荷较小时，往往以机械强度为主来确定导线截面面积。当然，无论以哪种为主确定导线截面面积，都要同时满足其他两项要求。

工程实践中，建筑工地配电线路较短，导线截面面积可由允许电流来确定；道路工程和给排水工程，工地作业线较长，导线截面面积可由允许电压降来确定。

【例5.2】　试为某工程施工现场用电选择变压器及各条配电线路的导线截面面积。该工程已知及要求条件如下：

(1) 施工现场各点用电量、配电线路布置及长度如图5.3所示。

(2) 施工现场室内外照明用电量为机械设备用电量的10%考虑。

(3) 施工现场附近有10kV的供电系统，可以引进电源。

(4) 为节约经费，要求配电导线采用BLX型铝芯橡皮线架空布置。

解：(1) 施工现场总需要容量计算。

$$\sum P_1=7.5\times2+22+3.5+14+10+4.5+1\times3+2.8\times5=86\ (\text{kW})$$

$$\sum P_2=0$$

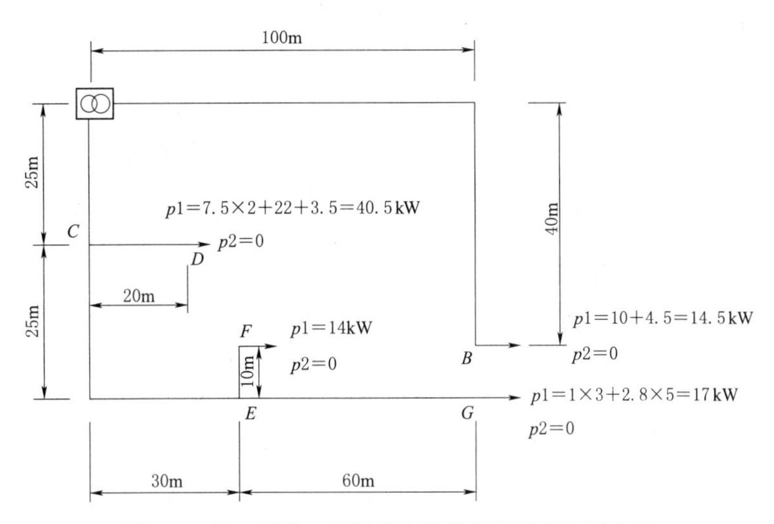

图5.3　某工程施工现场配电线路布置及各点用电量

$$P=1.1(k_1\sum P_1/\cos\phi+k_2\sum P_2+k_3\sum P_3+k_4\sum P_4)$$

考虑施工现场室内外照明用电量为机械设备用电量的10%，则

$$\begin{aligned}P&=1.1\times1.1(k_1\sum P_1/\cos\phi+k_2\sum P_2)\\&=1.1\times1.1\times\left(0.7\times\frac{86}{0.75}+0\right)\\&=1.1\times88.33\\&=97.16(\text{kV}\cdot\text{A})\end{aligned}$$

（2）变压器的选择。需要的变压器的功率计算：

$$W=\frac{1.05P}{\cos\phi}=\frac{1.05\times97.16}{0.75}=136.02(\text{kV}\cdot\text{A})$$

根据上述计算结果及供电高压10kV，查表5.17，选择SL7—160/10型电力变压器，其额定容量为160kV·A>136.02kV·A，可满足要求。

（3）各条配电导线截面面积计算。

1）配电线路$A—B$段。按允许电流计算，选择导线截面面积：

$$I=\frac{1000P}{\sqrt{3}\cos\phi U_{线}}=\frac{1000\times14.5}{\sqrt{3}\times0.75\times380}=30(\text{A})$$

查表5.18，选用BLX型铝芯橡皮线，截面面积为4mm²，其允许电流35A>30A。

按允许电压计算时，取$C=46.3$，$[\varepsilon]=8$（%），选择导线截面面积：

$$S=\frac{\sum(PL)}{C[\varepsilon]}=\frac{14.5\times140}{46.3\times8}=5.5(\text{mm}^2)$$

按力学强度选择导线截面面积：

查表5.19得知，橡皮绝缘铝线（BLX型）户外架空敷设时，其截面面积不得小于10mm²。

为同时满足上述三者要求，$A—B$段配电导线需要截面面积选用10mm²。

2）配电线路$A—C$段。按允许电流计算，选择导线截面面积：

$$I=\frac{1000P}{\sqrt{3}\cos\phi U_{线}}=\frac{1000\times(7.5\times2+22+3.5+14+1\times3+2.8\times5)}{\sqrt{3}\times0.75\times380}=\frac{71500}{495}=144(A)$$

查表5.18，选用BLX型铝芯橡皮线，截面面积为50mm²，其允许电流175A>144A。

按允许电压计算时，取 $C=46.3$，$[\varepsilon]=8$（%），选择导线截面面积：

$$S=\frac{\sum(PL)}{C[\varepsilon]}=\frac{40.5\times45+14\times90+17\times140}{46.3\times8}=14.74(mm^2)<50(mm^2)$$

按力学强度选择导线截面面积：

查表5.19得知，橡皮绝缘铝线（BLX型）户外架空敷设时，其截面面积不得小于10mm²。

为同时满足上述三者要求，$A—C$ 段配电导线需要截面面积选用50mm²。

3）配电线路 $C—D$ 段。按允许电流计算，选择导线截面面积：

$$I=\frac{1000P}{\sqrt{3}\cos\phi U_{线}}=\frac{1000\times40.5}{\sqrt{3}\times0.75\times380}=82(A)$$

查表5.18，选用BLX型铝芯橡皮线，截面面积为16mm²，其允许电流85A>82A。

按允许电压计算时，取C=46.3，$[\varepsilon]=8$（%），选择导线截面面积：

$$S=\frac{\sum(PL)}{C[\varepsilon]}=\frac{40.5\times45}{46.3\times8}=5(mm^2)<16(mm^2)$$

按力学强度选择导线截面面积：

查表5.19得知，橡皮绝缘铝线（BLX型）户外架空敷设时，其截面面积不得小于10mm²。

为同时满足上述三者要求，$C—D$ 段配电导线需要截面面积选用16mm²。

4）配电线路 $C—E$ 段。按允许电流计算，选择导线截面面积：

$$I=\frac{1000P}{\sqrt{3}\cos\phi U_{线}}=\frac{1000\times(14+17)}{\sqrt{3}\times0.75\times380}=\frac{31000}{495}=62.6(A)$$

查表5.18，选用BLX型铝芯橡皮线，截面面积为10mm²，其允许电流65A>62.6A。

按允许电压计算时，取 $C=46.3$，$[\varepsilon]=8$（%），选择导线截面面积：

$$S=\frac{\sum(PL)}{C[\varepsilon]}=\frac{14\times90+17\times140}{46.3\times8}=9.83(mm^2)<10(mm^2)$$

按力学强度选择导线截面面积：

查表5.19得知，橡皮绝缘铝线（BLX型）户外架空敷设时，其截面面积不得小于10mm²。

为同时满足上述三者要求，$C—E$ 段配电导线需要截面面积选用10mm²。

5）配电线路 $E—F$、$E—G$ 段。由于这两段线路所带负荷的设备都不高（14kW、17kW），线路电流不大，且线路不长，线路的电压降也不是主要问题，因此按导线力学强度选择10mm²的橡皮绝缘铝线即可满足要求。

8. 绘制施工总平面图

（1）图幅大小和绘图比例。图幅大小和绘图比例应根据工地大小及布置内容多少来确定，图幅一般可选1～2号图纸大小，比例一般采用1∶1000或1∶2000。

（2）合理规划和设计图面。施工总平面图，除了要反映施工现场的布置内容外，还要反映周围环境和面貌（如已有建筑物、现有管线、场外道路等）。故绘图前，应作合理规划和部署。

此外，还应留出一定的图面绘制图例、文字说明以及指北针等。

（3）图线。拟建建筑用粗线，原有建筑及各类临时性设施用中粗线，尺寸线用细线。

5.6.4 施工总平面图设计优化

1. 场地分配优化法

施工总平面图通常要划分几块场地，供几个专业工程施工使用。根据场地情况和专业工程施工要求，某一块场地可能会适用一个或几个专业工程使用。但在施工中，一个专业工程只能使用一块场地，因此需要对场地进行合理分配，以满足各自施工要求。

2. 区域叠合优化法

施工现场的生活福利设施主要是为全工地服务的，因此，它的位置应适中，节省往返时间，各服务点的受益大致平衡。确定这类临时设施的位置可采用区域叠合优化法，即将各服务区域进行叠加比较，找出最大轮廓，并将各项服务集中在这一个区域范围内。

3. 最小树选线优化法

施工总平面图设计中，在布置给排水、动力、照明灯线路时，为了减少损耗、节约投资、加快临时设施建造速度，可采用最小树选线方法，确定最短线路，即找出所有路径的最短线路。

4. 选点归邻优化法

各种生产性临时设施如仓库、混凝土搅拌站等，各服务点的需要量一般是不同的，要确定其最佳位置必须要同时考虑需要量和距离两个因素。

5.6.5 施工总平面图的科学管理

在施工过程中，应该制定一些管理制度和管理措施，来保证参与施工的各单位和各部门能够按照设计的总平面图规划和布置施工现场，具体措施如下：

（1）建立统一的施工总平面图的管理制度、划分总图的使用管理范围。各区各片应有人负责，严格控制各种材料、构件、机具的位置，以及占用时间、占用范围和面积，不准乱堆乱放。

（2）对水源、电源、交通等公共项目进行统一管理。不准擅自拆迁建筑物和水电线路，不准随意挖断道路。大型临时设施和水电管路不得随意更改和易位。当施工需要断电、断水时，需要申请，经批准后方可着手进行。

（3）实施施工总平面图的动态管理，定期对现场平面进行实录、复核，修正其不合理的地方，定期召开总平面图执行检查会议，奖优罚劣，协调各单位关系。

（4）做好现场的清理和维护工作，经常检修各种临时性设施，明确负责部门和人员。

思 考 题

1. 试述施工组织总设计的编制内容和编制程序。

2. 试述工程概况包括哪些内容？

3. 试述施工部署包括哪些内容？

4. 试述施工总进度计划的编制步骤。

5. 试述施工总平面图的设计内容。

6. 试述施工总平面图的设计步骤。

实　操　题

市内某建设工程，根据总进度计划，确定施工高峰和用水高峰期在7、8、9三个月，其每月每天（单班工作）的主要工程量及施工人数如下：浇筑混凝土120m^3，砌筑砖墙74千块，粉刷280m^2，施工人员360人。试计算该工程的总用水量及管径。

项目 6　单位工程施工组织设计

学习目标：

能　力　目　标	知　识　要　点
能掌握单位工程施工组织设计的作用、编制内容和编制程序	1. 单位工程施工组织设计的作用 2. 单位工程施工组织设计的编制内容 3. 单位工程施工组织设计的编制程序
能正确选择施工方案	施工方案包括的内容
能编制单位工程施工进度计划	单位工程施工进度计划的作用、编制依据和编制步骤
能布置单位工程施工平面图	单位工程施工平面图的设计原则、设计内容和设计步骤

任务 6.1　单位工程施工组织设计概述

1. 单位工程施工组织设计的概念

单位工程施工组织设计，是以单位工程为对象编制的，用以指导单位工程施工全过程各项施工活动的技术经济和组织的综合性文件，是针对单位工程的具体情况而编制的。

应抓住关键环节处理好各内容之间的相互关系，重点编制施工方案、施工进度计划表、施工平面图，简称“一案一表一图”。抓住三个重点，突出“技术、时间和空间”三大要素，其他问题就会迎刃而解。

2. 单位工程施工组织设计的作用

一个科学的单位工程施工组织设计，如能够在工程施工中得到贯彻实施，必然能够统筹安排施工的各个环节，协调好各方面的关系，使复杂的建筑施工过程有序合理地按科学程序顺利进行，从而保证建设项目的各项指标得以实现。

(1) 单位工程施工组织设计是具体指导和组织单位工程施工的重要文件。在单位工程施工组织设计中，由于制定了单位工程的施工顺序、施工流向、施工方法、施工方案，规划了施工进度计划、施工现场平面布置、施工中的技术经济指标等，所以在施工全过程中有了可靠的依据和具体的标准，只要按施工组织设计文件中的规定去做，就能保证工程质量、降低工程成本、提高经济效益、加快施工进度。

(2) 单位工程施工组织设计是合理组织单位工程施工和加强施工管理的重要措施。

(3) 单位工程施工组织设计是分期编制年、季、月各阶段的劳动力、施工机械和建筑材料等各种资源计划的重要依据。

（4）单位工程施工组织设计是建筑企业参与工程投标竞争的主要内容。实践证明，进行工程投标时，成功与否与施工组织设计的质量有很大关系。

（5）单位工程施工组织设计是统筹安排施工企业生产的投入与产出过程的关键和依据。建筑企业从承担单位工程任务开始到竣工验收交付使用为止的全部施工过程的计划、组织和控制的基础就是施工组织设计。

（6）通过编制单位工程施工组织设计，可以充分考虑施工中可能遇到的困难与障碍，主动调整施工中的薄弱环节，事先予以解决或排除，从而提高了施工的预见性，减少了盲目性，使管理者和生产者做到心中有数，为实现建设目标提供了技术保证。

3. 单位工程施工组织设计的编制依据

（1）与工程建设有关的法律、法规和文件，国家现行有关标准图集、施工验收规范、定额手册等。

（2）工程所在地区行政主管部门的批准文件。

（3）施工组织总设计。

（4）招标文件。

（5）工程施工范围内的现场条件，工程地质及水文地质、气象等自然条件。

（6）施工图及设计单位对施工的要求。

（7）工程的资源供应情况。

（8）施工企业的生产能力、劳动力情况、机具设备状况等。

（9）同类工程经验。

4. 单位工程施工组织设计的编制原则

单位工程施工组织设计的编制应遵循以下原则：

（1）全面响应原则。全面响应原则是对招标文件的全部内容全面响应，而不是有的响应，有的不响应，也不能单方面修改。

（2）技术可行性原则。技术上的可行，是指包括施工组织设计中选定的施工方案、施工方法，必须是可行的，符合当时施工水平、设备水平，所采用的施工平面布置是合理的，资源供给达到相对平衡合理，经过努力可以达到。

（3）符合施工组织总设计的要求。如果单位工程属于群体工程的一部分，则此单位工程施工组织设计时应满足施工组织总设计进度、工期、质量及成本目标等要求。

（4）采用先进的施工技术和施工组织措施。为实现工程施工组织科学化、规范化、高效化管理，应当采用科学的、先进的施工组织措施（如组织施工流水作业、网络计划技术、计算机应用技术、项目经理制、岗位责任制等）。

（5）专业工种之间密切配合。单位工程的施工组织设计要有预见性和计划性，既要使各施工过程、专业工种顺利进行施工，又要使它们之间尽可能实现搭接和交叉，以缩短工期。

（6）确保工程质量、施工安全和文明施工。

（7）积极推行计算机信息网络技术在施工管理中的应用，不断提高现代化施工管理。

5. 单位工程施工组织设计的内容

单位工程施工组织设计应包括以下内容：

（1）工程概况。施工组织设计先对拟建工程的概况及特点进行分析并加以简述。工程概况包括拟建工程的位置、性质、规模，建筑和结构特点，建设条件，施工条件，建设单位及上级的要求等。

关于工程概况的编制详见任务 5.2。

（2）施工方案。施工单位在工程概况及特点分析的基础上，结合自身的人力、材料、机械、资金和可采用的施工方法等生产因素进行相应的优化组合，全面、具体地布置施工任务，再对拟建工程可能采用的几个方案进行技术经济的对比分析，选择最佳方案。施工方案包括划分流水段，确定施工顺序，确定施工方法和施工机械，制定保证成本、质量、安全的技术组织措施等。

（3）施工进度计划。它反映了施工方案在时间上的安排。包括划分施工过程，计算工程量和劳动量，确定工作天数及相应的作业人数或机械台数，编制进度计划表及检查与调整等。通常采用横道图或网络图作为表现形式。

（4）施工准备工作与资源配置计划。它包括进场条件、劳动力、材料、机械设备的准备及使用计划、“三通一平”的具体安排、预制构件的施工、特殊材料的订货等。

（5）施工现场平面布置图。它是施工方案和施工进度计划在空间上的全面安排，主要包括各种材料、构件、半成品堆放位置，施工机具布置，道路、水电等安排与布置，机械位置及各种临时设施的布局等。

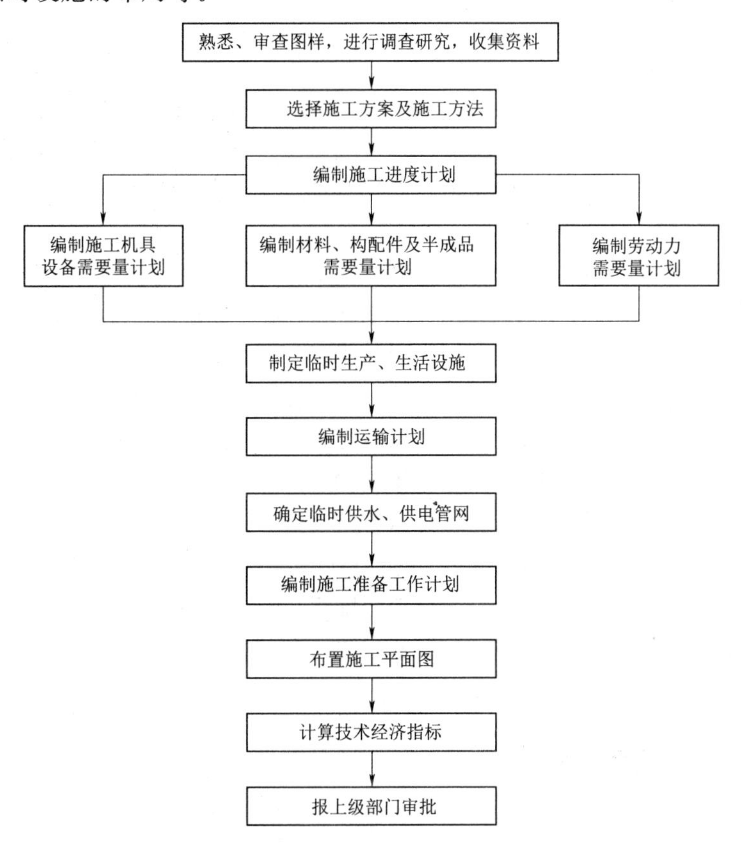

图 6.1　单位工程施工组织设计编制程序

(6) 工程质量、安全、降低成本及文明施工的技术组织措施。

(7) 其他各项技术经济指标。对确定的施工方案、施工进度计划及施工平面图的技术经济效益进行全面的评价。

6. 单位工程施工组织设计的编制程序

单位工程施工组织设计的编制程序是指对其各组成部分形成的先后顺序及相互制约关系的处理。由于单位工程施工组织设计是施工单位用于指导施工的文件，必须结合具体工程实际，在编制前会同有关部门和人员，在调查研究的基础上，共同研究和讨论其主要的技术措施和组织措施。单位工程施工组织设计的编制程序如图 6.1 所示。

任务 6.2　施　工　方　案

施工方案是单位工程施工组织设计的核心内容，它直接影响工程的质量、工期、经济效益，以及劳动安全、文明施工、环境保护。它关系到降低投资风险、提高投资效益、工程建设成败。好的施工方案，可以保证质量、节省资源、保证进度。

施工方案的制订主要包括确定施工程序、确定施工顺序和流向、选择主要分部分项工程的施工方法和施工机械等内容。

6.2.1　施工程序的确定

遵守"先地下后地上""先土建后设备""先主体后围护""先结构后装修"的一般原则。

(1) 先地下后地上原则。指在地上工程开工之前，应尽量把埋设于地下的各种管道、线路（临时的及永久的）予以埋设完毕，以免对地上工程施工时产生干扰，既影响施工进度，又造成经济浪费。

(2) 先土建后设备原则。这是指土建施工应先于水、暖、电、卫等建筑设备的施工。但相互间也可安排穿插施工，尤其是在装修阶段，做好相互的穿插施工，对加快施工进度、保证施工质量、降低施工成本有一定的效果。

(3) 先主体后围护原则。主要是指框架结构和排架结构的建筑中，应先施工主体结构后施工围护结构的原则。为了加快施工进度，在多层建筑特别是高层建筑中，围护结构与主体结构搭接施工的情况比较普遍，即主体结构施工数层后，围护结构也随后而上，既能扩大现场施工作业面，又能有效地缩短总体施工周期。

(4) 先结构后装修原则。常规情况下应遵守先结构后装修的原则，为了缩短施工工期，也有结构工程先行一段时间后，装修工程随后搭接进行施工的。如有些临街工程往往采用在上部主体结构施工时，下部一层或数层先行装修后即开门营业的做法，使装修与结构搭接施工，加快了进度，提高了效益。

6.2.2　确定施工起点和流向

如果说施工程序是单位工程各分部工程或施工阶段在时间上的先后顺序，那么施工流水方向则是指单位工程在平面或空间上的施工顺序，它的合理确定，将有利于扩大施工作

业面。组织多工种平面或立体流水作业，可以缩短施工周期和保证工程质量。

施工流水方向的确定，是单位工程施工组织设计的重要环节，一般应考虑以下几个因素。

通常情况下，应以工程量较大或技术上较复杂的分部分项工程为主导工程（序）安排施工流向，其他分部分项随之顺序安排。如砖混结构住宅建筑中，通常以墙体砌筑为主导工序合理安排施工流向，其他工序如立模、扎筋、浇混凝土等则随后依次施工。工业厂房中，则往往按生产使用上需求急的工段或部位先安排施工。如多跨工业单层厂房，通常从设备安装量大的一跨先行施工（指构件预制、吊装），然后施工其余各跨，这样能为设备安装赢得时间。在多层建筑及高层建筑施工中，往往将主体结构、围护结构、室内装饰装修的施工形成一定的施工流水顺序，这样既能满足部分层次先行使用的要求，又能从整体上缩短施工周期。

通常情况下，技术复杂、施工进度较慢、工期较长的部位或工段先行施工。如基础埋置深度不同时，应先施工深基础后施工浅基础。

在确定施工流向的分段部位时，应尽量利用建筑物的伸缩缝、沉降缝、平面有变化处和留接搓缝不影响建筑结构整体性的部位。住宅一般按单元或楼层划分，建筑群可按区、幢号划分，工业厂房可按跨或按生产线划分。

在确定施工流向分段时，还应使每段的工程量大致相等，以便组织等节拍施工流水，使劳动组织相对稳定，各班组能连续均衡施工，减少停歇和窝工。

在确定施工流向分段后，还要配置相应的机具设备，如垂直运输设备、模板和脚手等周转设备，以满足和保证各施工段施工操作的需要。

6.2.3 确定施工顺序

施工顺序是指各分项工程或工序之间施工的先后顺序，施工顺序受自然条件和物质条件的制约。选择合理的施工顺序是确定施工方案、编制施工进度计划时应首先考虑的问题，它对于施工组织能否顺利进行，对于保证工程的进度、工程的质量，都有十分重要的作用。

施工顺序科学合理，能够使施工过程在时间和空间上得到合理的安排。建设工程施工顺序有其一般性，也有其特殊性，因此确定施工顺序应考虑以下因素。

（1）施工工艺。施工顺序不违背施工程序，且应与施工工艺顺序相一致。不论何种类型的工程施工，都有其客观的施工顺序，这是必须严格遵守的。如浇筑钢筋混凝土梁的施工顺序为：支模板→绑扎钢筋→浇混凝土→养护→拆模板。

（2）施工方法和施工机械。不同的施工方法和施工机械会使施工过程的先后顺序有所不同。如修筑堤防工程，可采用推土机推土上堤、铲运机运土上堤、挖掘机装自卸汽车运土上堤，三种不同的施工机械有着不同的施工方法和不同的施工顺序。

（3）工期和施工组织。施工工期要求施工项目尽快完成时，应多考虑平行施工和流水施工作业，做好工序间的搭接。在施工组织中，一般应将工程施工对象按工艺特征进行科学分解，然后在它们之间组织流水施工作业，使之搭接最大、衔接紧凑、工期较短。

（4）施工质量。如基础回填土，在砌体达到必需的强度以后才能开始，否则砌体的质量会受到影响。

(5) 气候特点。不同地区的气候特点不同，安排施工过程应考虑气候特点对工程的影响。

(6) 施工安全。合理的施工顺序不仅要达到紧凑均衡的要求，而且还要注意施工的安全，尤其是立体交叉作业更要采取必要而可靠的安全措施，不能因抢工程进度而导致安全事故，如需要注意常见的边坡失稳问题等。水利工程，尤其是水电工程，多位于山区，高边坡较多，失稳后对营地、基坑等的冲击容易造成事故，所以要在施工过程中注意边坡支护问题。

常见分部分项工程的施工顺序如下。

1. *砌体工程施工顺序*

砌体工程涉及水利工程中的护坡、泵站、拦河闸、排水沟、渠道等建筑的浆砌石、干砌石、小骨料混凝土砌石体和房建工程的砌筑墙体等工程，可划分为基础施工和主体结构工程施工两部分。

(1) 基础施工顺序。基础工程的施工顺序为挖基础→做垫层→砌筑基础→回填土。基础开挖时间间隔不能太长，以防止地基土长期暴露，被雨水浸泡而影响其承载力，即所说的“抢基础”。在实际施工中，若由于技术或组织上的原因不能立即验槽做垫层和基础，则在开挖时可留20～30cm 至设计标高，以保护基槽，待有条件进行下一步施工时，再挖去预留的土层。

对于回填土工序，由于对后续工序的施工影响不大，可视施工条件灵活安排。原则上是在基础工程完工之后一次性分层夯填完毕，可以为主体结构工程阶段施工创造良好的作业条件，特别是当基础比较深、回填土量比较大的情况下。回填土最好在砌筑主体前填完，在工期紧张的情况下，也可以与主体平行施工。

(2) 主体结构工程施工。砌筑结构主体施工的主要工序就是砌筑实体，整个施工过程主要有搭脚手架、砌筑等工序，砌筑工程可以组织流水施工，使主导工序能连续进行。

2. *钢筋混凝土工程施工顺序*

水利工程中的钢筋混凝土工程涉及护坡、泵站、拦河闸、挡土墙、涵洞等永久工程及施工导流工程中的混凝土工程。房建工程中的钢筋混凝土工程涉及基础、主体结构等。钢筋混凝土工程包括 3 个分项工程，即钢筋工程、模板工程、混凝土工程。

(1) 钢筋工程。

1) 钢筋的制备加工：包括调直、除锈、配料、画线、切断、弯曲、焊接与绑扎、冷加工处理（冷拉、冷拔、冷轧）等。

调直和除锈：盘条状的细钢筋，通过绞车绞拉调直后方可使用。直线状的粗钢筋发生弯曲时才需用弯筋机调直，直径在 25mm 以下的钢筋可在工作台上手工调直。除锈的方法有多种，可借助钢丝刷或砂堆手工除锈，也可用风砂枪或电动去锈机机械除锈，还可用酸洗法化学除锈。新出厂的或保管良好的钢筋一般不需除锈。采用闪光对焊的钢筋，其接头处则要用除锈机严格除锈。

配料与画线：钢筋配料是指施工单位根据钢筋结构图计算出各种形状钢筋的直线下料长度、总根数以及钢筋总重量，从而编制出钢筋配料单，作为备料加工的依据。画线是指

按照配料单上标明的下料长度用粉笔或石笔在钢筋应剪切的部位进行勾画的工序。

切断与弯曲：钢筋切断有手工切断、剪切机剪断等方式。钢筋弯制分手工弯制和机械弯制两种，但手工弯制只能弯制直径 20mm 的钢筋。

焊接与绑扎：建设工程中钢筋焊接常采用闪光对焊，电弧焊、电阻点焊和电流压力焊等方法，有时也用埋弧压力焊。

冷加工处理：钢筋冷加工是指在常温下对钢筋施加一个高于屈服点强度的外力使钢筋产生变形；当外力去除后，钢筋因改变了内部晶体结构的排列产生永久变形；经过一段时间之后，钢筋的强度得到较大的提高。钢筋冷加工处理的目的在于提高钢筋强度和节约钢材用量。钢筋冷加工的方法有三类：冷拉、冷拔和冷轧。

2）钢筋的安装：可采用散装和整装两种方式。

散装是将加工成型的单根钢筋运到工作面，按设计图纸绑扎或电焊成型，运输要求相对较低，中小型工程用得较多。整装则是将地面上加工好的钢筋网片或钢筋骨架吊运至工作面进行安装。水利水电工程钢筋的规格以及形状一般没有统一的定型，所以有时很难采用整装的办法，但为了加快施工进度，也可采用半整装半散装相结合的办法，即在地面上不能完全加工成整装的部分，待吊运至工作面时再补充完成，以提高施工进度。

（2）模板工程。模板通常由面板、加劲体和支撑体（支撑架或钢架和锚固件）三部分组成，有时，模板还附有行走部件。目前，国内常用的模板面板有标准木模板、组合钢模板、混合式大型整装模板和竹胶模板等。

模板按材质可分为钢模板、木模板、钢木组合模板、混凝土或钢筋混凝土模板，按使用特点分为固定模板、拆移模板、移动模板和滑升模板，按形状可分为平面模板和曲面模板，按受力条件可分为承重模板和非承重模板，按支承受力方式可分为简支模板、悬臂模板和半悬臂模板。

模板的主要作用是使混凝土按设计要求成型，承受混凝土水平与垂直作用力以及施工荷载，改善混凝土硬化条件。水利水电工程对模板的技术要求是：形式简便，安装、拆卸方便；拼装紧密，支撑牢靠稳固；成型准确，表面平整光滑；经济适用，周转使用率高；结构坚固，强度、刚度足够。

（3）混凝土工程。混凝土工程的施工工序包括浇筑、振捣、养护等。

1）浇筑：安排浇筑仓位时，必须考虑是否便于开展流水作业；避免在施工过程中产生相互干扰；尽可能地减少混凝土模板的用量；加大混凝土浇筑块的散热面积；尽量减少地基的不均匀沉陷。

工程实践表明，水工建筑物的构造比较复杂，混凝土的分块尺寸普遍较大，混凝土温度控制的要求相当严格，土建工程与安装工程的目标一致性尤为突出。因此，工程界对于各浇筑仓位施工顺序的安排都极为重视，比较成熟的浇筑程序有对角浇筑、跳仓浇筑、错缝浇筑和对称浇筑。

2）振捣：振捣的目的是使混凝土获得最大的密实性，是保证混凝土质量和各项技术指标的关键工序和根本措施。

在施工现场使用的振捣器有内部振捣器、表面振捣器和附着式振捣器，使用最多的是内部振捣器。而内部振捣器又分为电动式振捣器、风动式振捣器和液压式振捣器。大型水利工程中普遍采用成组振捣器。表面振捣器只适合薄层混凝土使用，如路面、大坝顶面、护坦表面、渠道衬砌等。附着式振捣器只适合用于结构尺寸较小而配筋密集的混凝土构件，如柱、墙壁等。在混凝土构件预制厂，多用振动台进行工厂化生产。振捣器的振动效果相当明显，在振捣器小振幅（1.1～2mm）和高频率（5000～12000r/min）的振动作用下，混凝土拌和物的内摩擦力显著减小，流动性明显增强，骨料在重力作用下因滑移而相互排列紧密，砂浆流淌填满空隙的同时空气泡逸出，从而使浇筑仓内的混凝土趋于密实并加强了混凝土与钢筋的紧密结合。如果混凝土拌和物振捣已经充分，则会出现混凝土中粗骨料停止下沉、气泡不再上升、表面平坦泛浆的现象。判断已经硬化成型的混凝土是否密实，应通过钻孔压水试验来检查。

3）养护：养护就是在混凝土浇筑完毕后的一段时间内保持适当的温度和足够的湿度，形成良好的混凝土硬化条件。

养护可分为洒水养护和养护剂养护两种方法。洒水养护就是在混凝土表面覆盖上草袋或麻袋，并用带有多孔的水管不间断地洒水。养护剂养护，就是在混凝土表面喷一层养护剂，等其干燥成膜后再覆盖上保温材料。混凝土应在浇筑完毕后 6～18h 内开始洒水养护，低塑性混凝土应在浇筑完毕后立即喷雾养护，并及早地开始洒水养护。混凝土应连续养护，养护期内始终保持混凝土表面的湿润，养护持续期应符合《水工混凝土施工规范》（SL 677—2014）的要求，一般不少于 28d，有特殊要求的部位宜适当延长养护时间。

3. 土方工程施工顺序

水利工程建设中，土方工程施工应用非常广泛。有些水工建筑物，如土坝、土堤、土渠等，几乎全是土方工程。我国约 80%的大型水库是土石坝。土方工程的基本施工顺序是开挖、运输和填筑。

（1）开挖。从开挖手段上可分为人工开挖、机械开挖、爆破开挖和水力开挖。开挖前应对施工地段进行测量放线，确定开挖边界和开挖范围并核实地面标高；应先做好坡顶截水沟，防止雨水冲刷已开挖好的坡面，并和设计图纸上标明的排水沟位置一致。截水沟应和周围的原有沟渠相连，防止冲刷和水土流失。土方开挖必须遵循自上而下的施工顺序，禁止掏底开挖。土方开挖无论开挖工程量和开挖深度大小，均应自上而下进行，不得欠挖超挖，严禁用爆破施工和掏洞取土。挖掘机开挖高边坡采取台阶法开挖时，一般要求开挖平台1.5～2.0m，以保证挖掘机挖斗回旋弧线和坡面基本一致，防止回旋弧度过大挖伤坡面。要求机械开挖出的坡面距设计要求的坡面位置预留 10～20cm；使用人工刷坡，以保证坡面平整顺滑。

（2）运输。土方工程中，土方运输的费用占土方工程总费用的 60%～80%，因此确定合理运输方案，进行合理运输布置，对于降低土方工程造价具有重要意义。土方运输的特点是，运输线路多是临时性的，变化较大，几乎全是单向运输，运输距离较短，运输量和运输强度较大。土方运输分为人工运输和机械运输，大型工程中主要是机械运输。机械运输的类型有无轨运输、有轨运输和带式运输等。

（3）填筑。土方运至填筑工作面后，分层卸料、铺散，分层进行碾压。事先做好规划，将填筑工作面分成若干作业区，有的区卸料铺散，有的区碾压，有的区进行质量检验，平行流水作业。这样既可保证填筑面平齐，减少不必要的填土接缝，又可提高机械效

率。每层填料厚度都有严格的规定。在填筑工作面上，按规定厚度将土方散开铺平后，用压实机进行压实，减少孔隙增加容重。压实是保证土方填筑质量的最后一道工序，压实费用一般只占土方填筑总造价的10%～15%，但压实的质量直接影响工程质量。

6.2.4 确定施工方法

1. 施工方法的确定原则

（1）针对性原则。在确定某个分部分项工程的施工方法时，应结合本分部分项工程的实际情况来制定。

（2）先进性、经济性和适用性原则。选择某个具体的施工方法（工艺）要在保证质量的前提下，该方法是否经济和适用，在此基础上应考虑其先进性，并对不同的方法进行经济评价。

（3）保障性措施落实原则。拟定相应的质量保障措施和施工安全措施，以及其他可能出现的情况的预防和应对措施。

2. 施工方法的选择

（1）土方工程。

1）计算土方工程量，确定开挖或爆破方法，选择相应的施工机械。当采用人工开挖时应按工期要求确定劳动力数量，并确定如何分区分段施工。当采用机械开挖时应选择机械挖土的方式，确定挖掘机型号、数量和行走线路，以充分利用机械能力，达到最高的挖土效率。地形复杂的地区进行场地平整时，确定土方调配方案。基坑深度低于地下水位时，应选择合适的降低地下水位的方法，如排水沟、集水井等。

2）确定放坡的系数或支护形式及打桩方法。当基坑较深时，应根据土的类别确定边坡坡度及土壁支护方法，以确保安全施工。

（2）基础工程。在基础工程中的挖土、垫层、扎筋、支模、浇筑混凝土、养护、拆模以及回填土等工序应采用流水作业连续施工，也就是说，基础工程施工方法的选择，除了技术方法外，还必须对组织方法即对施工段的划分作出合理的选择。

1）挖土方法的确定。确定采用人工挖土还是机械挖土。如采用机械挖土，则应选择挖土机的型号、数量，机械开挖的方向与路线，机械开挖时，人工如何配合修整槽（坑）底坡。

2）挖土顺序。根据基础施工流向及基础挖土中基底标高确定挖土顺序。

3）挖土技术措施。根据基础平面尺寸及深度、土壤类别等条件，挖土技术措施包括：确定基坑单个挖土还是按柱列轴线连通大开挖；是否留工作面及确定放坡系数；如基础尺寸不大也不深时，也可考虑按垫层平面尺寸直壁开挖，以便减少土方量、节约垫层支模；如可能出现地下水，应如何采取排水或降低地下水的技术措施、排除地面水的方法以及沟渠、集水井的布置和所需设备；冬期与雨期的有关技术与组织措施等。

4）运、填、夯实机械的型号和数量。在基础工程中的挖土、垫层、扎筋、支模、浇筑混凝土、养护、拆模以及回填土等工序应采用流水作业连续施工，也就是说，基础工程施工方法的选择，除了技术方法外，还必须对组织方法即对施工段的划分作出合理的选择。

（3）混凝土及钢筋混凝土。

1）模板的类型和支模方法。确定模板的类型和支模方法，重点应考虑提高模板周转利用次数，节约人力和降低成本。根据不同的结构类型、现场条件确定现浇和预制用的各种模板(如工具式钢模、木模、翻转模板等)、各种支承方法(如钢、木立柱、桁架等)和各种施工方法(如分节脱模、重叠支模、滑模等)，并分别列出采用的项目、部位和数量，明确加工制作的分工、隔离剂的选用。

2）钢筋加工、运输和安装方法。钢筋工程应选择恰当的加工、绑扎和焊接方法。如钢筋制作现场预应力张拉时，应详细制订预应力钢筋的加工、运输、安装和检测方法。钢筋工程应明确在加工厂或现场加工的范围(如成型程度是加工成单根、网片或骨架)，明确除锈、调直、切断、弯曲、成型方法，明确钢筋冷拉方法、焊接方法（如电弧焊、对焊、点焊、气压焊等）以及运输和安装方法，从而提出加工申请计划和机具设备需用量计划。

3）混凝土搅拌和运输方法。应确定混凝土是集中搅拌还是分散搅拌，其砂石筛洗、计量和后台上料的方法；确定混凝土的运输方法；选用搅拌机的型号，以及所需的掺合料、附加剂的品种数量，提出所需材料机具设备数量；确定混凝土的浇筑顺序、施工缝位置、分层高度、工作班制、振捣方法和养护制度等。

（4）结构吊装工程。吊装机械的选择应根据建筑物的外形尺寸、所吊装构件的外形尺寸、位置及重量、工程量与工期、现场条件、吊装工地拥挤的程度与吊装机械通向建筑工地的可能性、工地上可能获得的吊装机械类型等条件，选出最适当的机械类型和所需的数量，确定吊装方法(分件吊装法、综合吊装法)，安排吊装顺序、机械位置和行驶路线以及构件拼装方法及场地，确定构件的运输、装卸、堆放方法，以及所需机具设备（如平板拖车、载重汽车、卷扬机及架子车等)的型号、数量和对运输道路的要求。

（5）预制工程。装配式建(构)筑物的柱子和屋架等在现场预制的大型构件，应根据平面尺寸、柱与屋架数量及其尺寸、吊装路线，以及选用的起重吊装机械的型号、吊装方法等因素，确定柱与屋架现场预制平面布置图。构件现场预制的平面布置应按照吊装工程的布置原则进行。在预应力屋架布置时，应考虑预应力筋孔的留设方法，采取钢管抽芯法时拔出预留孔钢管及穿预应力筋所需的空间。

（6）砌砖工程。主要是确定现场垂直、水平运输方式和脚手架类型。在砖混结构建筑中，还应就砌砖与安装楼板如何组织流水作业施工作出安排，以及砌砖与搭架子的配合。

选择垂直运输方式时，应结合吊装机械的选择并充分利用构件吊装机械作一部分材料的运输。当吊装机械不能满足运输量的要求时，一般可采用井架、门架等垂直运输设施，并确定其型号及数量、设置的位置。选择水平运输方式时，应确定各种运输车(手推车、机动小翻斗车、架子车、构件安装小车等）的型号与数量。为提高运输效率，还应确定与上述配套使用的专用工具设备，如砖笼、混凝土及砂浆料斗等，并综合安排各种运输设施的任务和服务范围，如划分运送砖、砌块、构件、砂浆、混凝土的时间和工作班次，做到合理分工。

（7）装修工程。包括确定抹灰工程的施工方法和要求，根据抹灰工程机械化施工方

法，提出所需的机具设备的型号和数量，确定工艺流程和组织流水施工。

6.2.5 施工机械的选择

1. 施工机械选择注意事项

工程施工中，采用的机械种类复杂、型号多，在选择施工机械时，应根据工程的规模、工期要求、现场条件等择优选择。选择施工机械时，应注意以下几点：

(1) 结合工程特点和其他条件，选择最适合的主导工程施工机械。

(2) 各种辅助机械或运输工具应与主导机械的生产能力协调配套，并确定出辅助施工机械的类型、型号和台数。

(3) 在同一建筑工地上，选择施工机械的种类和型号尽可能少，以利于现场施工机械的管理和维修，同时减少机械转移费用。当工程量大而且集中时，应选用专业化施工机械；当工程量小而分散时，可选择多用途施工机械，如挖土机既可以挖土，又能用于装卸、打桩和起重。

(4) 施工机械的选择还应考虑充分发挥施工单位现有机械的能力。当本单位的机械能力不能满足工程需要时，则应购置或租赁所需的新型机械或多用途机械。

(5) 对于高层建筑或结构复杂的建筑物（构筑物），其主体结构施工的垂直运输机械最佳选择方案往往是多种机械的组合。

2. 施工机械选择步骤

建设工程施工机械的种类很多，这里以土方工程的挖、填为例进行说明。

(1) 分析施工过程。水利水电工程机械化施工过程包括施工准备、基本工作和辅助工作。

(2) 施工机械选择。在拟定施工方案时，首先研究基本工作所需要的主要机械，按照施工条件和工作参数选定主要机械，然后依据主要机械的生产能力和性能参数再选用与其配套的机械。

(3) 机械需要量计算。水利水电工程的机械施工中，需要不同功能的设备相互配合，才能完成其施工任务。例如，挖掘机装自卸汽车运土上坝、拖拉机压实工作，就是挖掘机、自卸汽车、拖拉机等三种机械配合完成其施工任务。土方施工中，与挖掘机配套的自卸汽车数量和所占施工费用的比例都很大，应仔细选择车型和计算所需量。只有配套合理，才能最大限度地发挥机械施工能力，提高机械使用率。

6.2.6 施工方案评价

任何一个工程的施工必然有多种施工方案，在单位工程施工组织设计中，应根据各方面的实际情况，对主要工种工程的施工方案和主要施工机械的作业方案，进行充分的论证。通过技术经济分析，选择技术先进、经济合理且符合施工现场实际、适合施工企业的施工方案。工程项目施工方案选择的目的是要求适合本工程的最佳方案在技术上可行、经济上合理，做到技术经济上相统一。

施工方案技术经济分析方法可分为定性分析和定量分析两大类。定性分析只能泛泛地分析各方案的优缺点，评价时受评价人的主观因素影响大，一般用于方案初步评价。定量分析法是对各方案的投入与产出进行计算，用数据说话，比较客观，定量分析是方案评价的主要方法。

任务6.3　单位工程施工进度计划

单位工程施工进度计划是施工方案在时间上的具体反映，是施工组织设计的重要组成内容之一，是控制各分部分项施工进度的主要依据，也是编制月、季度施工作业计划及各项资源需要量计划的依据。它的主要任务是以施工方案为依据，安排单位工程中各施工过程的施工顺序和施工时间，使单位工程在规定的时间内，有条不紊地完成施工任务。

单位工程进度计划的编制方式基本与总进度计划相同，在满足总进度计划的前提下应将项目分得更细、更具体一些。根据施工项目划分的粗细程度可分为控制性施工进度计划和指导性施工进度计划。

控制性施工进度计划是以分部工程来划分施工项目，控制各分部工程的施工时间及其相互搭接关系。它主要适用于工程结构较复杂、规模较大、工期较长而需跨年度施工的工程。

指导性施工进度计划是以分项工程或施工过程来划分施工项目，具体确定各分项工程或施工过程的施工时间及其相互搭接关系。它主要适用于施工任务具体而明确、施工条件已落实、各种资源供应正常的工程。

1. 单位工程施工进度计划的作用

（1）指导现场施工安排，确保在规定的工期内完成符合质量要求的工程任务。

（2）为施工单位编制季度、月度、旬生产作业计划提供依据。

（3）为编制劳动力需要量的平衡调配计划、各种材料的组织与供应计划、施工机械供应和调度计划、施工准备工作计划等提供依据。

（4）为确定施工现场的临时设施数量和动力配备等提供依据。

2. 单位工程施工进度计划的编制依据

（1）经过审批的建筑总平面图、地形图、单位工程施工图、设备及基础图、使用的标准图及技术资料、地形图及水文、地质、气象等资料。

（2）施工组织总设计对本单位工程的有关规定。

（3）施工总工期及单位工程开、竣工日期。

（4）施工条件、劳动力、材料、构件及机械供应条件，分包单位情况等。

（5）单位工程的施工方案，如施工程序、施工段划分、施工方法、技术组织措施等。

（6）工程预算文件，劳动定额、机械台班定额及本企业施工水平。

（7）施工企业的劳动资源能力。

（8）其他有关的要求和资料，如工程合同及业主的合理要求等。

3. 单位工程施工进度计划的编制步骤

（1）划分施工过程。编制单位工程施工进度计划，首先按照招标文件的工程量清单、施工图纸和施工顺序列出拟建单位工程的各个施工过程，并结合施工方法、施工条件、劳动组织等因素，加以适当调整。在确定施工过程时，应注意以下几点问题：

1）施工过程划分的粗细程度主要根据单位工程施工进度计划的作用而确定。对于控制性施工进度计划，施工过程的划分可以粗一些，一般可按分部工程划分施工过程。对于指导性施工进度计划，其施工过程应该划分得细一些，一般应把每个分部工程所包含的分项工程一一列出。

2）施工过程的划分要结合所选择的施工方案。不同的施工方案，其施工顺序有所不同，项目的划分也不同。

3）注意适当简化单位工程进度计划内容，避免工程项目划分过细、重点不突出。根据工程量清单中的项目，有些小的项目可以合并，划分施工过程要粗细得当。

4）水、暖、电、卫和设备安装智能系统等专业工程不必细分具体内容，由各专业施工队自行编制计划并负责组织施工，而在单位工程施工进度计划中只要反映出这些工程的配合关系即可。

5）所有施工项目应大致按施工顺序列成表格，编排序号，避免遗漏或重复，其名称可参考现行的施工定额手册上的项目名称。

（2）计算与校核工程量。工程量应该根据施工图纸、工程量计算规则以及相应的施工方法进行计算与校核。如果施工图预算已经编制，一般可以采用施工图预算的数据，但有些项目应根据实际情况作适当调整。应注意以下几个问题：

1）注意计量单位。每个施工过程工程量的计量单位应与现行施工定额的计量单位一致。

2）注意采用的施工方法。计算工程量时，应与采用的施工方法一致，以便计算的工程量与实际情况相符合。

3）正确取用预算文件中的工程量。如果在编制单位工程施工进度计划之前，施工单位已经编好了施工图预算或施工预算，则编制施工进度计划的工程量可以从上述预算文件中抄出和汇总。实际编制进度计划时，应根据施工实际情况加以修改、调整或重新计算。

（3）确定各施工过程的劳动量和持续时间。劳动量应当根据工程量、施工方法和现行的施工定额，并结合当时当地的具体情况确定。有些采用新技术、新材料、新工艺或特殊施工方法的项目，施工定额中尚未编入，这时可参考类似项目的定额、经验资料或按实际情况确定。

各施工过程的劳动量和持续时间的确定方法详见项目3。

（4）编制施工进度计划的初步方案。流水施工是组织施工、编制施工进度计划的主要方式。编制施工进度计划时，必须考虑各分部分项工程的合理施工顺序，尽可能组织流水施工，力求主要工种的施工班组连续施工。一般按如下方法编制：

1）确定主要分部工程并组织其流水。首先确定主要的分部工程，组织其中的分项工程流水施工，使主导的分项工程能够连续施工，其他穿插和次要的分项工程尽可能与主要施工过程相配合穿插、搭接或平行施工。

2）安排其他施工过程并组织其流水施工。其他分部工程的施工应与主要分部工程相配合，并采用与主要分部工程相类似的方法，尽可能组织其内部的分项工程进行流水施工。

3）按各分部工程的施工顺序编制初始进度方案。各分部工程之间按照施工工艺顺序或施工组织的要求，将相邻分部工程按流水施工要求或配合关系搭接起来，组成单位工程的初始进度计划。

(5) 施工进度计划的调整。为了使初始方案满足规定的目标，一般进行如下检查调整：

1) 各施工过程的施工工序是否正确，流水施工组织方法的应用是否正确，技术间歇是否合理。

2) 初始方案的总工期是否满足连续、均衡施工。

3) 主要工种工人是否满足连续、均衡施工。

4) 主要机械、设备、材料等的利用是否均衡，施工机械是否充分利用。

经过检查，对不符合要求的部分，可采用增加或缩短某些分项工程的施工时间。在施工顺序允许的情况下，将某些分项工程的施工时间向前向后移动。必要时，改变施工方法或施工组织等方法进行调整。应当指出，上述编制施工进度计划的步骤不是孤立的，而是相互依赖、相互联系的，有时可以同时进行。

(6) 施工进度计划的评价。初步方案编制后，应该根据建设单位、监理单位等有关部门的要求、合同规定及施工条件等，先检查各施工过程之间的施工顺序及平行、搭接和技术间歇是否合理；主要工种工人的工作是否连续；工期是否满足要求；劳动力等资源消耗是否均衡等。经过检查，对不符合要求的部分应进行调整。

施工进度计划编制得是否合理不仅直接影响工期的长短、施工成本的高低，而且还可能影响到施工质量和安全。评价施工进度计划对工期目标、工程质量、施工安全及工期、费用等方面的影响，主要有以下两个评价指标：

1) 工期。包括总工期、主要施工阶段的工期、计划工期、定额工期、工期目标或合同工期。

2) 施工资源的均衡性。施工资源是指劳动力、施工机械、周转材料及施工所需的人财物等。

任务6.4 各项资源需要量计划

单位工程施工进度计划编出后，即可着手编制劳动力及物资需要量计划。这些计划也是施工组织设计的组成部分，是施工单位安排施工准备及劳动力和物资供应的主要依据。

6.4.1 劳动力需要量计划

劳动力需要量计划，主要是作为安排劳动力平衡、调配和衡量劳动力耗用指标等的依据，其方法是按进度表上每天所需人数分工种分别统计，得出每天所需工种及人数，按时间进度要求汇总，见表6.1。

表6.1 劳动力需要量计划表

序号	工程名称	工种名称	需要量/工日	月份					
				1	2	3	4	5	……

6.4.2 施工机械、主要机具需要量计划

编制施工机械、主要机具用量计划，主要用于确定施工机械的类型、数量、进场时间等。主要根据单位工程分部分项施工方案及施工进度计划要求，提出各种施工机械、主要机具的名称、规格、型号、数量及使用时间，见表 6.2。

表 6.2 施工机械、主要机具需要量计划表

序号	机械名称	类型型号	需要量		货源	使用起止时间	备注
			单位	数量			

6.4.3 预制构件、半成品需要量计划

预制构件包括钢筋混凝土构件、木构件、钢构件、混凝土制品等，编制构件、配件和其他半成品的需用量计划，主要用于落实加工订货单位，并组织好加工、运输和确定仓库或堆场等工作，见表 6.3。

表 6.3 预制构件、半成品需要量计划表

序号	品名	规格	图号	需要量		使用部位	加工单位	供应日期	备注
				单位	数量				

6.4.4 主要材料需要量计划

主要材料需要量计划是为组织供应材料、拟定现场堆放场地及仓库面积需要量和运输计划提供依据。应根据工程量及预算定额统计，计算并汇总施工现场需要的各种主要材料需要量。编制时，应提出各种材料的名称、规格、数量、供应时间等要求，见表 6.4。

表 6.4 主要材料需要量计划表

序号	材料名称	规格	需要量		供应时间	备 注
			单位	数量		

任务 6.5 单位工程施工平面图

单位工程施工平面图是对拟建单位工程的施工现场所作的平面规划和布置，即一幢建筑物（或构筑物）的施工现场布置图，它是施工组织设计的重要内容。施工平面图应对施

工所需的机械设备、加工场地、材料、加工半成品和构件堆放场地以及临时运输道路、临时供水、供电、供热管线和其他临时设施等进行合理的规划布置，是现场文明施工的基本保证。

对于工程比较复杂或施工期较长的单位工程，施工平面图往往随工程进度（如基础、主体结构、装饰装修等）分阶段有所调整，以适应各不同施工期的需要。

1. 单位工程施工平面图的设计依据

（1）原始资料。包括自然条件资料，如气象、地形、水文及工程地质资料；技术经济调查资料，如交通运输、水、电、气供应条件、地方资源情况；社会调查资料，如社会劳动力和生活设施，参加施工各单位的情况等。

（2）施工方面资料。包括施工总平面图、施工组织总设计、一切原有和拟建的地下地上管道位置资料、施工区域的土方平衡图、单位工程的施工方案、进度计划、资源需要量计划等施工资料。

2. 单位工程施工平面图的设计原则

（1）在满足施工现场要求的前提下，布置紧凑，尽可能地减少施工用地，特别应注意不占或少占农田。

（2）力争减少临时设施的工程量，降低临时设施费用，尽可能利用施工现场附近的原有建筑物作为施工临时设施。

（3）合理布置现场的运输道路及加工厂、搅拌站和各种材料、机具的存放及仓库位置，尽量做到短运距、少搬运，从而减少或减免二次搬运。

（4）临时设施的布设应尽量分区，以减少生产和生活的相互干扰，保证现场施工生产安全有序进行。

（5）满足工程建设法律法规对施工现场的要求。

3. 单位工程施工平面图的设计内容

（1）已建和拟建的地上、地下的一切建筑物、构筑物的位置、尺寸。

（2）垂直运输机械的位置。

（3）生产用临时设施的位置、面积，如各种材料、构件、机具的仓库和堆场、钢筋加工厂、搅拌站等。

（4）行政、生活用临时用房的位置、面积，如办公室、食堂、宿舍、门卫室等。

（5）场外交通引入位置和场内道路的布置。

（6）临时给排水管道、临时用电（电力、通信）线路的布置。

（7）测量控制桩、安全及防火、防汛设施的位置。

（8）图例、比例尺、指北针及必要的说明等。

4. 单位工程施工平面图的设计步骤

单位工程施工平面图的设计步骤如图 6.2 所示。

以上步骤在实际设计中，往往相互牵连、互相影响，因此要多次重复进行。除研究在平面上的布置是否合理外，还需要考虑他们的空间条件是否可行且科学合理，特别要注意安全问题。

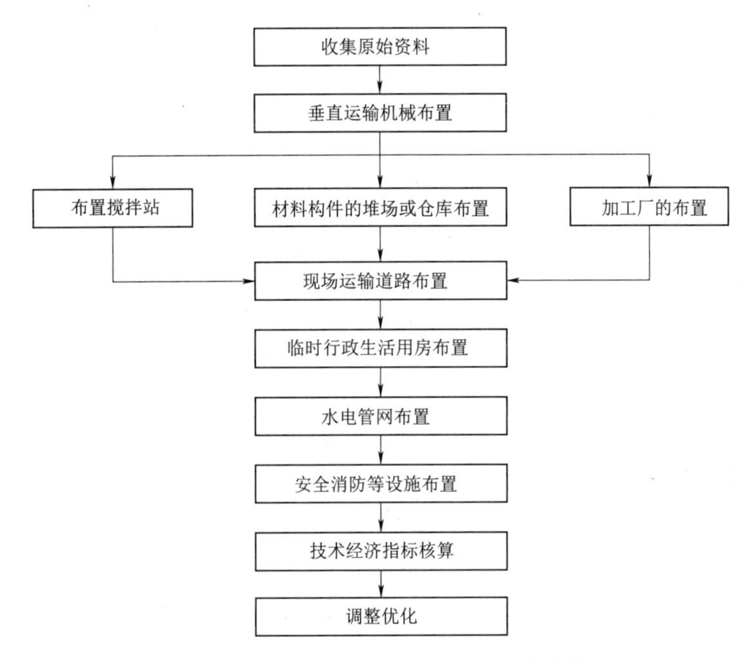

图6.2　单位工程施工平面图的设计步骤

5. 单位工程施工平面图的设计要点

单位工程施工组织设计平面图的设计要点如下：

(1) 垂直运输机械的布置。在多层建筑和高层建筑施工中，垂直运输设备的选择十分重要，它与工程进度、安全生产和施工成本都有着密切的关系，因此，在编制施工组织设计时，应在技术经济等方面作多方案比较后选用经济合理的垂直运输设备。

常用的垂直运输机械有塔式起重机（分为有轨式塔式起重机和固定式塔式起重机）、井架、龙门架、电梯等。一般情况下，多层建筑施工多采用轻型塔式起重机、井架等，高层建筑施工一般采用电梯和自升式或爬升式塔式起重机。

比如，砖混结构的多层建筑，垂直运输主要运送大量砖块和砂浆，构件的几何尺寸和重量都不大，一般可选用轻型有轨式或固定式塔式起重机，也可选用井字架（带摇臂杆）。这类垂直运输设备使用方便、运输量大、成本低，结构吊装中即使出现"死角"区，通过人力等辅助运输也可以妥善解决。

再比如，框架结构的高层建筑，主体结构阶段主要运送大量的钢筋和混凝土，装饰阶段则主要运送砂浆和装饰材料。因此，主体结构阶段主要以各类塔吊为主，主体结构封顶后，塔吊吊杆的回转受到限制，装修阶段可以改用附墙式井架为主，或用人货两用的外运电梯，这样也可节约塔吊费用。

垂直运输机械的位置，直接影响到材料构件的堆场、搅拌站、加工厂、道路及水电管线等的布置，所以它是施工现场全局的中心环节，应首先予以确定。

塔式起重机布置的最佳状态是使建筑物平面尺寸均在其服务范围内，以保证将物资直接运送到建筑物的设计部位上，尽可能不出现死角。建筑物处于塔式起重机的服务范围以外的阴影部分称为死角，有轨式塔式起重机的服务范围及死角如图6.3所示。如果难以避

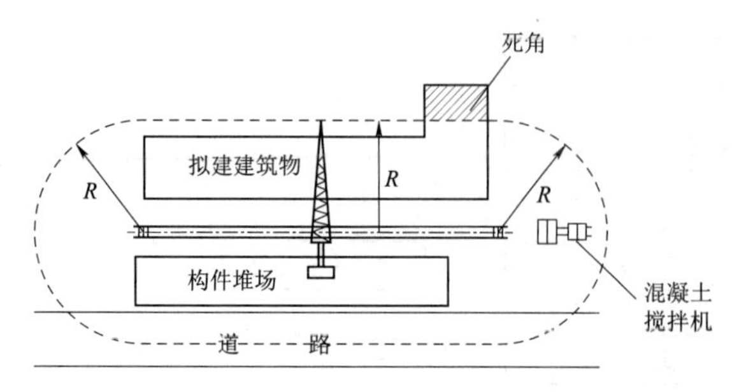

图 6.3　塔式起重机的服务范围及死角示意图

免死角，则死角越小越好，且最重、最大、最高的构件不出现在死角，有时配合龙门架以解决死角问题。

有轨式塔式起重机通常在场地较宽的一面沿建筑物的长度方向布置，以便安排构件堆放、搅拌设备出料后能直接起吊，主要施工道路也应处于塔式起重机服务范围内，起吊操作中司机的视线较好，上下能直接联系，有利于安全生产。

井字架和龙门架是固定式垂直运输机械，它的布置原则是充分发挥起重机械的能力，并使水平运输距离最短。所以，当建筑物呈长条形，层数、高度相同时，应布置在建筑物长度方向的中间，使两边的运输量和运输距离处于相对平衡状态；当建筑物高度不同时，应布置在高低分界线或较高部位一侧。卷扬机位置不能离井字架太近，一般要求距离应大于建筑物高度，且最短距离不小于 10m，以便操作人员的视线能观察吊物（包括吊篮）的整个升降过程，便于安全生产。

施工电梯（亦称施工升降机、外用电梯）是高层建筑施工中运输人员和器材的主要设备，它附着在建筑物外墙或其他结构部位上。在确定其位置时，应考虑便于施工人员上下及物料集散，由电梯口至各施工处的平均距离应最短，有良好的夜间照明等。

（2）其他各种临时设施。各种临时设施，如仓库、加工厂、场内道路、行政与生活福利临时建筑、临时水电管网的布置方法基本同施工总平面图，已在项目 5 介绍过，详见项目 5。

需要强调的是，有些临时设施除了满足项目 5 已经介绍的布置原则，还应注意其与垂直运输机械的关系。比如，砂浆和混凝土搅拌站应布置在塔式起重机的服务范围内，以减少现场水平运输；各种起吊安装构件，应尽量堆放于塔式起重机的服务范围内，以减少现场二次搬运；主要施工道路也应处于塔式起重机服务范围内；而临时行政、生活用房宜位于塔式起重机等机械作业的服务范围之外。

（3）单位工程施工平面图的绘制。绘图的方法基本与施工总平面图相同。应做到标明主要位置尺寸，要按图例或编号注明布置的内容、名称，线条粗细分明，字迹工整清晰，图面美观。绘图比例常用 1∶200～1∶500，视工程规模大小而定。

思　考　题

1. 试述单位工程施工组织设计的编制内容和编制程序。
2. 试述施工方案包括哪些内容？
3. 试述单位工程施工进度计划的编制步骤。
4. 试述单位工程施工平面图的设计内容。
5. 试述单位工程施工平面图的设计步骤。

实 操 题

某四层框架结构采用钢筋混凝土条形基础，建筑面积为1650 m^2，其基础工程的劳动量和各班组人数见表6.5，试据此组织基础工程流水施工并编制施工进度计划。

表6.5　　某基础工程劳动量一览表

施 工 过 程	劳动量/工日	班组人数
基槽挖土	200	16
混凝土垫层	20	10
绑扎基础钢筋	50	6
浇筑基础混凝土	120	20
回填土	60	8

项目7　建设工程施工进度管理

学习目标：

能　力　目　标	知　识　要　点
1. 熟悉建设工程施工进度管理的程序 2. 熟悉建设工程项目施工进度控制的方法	1. 建设工程施工进度管理的含义和程序影响施工进度的主要因素 2. 建设工程项目施工进度控制的含义和方法 3. 建设工程项目进度控制的措施
1. 能用前锋线法进行实际进度与计划进度的比较分析 2. 能用列表法进行实际进度与计划进度的比较分析	监测工程项目施工实际进度的方法
熟悉施工进度计划的调整方法	施工进度计划的调整方法

任务7.1　概　　述

7.1.1　建设工程施工进度管理

1. 建设工程施工进度管理的含义

施工项目进度管理是指在工程施工过程中，编制出合理的施工进度计划，并监督其实施，在执行该计划的过程中进行有效的动态控制，最终按既定的进度目标完成工程施工任务的过程。

2. 建设工程施工进度管理的程序

（1）根据工程合同确定的开、竣工日期、总工期，确定施工进度目标，明确计划开工、竣工日期、计划总工期，确定项目分期分批的开、竣工日期。

（2）根据前述目标编制施工进度计划，具体安排各施工过程的起止时间和彼此间的工艺关系、搭接关系，并编制与进度计划相配套的劳动力、材料、机械等计划和其他保证性计划。

（3）实施施工进度计划，在实施中进行施工进度的监测。

（4）在对实际施工进度计划进行监测和确定调整方案后，应编制进度控制报告。

（5）按照调整后的新的施工进度计划进行施工，并继续进行监测，重复上述过程直至工程竣工。

（6）全部施工任务完成后，施工单位应进行施工进度总结，总结施工进度控制经验，找出进度控制中存在的问题并提出改进意见。

上述（1）、（2）两个过程已在本书的前面介绍过，（3）、（4）、（5）、（6）属于进度控制的内容，本章将重点就进度控制的内容进行介绍。

7.1.2　建设工程施工进度控制

1. 建设工程施工进度控制的含义

施工项目进度控制是指在计划执行过程中，以既定工期为目标，按照项目施工进度计划及其实施要求，监督检查项目实际实施情况，并将其与计划目标进行比较，若出现偏差，应分析产生偏差的原因和对计划目标的影响程度，制定出必要的调整措施，修改原计划的综合管理过程。

2. 影响施工进度的主要因素

由于建设工程的施工具有规模大、工艺复杂、工期长、相关单位多等特点，决定了其施工进度会受到多种因素的影响。为了有效地控制施工进度，必须充分认识和估计这些因素的影响，以便事先制定预防措施，事后实施补救措施，实现对进度计划的主动控制。影响施工进度的因素主要如下：

(1) 外部因素。

1) 相关单位的影响。施工单位的相关单位包括建设单位、设计单位、材料供应单位等，它们对施工进度的影响包括进度款不到位、设计图纸不及时或错误、材料供应延期等。

2) 资源供应不足。指劳动力、材料、机械等资源不能按时、保质保量的提供。

3) 施工条件的变化。指施工中实际条件与设计不符、恶劣的气候条件等。

(2) 项目经理部内部因素。

1) 技术性失误。如施工方案、施工方法选择不当，施工中发生质量、安全事故等。

2) 施工组织失误。包括各专业、各施工过程之间交接、配合上发生矛盾，劳动力、机具调配不合理，施工现场管理懈怠等。

(3) 不可预见的因素。指施工中出现意外的事件，如战争、自然灾害、通货膨胀等。

3. 建设工程项目施工进度控制的方法

(1) 实施动态循环控制。所谓动态控制就是按照计划、实施、检查、调整这四个不断循环的过程来进行控制的。工程项目一开始，也就进入了进度控制的动态过程。当实际进度按照计划进度时，两者相吻合；当实际进度与计划进度不一致时，应对出现的偏差进行分析，采取相应的措施，调整原来的计划。当按照调整后的新计划在实施过程中，又会在新的干扰因素的作用下产生新的偏差，有必要进行新的检查和调整。这样每循环一次，就离既定的进度目标又近了一步。这种动态循环的控制方法，是实施进度控制的最基本的方法。

(2) 实施系统控制。施工进度控制本身就是一个系统，它包括施工进度计划系统、进度实施系统和进度控制系统。其中施工进度计划系统是实行进度控制的首要条件，进度实施系统是进度控制系统的落实，进度控制系统能保证进度计划系统按期实施。

1) 建立计划系统。为了对施工项目实际进度进行控制，首先必须编制施工项目的各种进度计划，使其构成施工项目进度计划系统。施工项目进度计划系统主要由施工项目总进度计划、单位工程施工进度计划、分部分项工程施工进度计划、季度和月（旬）作业计划等组成。编制时，从总体计划到局部计划，逐层对计划的控制目标进行分解；执行时，从月（旬）作业计划开始实施，逐级按目标控制，最终达到对施工项目的整体计划控制。

2）建立计划实施的组织系统。对进度计划的实施是由参与施工过程的各专业队伍去完成一项项任务，是由项目经理和各职能部门（如材料采购部）遵照进度计划严格管理、落实各自的任务来实现的。所以，施工组织的各级负责人（从项目经理、各部门负责人、施工工长、班组长）及所属的全体成员组成了施工项目实施的完整组织系统。

3）建立进度控制的组织系统。为了保证进度实施按计划执行，必须建立进度的检查控制系统。从项目经理一直到作业班组都应设有专门职能部门或人员负责检查汇报，统计整理实际进度资料。不同层次人员负有不同的进度控制职责，分工协作，形成一个纵横连接的进度控制的组织系统。

（3）实施信息反馈控制。信息反馈是施工项目进度控制的主要环节，施工项目进度控制的过程就是信息反馈的过程。首先，施工的实际进度通过信息反馈给基层的施工进度控制人员，在分工的职责范围内，经过其加工，再将信息逐级向上反馈，经整理统计做出如何调整进度计划的决策。没有信息反馈，则无法进行进度控制。

4. 建设工程项目进度控制的措施

施工单位可以根据施工阶段的特点从组织、技术、经济和合同四个方面采取措施，控制施工进度，以实现进度控制目标。

（1）组织措施。施工单位进度控制可以从以下方面采取组织措施：

1）建立施工方进度控制目标体系，明确建设工程现场施工组织机构中进度控制人员及其职责分工与协作关系，明确进度控制工作流程。

2）建立施工进度监测和报告制度。由项目进度管理人员定期检查施工进度，形成施工进度报告，及时发现实际进度状况。

3）建立进度计划编制、审核、调整制度和计划实施中的检查分析制度，及时发现和解决进度问题。

4）建立进度协调会议制度，包括协调会议举行的时间、地点，协调会议的参加人员等。

5）建立工程变更和工期索赔管理制度等。

（2）技术措施。进度控制有赖于技术的支持。在进度控制方面的技术措施包括用工程网络计划技术编制合理的进度计划，严谨地分析和考虑工作之间的逻辑关系，通过工程网络的计算找出关键工作和关键线路，在项目进度控制时合理地利用非关键工作的时差，切实保证关键工作和关键线路的时间，用现代网络计划技术实现项目进度控制。同时，利用进度计划的优化技术实现进度的优化管理。在项目的实施过程中，充分利用进度的比较分析技术及时发现进度偏差，从而及时采取措施实施纠偏。

项目是干出来的，工程项目的实现要靠施工技术来实现。因此，技术措施还包括选择先进的施工工艺和施工技术，采用高效率的施工机械，采用流水施工技术组织施工活动等。

此外，信息技术（包括相应的软件、局域网、互联网以及数据处理设备等）在进度控制中的应用，也是进度控制的一种重要技术措施。

最后，技术措施还应包括采用风险管理技术，及时分析项目的进度风险，采取有效的

风险化解技术，实现进度风险的有效控制。

（3）经济措施。施工进度控制的经济措施涉及工程资金需求计划和加快施工进度的经济激励措施等。如拖期罚款、提前工期奖励等。

（4）合同措施。施工进度控制的合同措施主要是指以合同条款为依据所进行的进度控制措施。如施工总包单位通过与分包单位签订严密的分包合同，在合同中明确总包与分包之间在进度控制方面的责权利，严格依据分包合同控制分包进度。合同措施还包括施工单位依据合同条款就非施工单位责任或风险范畴的进度拖延进行工期索赔等。

任务 7.2　施工进度的监测

施工进度的监测贯穿于计划实施的始终，它是实施进度控制的基础工作，也是计划调整的重要依据。监测就是在进度计划实施过程中，在建立数据采集系统的前提下，相关人员收集实际施工进度资料，进行整理和统计分析，进行实际进度和计划进度之间的比较，看是否出现进度偏差的过程。施工进度监测的系统过程如图 7.1 所示。

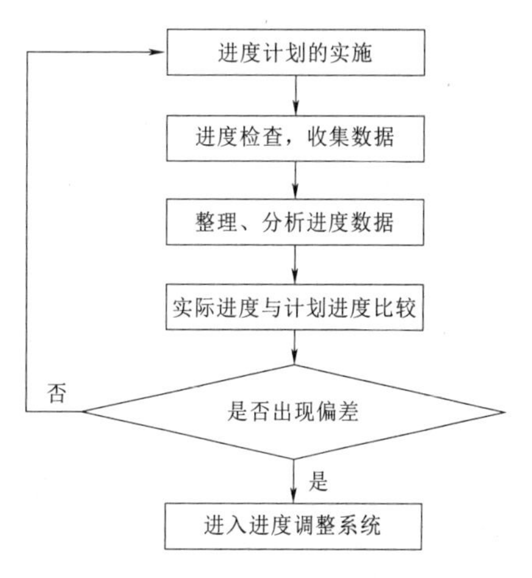

图 7.1　施工进度监测的系统过程

7.2.1　监测过程与要求

1. 跟踪检查实际施工进度

跟踪检查的主要工作是定期收集工程实际进度的有关数据。跟踪检查的时间、方式、内容和收集数据的质量，将直接影响进度控制工作的质量和效果，不完整或不正确的进度数据将导致判断不准确或决策失误。

检查的时间与施工项目的类型、规模、施工条件和对进度执行要求程度有关，通常分为日常检查和定期检查。日常检查是每日进行检查，采用施工记录或施工日志的方法记载下来。定期检查一般与计划安排的周期和召开现场会议的周期相一致，可以每月、每半月、每旬或每周检查一次。当施工中遇到天气、资源供应等不利因素的严重影响，检查的时间可临时缩短。

施工进度计划的检查内容通常包括：

（1）检查工程量的完成情况。

（2）检查工作时间的执行情况。

（3）检查资源使用及进度保证的情况。

（4）前一期进度计划检查提出的问题的整改情况。

2. 整理、统计检查数据

对于收集到的施工实际进度数据，要进行必要的整理，并按计划控制的工作项目内容进行统计；要以相同的量纲和形象进度，形成与计划进度具有可比性的数据。一般可以按实物工程量、工作量和劳动消耗量以及累计百分比，整理和统计实际检查的数据，以便与相应的计划完成量进行对比分析。

3. 实际进度与计划进度的对比分析

将收集到的实际进度资料整理、统计成与计划进度具有可比性的数据后，用实际进度与计划进度的比较方法进行比较分析。常用的比较方法有横道图比较法、直角坐标比较法和网络图比较法等。

通过实际进度与计划进度的对比分析，看实际进度是否出现偏差，若出现偏差，则进入进度调整系统。

7.2.2 监测施工实际进度的方法

监测施工实际进度的主要方法是对比法，将经过整理的实际进度数据与计划进度数据进行比较，从中发现是否出现进度偏差。监测施工实际进度的主要方法有以下几种。

1. 横道图比较法

横道图因其编制简单、形象直观的特点被广泛应用于施工进度计划中，对横道图编制的进度计划进行监测，就采用横道图比较法。

横道图比较法是指将项目实施过程中检查实际进度收集的信息，经整理后直接用横道线并列标于原计划的横道线处，能将实际进度与计划进度进行直观比较的方法。

工程项目中每项工作的进展不一定是匀速的，根据工程项目中各项工作的进展是否匀速，可分别采用以下两种方法来进行实际进度与计划进度的比较。

(1) 匀速进展横道图比较法。匀速进展指在工程项目中，每项工作在单位时间内完成的任务量都是相等的，即工作的进展速度是均匀的，此时每项工作累计完成的任务量与时间呈线性关系，如图7.2所示。这里所说的任务量可以用实物工程量、劳动消耗量和工作量三种物理量表示。为了比较方便，一般用它们实际完成量的累计百分比与计划完成量的累计百分比进行比较，如实物工程量百分比、劳动消耗量百分比以及工作量百分比等。

采用匀速进展横道图比较法时，其步骤如下：

1) 编制横道图进度计划。

2) 在进度计划上标出检查日期。

3) 将检查收集的实际进度数据，按比例用涂黑的粗线标于计划进度线的下方。

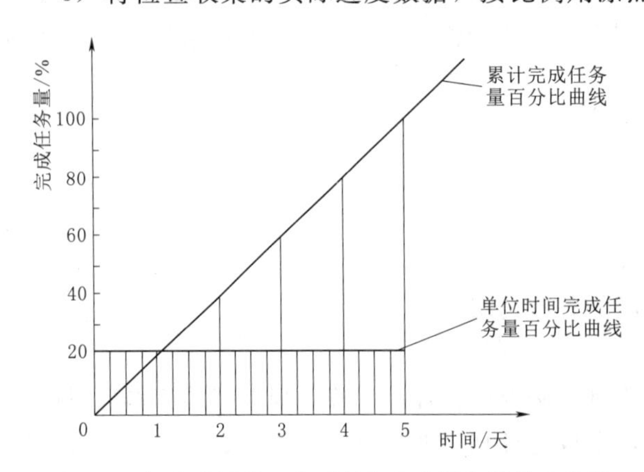

图7.2 匀速进展的工作时间与完成任务量关系曲线

4) 比较分析实际进度与计划进度的偏差状况，有如下三种情况：

a. 如果涂黑的粗线右端落在检查日期左侧，表明实际进度拖后。

b. 如果涂黑的粗线右端落在检查日期右侧，表明实际进度超前。

c. 如果涂黑的粗线右端与检查日期重合，表明实际进度与计划进度一致。

应注意的是，该方法只适用于从开始到结束的整个过程中，其进展速

度均为固定不变的情况，累计完成任务量与时间成正比的工作。若工作的进展速度是变化的，则不能采用此种方法。

【例 7.1】 如图 7.3 所示为某工程施工的实际进度与计划进度的跟踪比较，进度表中细实线表示计划进度，粗实线表示实际进度，试进行实际进度与计划进度的比较分析。

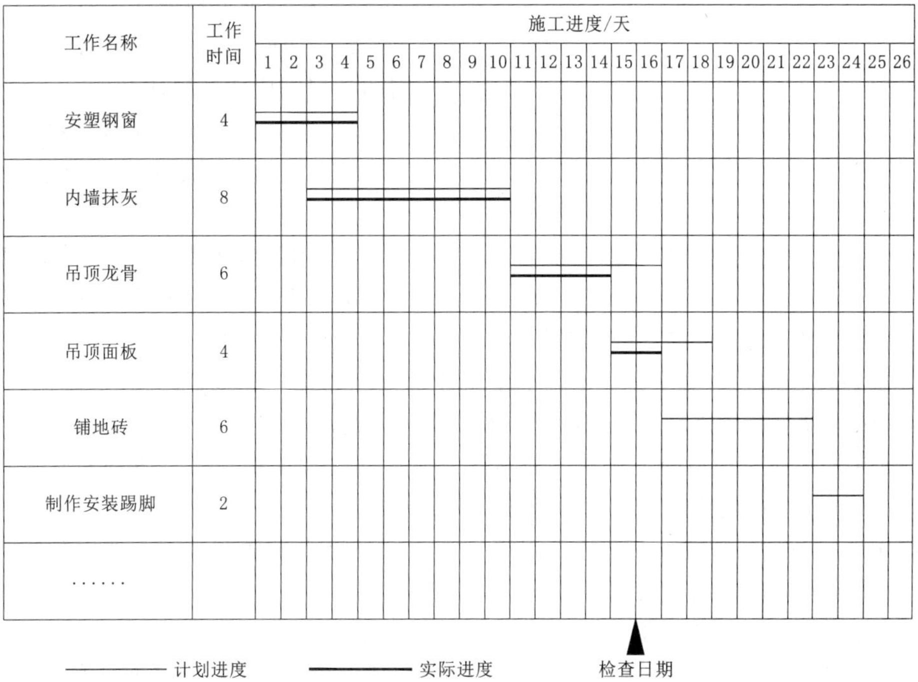

工作名称	工作时间	施工进度/天																									
		1	2	3	4	5	6	7	8	9	10	11	12	13	14	15	16	17	18	19	20	21	22	23	24	25	26
安塑钢窗	4																										
内墙抹灰	8																										
吊顶龙骨	6																										
吊顶面板	4																										
铺地砖	6																										
制作安装踢脚	2																										
······																											

——— 计划进度　　▬▬▬ 实际进度　　▲ 检查日期

图 7.3　匀速进展横道图比较

解： 从图 7.3 可以看出，在第 15 天末进行施工进度检查时，安装塑钢窗、内墙抹灰两项工作均已经按期完成；安装吊顶龙骨工作按计划应完成任务的 5/6，即 83%，而实际施工进度只完成了任务的 4/6，即 67%，意味着已经拖后了 16%；安装吊顶面板工作按计划应完成任务的 1/4，即 25%，而实际施工进度已完成了任务的 2/4，即 50%，意味着已超前 25%；其他施工过程均未开始。

通过上述比较，清楚地显示了实际施工进度与计划进度之间的偏差，为进度调整提供了明确的基础信息。这是施工项目进度控制中经常使用的一种最简单的比较方法。但它仅适用于项目中的各项工作都是匀速进行的情况，即每项工作单位时间内完成的任务量是相等的情况。

(2) 非匀速进展横道图比较法。当工作在不同单位时间里的进展速度不相等时，累计完成的任务量与时间的关系就不是呈直线变化的，如图 7.4 所示，若仍采用匀速进展横道图比较法，不能反映实际进度与计划进度的对比情况，此时，应采用非匀速进展横道图比较法进行工作实际进度与计划进度的比较。

非匀速进展横道图比较法与匀速进展横道图比较法不同，它在标出工作实际进度线的同时，在表上还标出其对应时刻完成任务的累计百分比。将该百分比与其同时刻计划完成

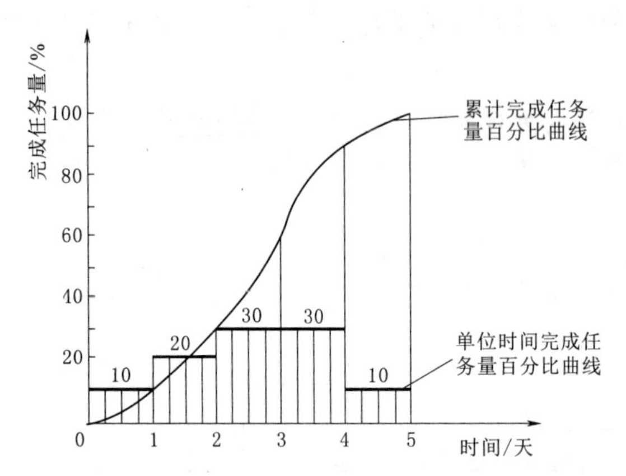

图7.4　非匀速进展的工作时间与完成任务量关系曲线

任务的百分比比较，即可判断工作实际进度与计划进度间的关系。

采用非匀速进展横道图比较法时，其步骤如下：

1）编制横道图进度计划。

2）在横道线上方标出各工作主要时间的计划完成任务累计百分比。

3）在横道线下方标出所跟踪检查的工作在相应日期实际完成任务累计百分比。

4）用涂黑粗线标出工作的实际进度，应从开工之日标起，同时反映出该工作在实施过程中的连续与间断情况。

5）通过比较同一时刻实际完成任务量累计百分比和计划完成任务量累计百分比，判断工作实际进度与计划进度的偏差状况，有如下三种情况：

a. 如果同一时刻横道线上方的计划累计完成百分比大于横道线下方的实际累计完成百分比，表明实际进度拖后，拖后的任务量为二者之差。

b. 如果同一时刻横道线上方的计划累计完成百分比小于横道线下方的实际累计完成百分比，表明实际进度超前，超前的任务量为二者之差。

c. 如果同一时刻横道线上下方两个累计百分比相等，表明实际进度与计划进度一致。

采用非匀速进展横道图比较法，不仅可以进行某一时刻（如检查日期）实际进度与计划进度的比较，而且还能进行某一时间段内实际进度与计划进度的比较。

【例7.2】 某装饰工程，其墙面干挂石材按计划工期需要6周完成，每周计划完成的任务量百分比分别为10%、15%、20%、25%、20%、10%，试作出其进度计划图并在施工中进行比较跟踪。

解：（1）编制横道图进度计划，如图7.5所示，本图只表示了墙面干挂石材的计划横道线。

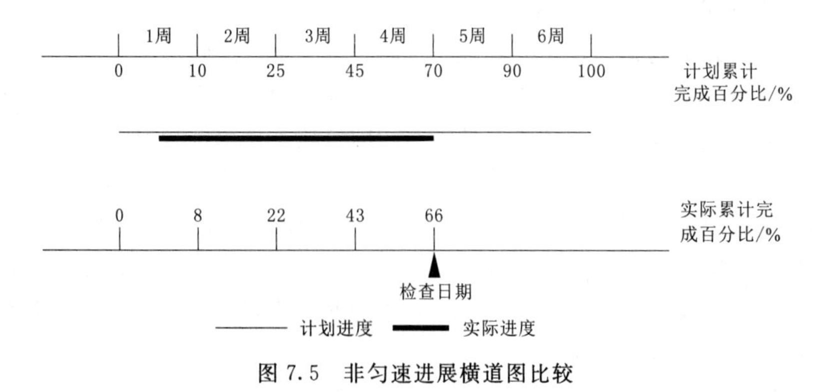

图7.5　非匀速进展横道图比较

（2）在计划横道线上方标出墙面干挂石材每周计划累计完成任务量的百分比分别为

10%、25%、45%、70%、90%、100%。

(3) 在计划横道线下方标出第一周至检查日期(第四周)每周实际累计完成任务量的百分比，分别为 8%、22%、43%、66%。

(4) 用涂黑粗线标出实际进度线，从图中看出，该工作实际开始时间比计划开始时间晚了半周，在开始后是连续工作的。

(5) 比较实际进度与计划进度的偏差，从图 7.5 中可以看出：第一周末的实际进度比计划进度拖后 2%，本周实际完成总任务的 8%；第二周末的实际进度比计划进度拖后 3%，本周实际完成总任务的 14%；第三周末的实际进度比计划进度拖后 2%，本周实际完成总任务的 21%，实际比原计划超额完成了 1%；第四周末的实际进度比计划进度拖后 4%，本周实际完成总任务的 23%。

横道图比较法虽有操作简单、形象直观、使用方便的优点，但由于其以横道计划为基础，所以有不可避免的局限性。在横道计划中，各工作之间的逻辑关系表达不明确，关键工作和关键线路不能确定。一旦某些工作实际进度出现偏差时，难以预测该偏差对后续工作和总工期的影响，也就难以确定相应的进度计划调整方法。

2. 直角坐标图比较法

直角坐标图比较法与横道图比较法的区别在于，它的实际进度与计划进度的比较不是在横道进度计划图上进行，而是在专门绘制比较曲线图上进行。它是以横坐标表示进度时间，纵坐标表示累计完成任务量的直角坐标中，先绘制出某一施工过程按计划时间累计完成任务量 S 形或香蕉形曲线，再将各检查时刻实际完成的任务量与该曲线进行比较。

(1) S 曲线比较法。S 曲线比较法是以横坐标表示时间，纵坐标表示累计完成任务量，绘制一条按计划时间累计完成任务量的 S 曲线，然后将工程项目实施过程中各检查时间实际累计完成任务量的 S 曲线也绘制在同一坐标系中，进行实际进度与计划进度比较的一种方法。

从整个工程项目实际进展全过程看，单位时间投入的资源量一般是开始和结束时间少，中间阶段较多，单位时间完成的任务量随时间进展的变化规律如图 7.6 (a) 所示。而累计完成的任务量随时间进展的变化规律常呈 S 形变化，如图 7.6 (b) 所示。

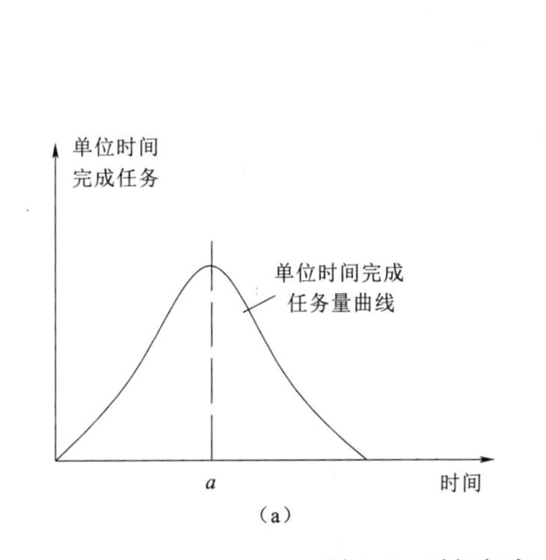

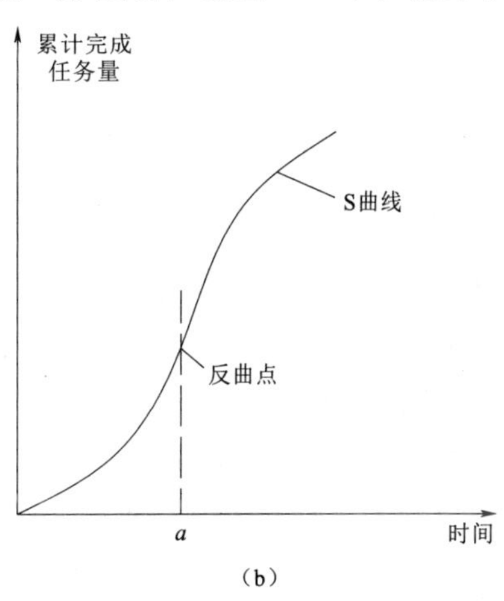

图 7.6　时间与完成任务量关系曲线

1）S曲线的绘制。图7.6所示的计划进度曲线只是定性分析，在实际工程中很少有施工进展速度完全呈连续性变化的情况，单位时间完成的任务量往往呈离散性变化，但当单位时间较小时，仍然可近似绘出S曲线。

【例7.3】 某楼地面铺设工程的总工程量为12000m^2，要求11天完成，其工程进展安排见表7.1，试绘制该楼地面铺设工程的S曲线。

表7.1　　楼地面铺设工程进展安排表

时间/天	1	2	3	4	5	6	7	8	9	10	11	合计
每日完成量/m^2	200	600	1000	1400	1800	2000	1800	1400	1000	600	200	12000

解：

（1）根据工程进展安排表绘制出每日完成任务量图，如图7.7所示。

（2）计算不同时间累计完成任务量，依次计算每天计划累计完成的楼地面铺设工程量，结果列于表7.2中。

表7.2　　计划完成的楼地面铺设工程量汇总表

时间/天	1	2	3	4	5	6	7	8	9	10	11
每日完成量/m^2	200	600	1000	1400	1800	2000	1800	1400	1000	600	200
累计完成量/m^2	200	800	1800	3200	5000	7000	8800	10200	11200	11800	12000

（3）根据每天计划累计完成的楼地面铺设量绘制S曲线，如图7.8所示。

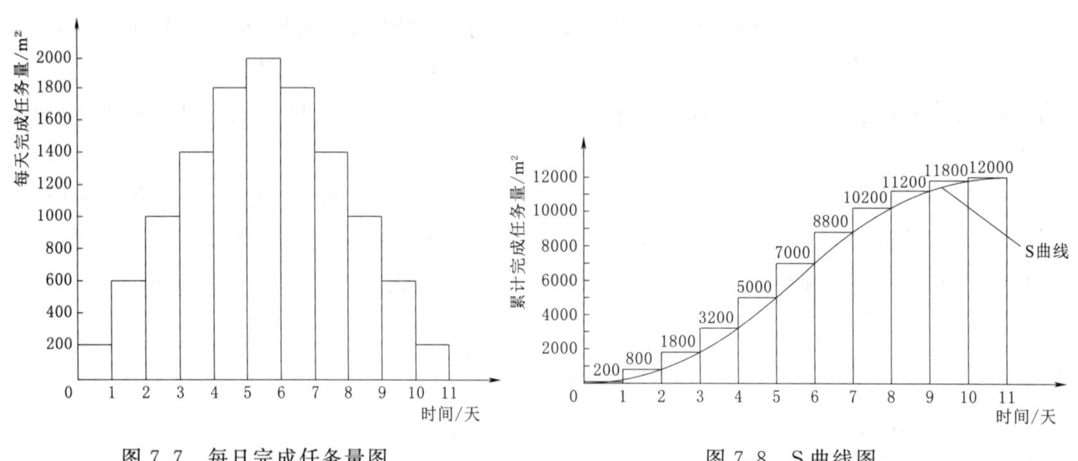

图7.7　每日完成任务量图　　　　图7.8　S曲线图

2）S曲线的比较。S曲线的比较同横道图比较法一样，是在图上进行工程项目实际进度与计划进度的直观比较。首先根据计划进度绘制S曲线，然后在计划实施过程中，将检查收集到的实际累计完成任务量也绘制在原计划S曲线图上，即可得到实际进度S曲线，如图7.9所示。比较实际进度S曲线和计划进度S曲线，可以获得如下信息。

a. 工程项目实际进展状况。如果工程实际进度S曲线上点a落在计划S曲线左侧，表明此时实际进度比计划进度超前；如果工程实际进度S曲线上点b落在计划S曲线右侧，表明此时实际进度比计划进度拖后；如果工程实际进度S曲线与计划进度S曲线交于

一点 c，表明此时实际进度与计划进度一致。

b. 工程项目实际进度超前或拖后的时间。在 S 曲线比较图中，某时间点两曲线在横坐标上相差的数值即为实际进度比计划进度超前或拖后的时间。如 ΔT_a 表示 T_a 时刻实际进度超前的时间，ΔT_b 表示 T_b 时刻实际进度拖后的时间。

c. 工程项目实际超额或拖欠的任务量。在 S 曲线比较图中，某时间点两曲线在纵坐标上相差的数值即为实际进度比计划进度超前或拖欠的任务量。如 ΔQ_a 表示 T_a 时刻超额完成的任务量，ΔQ_b 表示 T_b 时刻拖欠的任务量。

d. 后期工程进度的预测。如果后期工程按原计划速度进行，则可做出后期工程预测 S 曲线，如图 7.9 中虚线所示，从而可据此确定工期拖延预测值 ΔT。

（2）香蕉曲线比较法。

1）香蕉曲线的形成。香蕉曲线是由两条 S 曲线组合而成的封闭曲线。由 S 曲线比较法可知，任一工程项目或一项工作，其计划时间与累计完成的任务量的关系都可以用一条 S 曲线表示。对于一个工程项目的网络计划，总是分为最早开始时间和最迟开始时间，所以一个施工项目的网络计划都可以绘制两条 S 曲线：一条是按照各工作的最早开始时间安排进度而绘制的，称为 ES 曲线；另一条是按照各工作的最迟开始时间安排进度而绘制的，称为 LS 曲线。两条 S 曲线的开始时刻和完成时刻是一致的，所以两条曲线是闭合的。除开始时刻和完成时刻，其余时刻 ES 曲线上的各点均落在 LS 曲线相应点的左侧，形成一个形如“香蕉”的曲线，故称此为香蕉曲线，如图 7.10 所示。

项目实施中，进度控制的理想状况是任一时刻按实际进度描绘的点，均应落在该香蕉曲线的区域内。

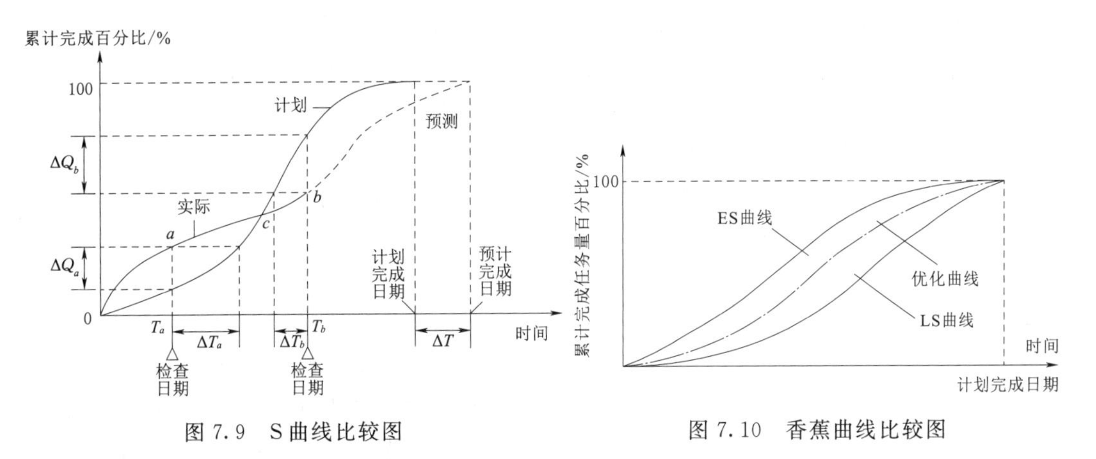

图 7.9　S 曲线比较图　　　　图 7.10　香蕉曲线比较图

2）香蕉曲线的绘制。香蕉曲线的绘制方法与 S 曲线的绘制方法基本相同，不同之处在于香蕉曲线是由两条 S 曲线组合而成。其绘制步骤如下：

a. 以工程项目的网络计划为基础，计算各工作的最早开始时间和最迟开始时间。

b. 分别根据各项工作按最早开始时间和最迟开始时间安排的进度计划，确定各项工作在各单位时间计划完成的任务量。

c. 对工程项目中所有工作在各单位时间计划完成的任务量累加求和，来得到工程项目总任务量。

d. 分别根据各项工作按最早开始时间和最迟开始时间安排的进度计划，确定工程项目在各单位时间计划完成的任务量，即将各项工作在某一单位时间内计划完成的任务量求和。

e. 分别根据各项工作按最早开始时间和最迟开始时间安排的进度计划，确定不同时间累计完成的任务量或任务量百分比。

f. 分别根据各项工作按最早开始时间和最迟开始时间安排的进度计划所确定的累计完成任务量或任务量百分比绘制各点，并连接各点得到 ES 曲线和 LS 曲线，ES 曲线和 LS 曲线即组成香蕉曲线。

在工程项目实施过程中，根据检查得到的实际累计完成任务量，按同样的方法在原计划香蕉曲线图上绘出实际进度曲线，便可进行实际进度与计划进度的比较。

3）香蕉曲线的作用。

a. 合理安排工程项目进度计划。如果工程项目中的各项工作都按其最早开始时间安排进度，将导致工程成本增加；如果工程项目中的各项工作都按其最迟开始时间安排进度，则一旦受到影响因素干扰，将导致工期拖延，使工程进度目标的实现存在很大风险。所以，科学合理的进度计划优化曲线应位于香蕉曲线所包络的区域之内，如图 7.10 所示的优化曲线。

b. 进行施工实际进度与计划进度的比较。在工程项目实施过程中，根据检查得到的实际累计完成任务量，在原计划香蕉曲线图上绘出实际进度 S 曲线，便可进行实际进度与计划进度的比较。如果工程实际进展点落在香蕉曲线左侧，表明此刻实际进度比各项工作按其最早开始时间安排的计划进度超前；如果工程实际进展点落在香蕉曲线右侧，表明此刻实际进度比各项工作按其最迟开始时间安排的计划进度拖后。

c. 预测后期工程进展趋势。利用香蕉曲线可以对后期工程的进展趋势进行预测。如图 7.11 所示，该工程项目在检查日实际进度超前，检查日之后的后期工程进度发展趋势如图 7.11 中虚线所示，预计该工程项目将提前完成。

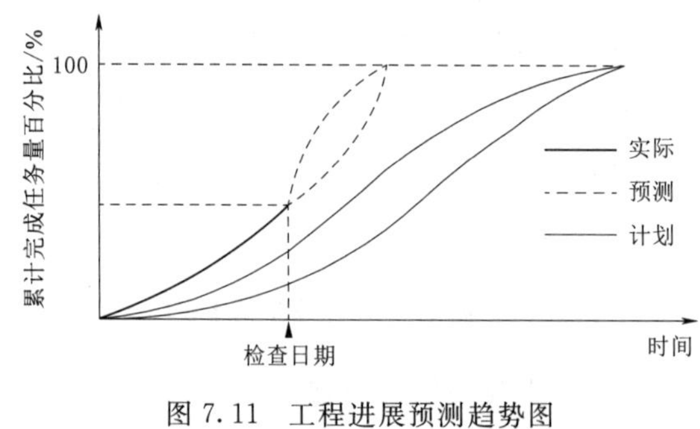

图 7.11 工程进展预测趋势图

3. 网络图比较法

（1）前锋线比较法。所谓前锋线，是指在原时标网络计划上，从上方的计划检查时刻的时标点出发，自上而下依次连接各项工作的实际进度点，最后至下方的计划检查时刻的时间坐标点为止，形成一条折线或直线段。前锋线比较法是根据前锋线与工作箭线交点的位置与检查时刻点的位置关系，来判定工程实际进度与计划进度偏差的方法，它主要适用于时标网络计划。

用前锋线比较法进行实际进度与计划进度的比较，具体步骤如下：

1）绘制时标网络计划，在时标网络计划的上下方各设一时间坐标。

2）绘制实际进度前锋线（简称前锋线）。前锋线从时标网络计划上方时间坐标的检查

时刻出发，依次连接各项工作的实际进展位置点，直至到达时标网络计划下方时间坐标的检查时刻为止。

3）进行实际进度与计划进度的比较。

a. 工作实际进展位置点落在检查日期的左侧，表明该工作实际进度拖后，拖后的时间为二者之差。

b. 工作实际进展位置点与检查日期重合，表明该工作实际进度与计划进度一致。

c. 工作实际进展位置点落在检查日期的右侧，表明该工作实际进度超前，超前的时间为二者之差。

4）预测进度偏差对后续工作及总工期的影响。通过实际进度与计划进度的比较确定进度偏差后，可根据工作的自由时差和总时差预测该进度偏差对后续工作及项目总工期的影响。

【例 7.4】 某工程网络计划如图 7.12 所示，已知到第 6 周末检查时，工作 B 已经完成 1 周的任务量，工作 E 已经完成 2 周的任务量，工作 F 已经完成 2 周的任务量，试采用前锋线法进行实际进度与计划进度的比较分析。

解： 根据第 6 周检查的情况，在图 7.13 所示的时标网络计划上绘制前锋线，通过比较可以看出：

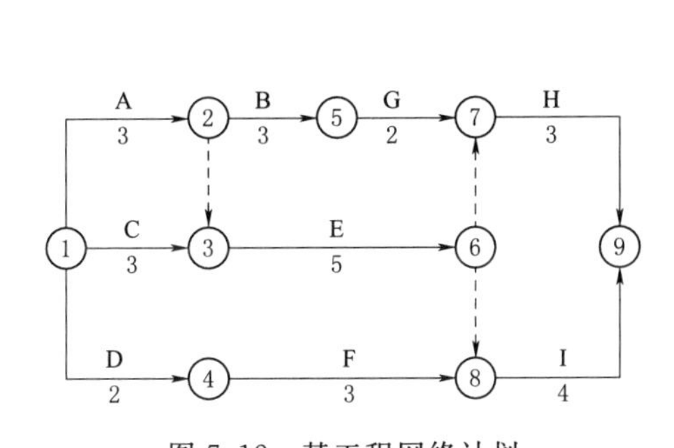

图 7.12 某工程网络计划

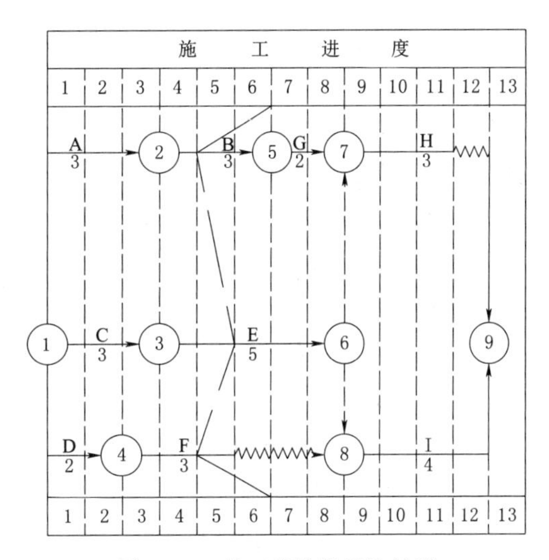

图 7.13 某工程前锋线比较图

（1）工作 B 实际进度拖后 2 周，因工作 B 为非关键工作，总时差为 3 周，自由时差为 0，会影响紧后工作 G 的最早开始时间推迟 1 周，但不会影响总工期。

（2）工作 E 实际进度拖后 1 周，因工作 E 为关键工作，将使其紧后工作 H 和 I 的最早开始时间推迟 1 周，并使总工期延长 1 周。

（3）工作 F 实际进度拖后 2 周，因工作 F 为非关键工作，总时差为 3 周，自由时差为 3 周，不会影响紧后工作 I 的最早开始时间，也不会影响总工期。

（2）列表比较法。对于非时标网络计划，可采用列表比较法。该法是记录在检查时刻应进行的工作名称和已进行的天数，然后列表计算有关参数，根据原有总时差和尚有总时差的比较来进行实际进度与计划进度的比较。

采用列表比较法进行实际进度与计划进度的比较，具体步骤如下：

1）按式（7.1）计算工作 $i-j$ 在检查时尚需作业时间 T_{i-j}^{2}。

$$T_{i-j}^{2}=D_{i-j}-T_{i-j}^{1} \tag{7.1}$$

式中　D_{i-j}——工作 $i-j$ 的计划持续时间；

T_{i-j}^{1}——工作 $i-j$ 检查时已进行的时间。

2）按式（7.2）计算工作 $i-j$ 检查时至最迟完成时间的尚余时间 T_{i-j}^{3}。

$$T_{i-j}^{3}=LF_{i-j}-T_{2} \tag{7.2}$$

式中　LF_{i-j}——工作 $i-j$ 的最迟完成时间；

T_{2}——检查时间。

3）按式（7.3）计算工作 $i-j$ 尚有总时差 TF_{i-j}^{1}。

$$TF_{i-j}^{1}=T_{i-j}^{3}-T_{i-j}^{2} \tag{7.3}$$

4）进行实际进度与计划进度的比较分析。

a. 若工作尚有总时差与原有总时差相等，则说明该工作实际进度与计划进度一致。

b. 若工作尚有总时差大于原有总时差，则说明该工作实际进度超前，超前的时间为二者之差。

c. 若工作尚有总时差小于原有总时差，且仍为正值，则说明该工作实际进度拖后，拖后的时间为二者之差，但不影响总工期。

d. 若工作尚有总时差小于原有总时差，且为负值，则说明该工作实际进度拖后，拖后的时间为二者之差，此时，工作实际进度偏差将影响总工期。

【例 7.5】 根据［例 7.4］所示工程情况，试采用列表法进行进度比较分析。

解： 根据计算公式计算有关参数，

工作 B：$T_{2-5}^{2}=D_{2-5}-T_{2-5}^{1}=3-1=2$

$T_{2-5}^{3}=LF_{2-5}-T_{2}=9-6=3$

$TF_{2-5}^{1}=T_{2-5}^{3}-T_{2-5}^{2}=3-2=1$

工作 E：$T_{3-6}^{2}=D_{3-6}-T_{3-6}^{1}=5-2=3$

$T_{3-6}^{3}=LF_{3-6}-T_{2}=8-6=2$

$TF_{3-6}^{1}=T_{3-6}^{3}-T_{3-6}^{2}=2-3=-1$

工作 F：$T_{4-8}^{2}=D_{4-8}-T_{4-8}^{1}=3-2=1$

$T_{4-8}^{3}=LF_{4-8}-T_{2}=8-6=2$

$TF_{4-8}^{1}=T_{4-8}^{3}-T_{4-8}^{2}=2-1=1$

根据上述计算结果，进行实际进度与计划进度的比较，见表 7.3。

表 7.3　网络计划检查结果分析表

工作代号	工作名称	检查时尚需作业时间 T_{i-j}^{2}	检查时至最迟完成时间的尚余时间 T_{i-j}^{3}	原有总时差 TF_{i-j}	尚有总时差 TF_{i-j}^{1}	情况判断
2－5	B	2	3	3	1	实际进度拖后2周，但不影响总工期

续表

工作代号	工作名称	检查时尚需作业时间 T_{i-j}^{2}	检查时至最迟完成时间的尚余时间 T_{i-j}^{3}	原有总时差 TF_{i-j}	尚有总时差 TF_{i-j}^{1}	情况判断
3－6	E	3	2	0	－1	实际进度拖后 1 周，影响工期延长 1 周
4－8	F	1	2	3	1	实际进度拖后 2 周，但不影响总工期

任务 7.3　施工进度计划的调整

若在施工进度监测过程中发现了实际进度与计划进度出现了偏差，需要分析该偏差对后续工作及总工期的影响，从而采取相应的调整措施对原计划进行调整，以确保工期目标的实现。施工进度调整系统过程如图 7.14 所示。

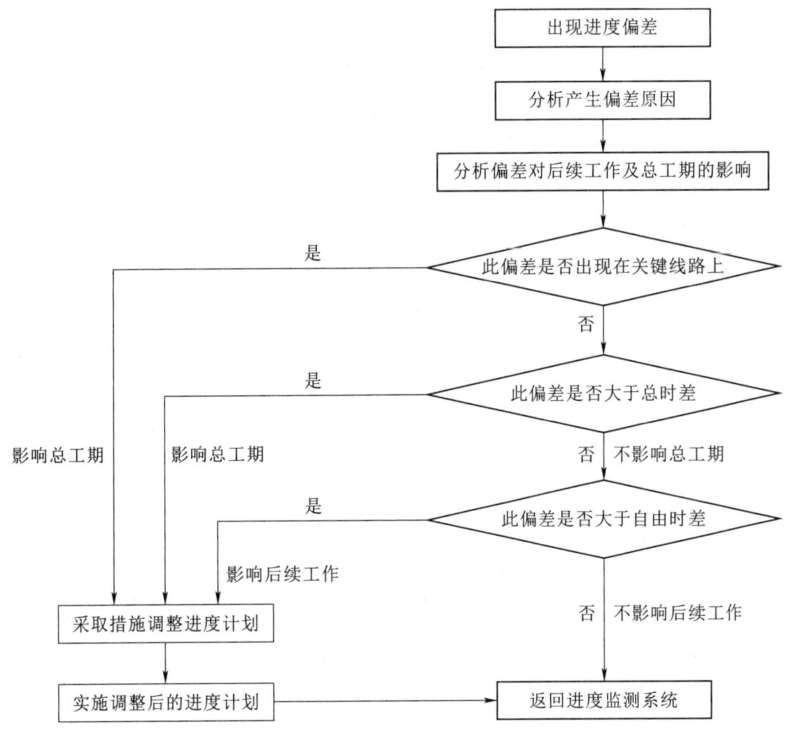

图 7.14　施工进度调整系统过程

1. 分析进度偏差的影响

(1) 分析出现进度偏差的工作是否为关键工作。如果出现偏差的是关键工作，则必然对后续工作和总工期产生影响，必须采取相应的调整措施；如果出现偏差的是非关键工作，则需要分析进度偏差值与总时差和自由时差的关系。

(2) 分析进度偏差是否超过总时差。如果偏差值大于该工作的总时差，则必然对后续工作和总工期产生影响，必须采取相应的调整措施；如果偏差值未超过该工作的总时差，则不影响总工期，至于对后续工作的影响程度，还需要分析进度偏差值与自由时差的关系。

（3）分析进度偏差是否超过自由时差。如果工作偏差值大于该工作的自由时差，则对其后续工作产生影响，应根据后续工作的限制条件确定调整方法；如果偏差值未超过该工作的自由时差，则对后续工作没有影响，所以原计划可不作调整。

通过以上分析，进度控制人员可以确定应该调整的工作和具体调整值，从而采取调整措施，获得新的符合实际进度情况和计划目标的新进度计划。

2. 施工进度计划的调整方法

当发现实际进度与计划进度出现偏差时，为确保进度目标的实现，必须对原有计划进行调整，进度计划的调整方法如下：

（1）改变某些工作间的逻辑关系。如果进度偏差影响到总工期，且有关工作的逻辑关系允许改变时，可改变关键线路和出现偏差的非关键工作所在线路上的有关工作之间的逻辑关系，来确保工期目标的实现。

（2）缩短某些工作的持续时间。该方法是在不改变工作之间逻辑关系的前提下，只是缩短某些工作的持续时间，以确保计划工期的实现。被选择用来缩短持续时间的工作应同时满足以下两个条件：一是该工作位于关键线路上和超过计划工期的非关键线路上；二是该工作存在着压缩其持续时间的空间。因为压缩持续时间，就意味着要增加单位时间内资源的投入（如增加劳动力和施工机械的数量等），这就需要增加工作面，这些条件能否实现也就制约着工作能否压缩其持续时间。当然，要压缩工作的持续时间，还可以通过改进施工工艺和施工技术、缩短工艺技术间歇时间等措施。

缩短某些工作持续时间的方法，实际上就是网络计划优化中的工期优化方法和费用优化的方法。

除上述调整方法外，施工进度计划的调整还包括工程量的调整、工作（工序）起止时间的调整、资源提供条件的调整、必要的目标调整等。

3. 进度控制报告的编制

要实现进度控制应建立报告制度，将施工进度监测的结果和调整方案以简练的书面报告形式提供给项目经理和有关人员和部门。

进度报告原则上由进度计划负责人或进度管理人员与其他项目管理人员协作编写。编写的时间一般与进度检查时间相协调，一般为每月报告一次，重复的、复杂的项目每旬或每周一次。

正式的进度控制报告，其内容通常包括：

（1）进度计划实施情况的综合描述，主要内容是报告的起止期、报告计划期内当地的天气情况、施工现场的主要大事（如停水、停电、事故情况等）。

（2）实际工程进度与计划进度的比较。

（3）劳务、材料、物资、构配件供应进度。

（4）进度计划在实施过程中存在的问题及其原因分析。

（5）监理单位和施工主管部门对施工者的变更指令。

（6）进度执行情况对工程质量、安全和施工成本的影响情况，如与进度有关的工程变更、价格调整、索赔等。

（7）拟采取的纠偏措施。

（8）对未来进度的预测。

任务 7.4　工　程　延　期

在建设工程施工过程中，工期的延长分为工程延误和工程延期两种情况。

1. 定义

（1）工程延误。工程延误指由于承包单位自身的原因造成的工期的延长。其一切损失由承包单位自己承担，包括承包单位在监理工程师同意下所采取加快工程进度的任何措施所增加的各种费用。同时，由于工程延误所造成的工期延长，承包单位还要向建设单位支付误期损失赔偿费。

（2）工程延期。工程延期指由于承包单位以外的原因造成的工期的延长。经过总监理工程师批准的工程延期，所延长的时间属于合同工期的一部分，即工程竣工的时间，等于合同中规定的时间加上总监理工程师批准的工程延期的时间。如果属于工程延期，则承包商不仅有权要求延长工期，还有权向业主要求赔偿由于工程延期而损失的费用。

（3）临时延期批准。当发生非承包单位原因造成的持续性影响工期的事件，总监理工程师所作出暂时延长合同工期的批准。

（4）延期批准。当发生非承包单位原因造成的持续性影响工期的事件，总监理工程师所作出的最终延长合同工期的批准。

2. 工程延期的申报条件

由于以下原因导致工期拖延，承包单位有权提出延长工期的申请，监理工程师应按合同规定，批准工程延期的时间。

（1）监理工程师发出工程变更指令而导致工程量增加。

（2）合同中所涉及的任何可能造成工程延期的原因，如延期交图、工程暂停、对合格工程的剥离检查及不利的外界条件等。

（3）异常恶劣的气候条件。

（4）由建设单位造成的任何延误、干扰或障碍，如未及时提供施工场地、未及时付款等。

（5）除承包单位自身以外的其他任何原因。

3. 工程延期的申报和审批

（1）工程延期事件发生后，承包单位应在合同规定的有效期内向监理工程师发出工程延期意向通知，总监理工程师指定专业监理工程师收集与工程有关的资料；逾期申报时，工程师有权拒绝承包人的延期要求。

（2）承包单位在合同规定的有效期内，向监理工程师提交详细的申请报告及有关证据资料。

（3）监理工程师在收到承包人送交的详细的工程延期报告和有关资料后，进行工程延期的审查，以确定工程延期时间。

若延期事件具有持续性，承包单位在延期事件发生后的有效期内不能提交最终的工程延期报告时，应提交阶段性的临时延期报告。监理工程师在调查核实后，针对该报告作出临时延期批准。待延期事件结束后，承包单位在规定的有效期内提交最终的工程延期报告，监理工程师应复查延期报告的全部内容，作出最终延期批准。

4. 工程延期的审查

（1）工程延期审查的依据。

1）施工合同中有关工程延期的约定。

2）工期拖延和影响工期事件的事实和程度。

3）影响工期事件对工期影响的量化程度。

（2）工程延期审查内容与注意事项。

1）以事先批准的详细的施工进度计划为依据，确定假设工程不受影响工期事件影响时应该完成的工作或应该达到的进度。

2）详细核实受该影响工期事件的影响后，实际完成的工作或实际达到的进度。

3）查明因受该影响工期事件的影响而受到延误的作业工种。

4）查明实际的进度滞后是否还有其他影响因素，并确定其影响程度。

5）最后确定该影响工期事件对工程竣工时间或区段竣工时间的影响值。

6）当承包单位未能按照合同要求的工期竣工交付造成工期延误时，项目监理部应按照施工合同规定从承包单位应得款项中扣除误期损害赔偿费。

思　考　题

1. 简述影响施工进度的因素有哪些？
2. 简述工程项目施工进度控制的方法和措施。
3. 简述监测施工实际进度的主要方法有哪些？
4. 对于横道图施工进度计划，当非匀速施工时应采用哪种记录比较方法？
5. 比较实际进度 S 曲线和计划进度 S 曲线，可以获得哪些信息？
6. 香蕉曲线是如何形成的？它有哪些作用？
7. 前锋线法和列表法这两种进度检查的方法各有何特点？
8. 如何分析工程项目施工进度计划是否需要调整？调整的方法有哪些？
9. 哪些情况下承包单位可以申报工程延期？

实　操　题

某工程网络计划如图 7.15 所示，已知到第 5 周末检查时，工作 A、D 已经完成，工作 B 已经完成 4 周的任务量，工作 C 已经完成 2 周的任务量，试采用前锋线法和列表法进行实际进度与计划进度的比较分析。

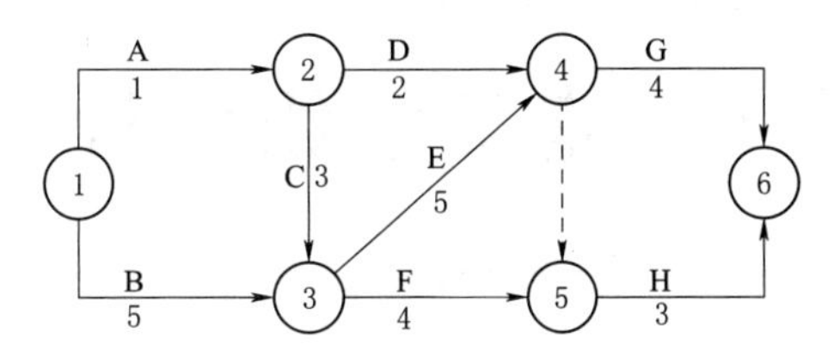

图 7.15　某工程网络计划

项目8　施工组织设计实例

实例8.1　某水库溢洪道改建工程施工组织总设计

8.1.1　编制依据

（1）已签订《M水库溢洪道改建工程施工合同》。

（2）项目招标文件技术条款。

（3）项目设计图纸。

（4）引用的法律法规：

1）《水利工程建设安全生产管理规定》。

2）《中华人民共和国安全生产法》。

3）《××市人民政府关于进一步加强施工噪声污染防治工作的通知》。

……

（5）本工程执行下列有关规范、规程，但不限于以下规范、规程。

1）《水利工程建设标准强制性条文》。

2）《水利水电工程施工组织设计规范》。

3）《水利水电工程施工质量检验与评定规程》。

……

以上标准及规范均以当前的最新版本为准。

其他还包括相关现行图集、规范、技术标准等；相似工程施工中成熟的施工技术和管理经验及相关管理办法。

8.1.2　工程概况

1. 工程概述

（1）工程简介。M水库是H地区最大的水库，是以防洪、供水为主要功能的综合利用、多年调节的水利工程；其中第一溢洪道位于C水岭上，C输水隧洞以西约600m的垭口处，为M水库宣泄洪水的主要建筑物之一，于1959年3月开工，1960年7月竣工。溢洪道为河岸探孔式，平底坎带胸墙式孔口，底板高程140.00m，溢流前缘净长50m，设有5扇10m×6m的深孔弧形闸门，门上为13.2m高的钢筋混凝土胸墙，闸墩厚2.2m。闸首还设有弧形门的工作桥、公路桥及检修门的工作桥。闸首下游即为泄槽，宽度由58.8m逐渐缩减为40m，0+140后又逐渐开扩至泄槽出口展宽为62.54m。出口为差动式挑水坎，反弧半径为18m。泄水沿天然山坳泄入潮河河道。

2015—2017年，D科学研究院根据《水库大坝安全评价导则》(SL 258—2017)和相关技术规范，开展了M水库安全评价工作，对大坝工程性状各专项的安全性予以分级，分为A、B、C三级。A级为安全可靠；B级为基本安全，但有缺陷；C级为不安全。其中《M水库第一溢洪道安全评价报告》对第一溢洪道进行了现场检查、现场检测以及工程质量、渗流安全、结构安全、抗震安全和金属结构安全等方面安全评价。分项评价结果为工程质量不合格、渗流安全C级、结构安全C级、抗震安全C级、金属结构安全C级。由此确定，第一溢洪道存在严重的安全隐患，包括主要结构稳定不满足规范要求，混凝土老化病害问题突出、金属结构老化陈旧及损坏严重。其中1号闸墩的抗滑稳定性及基底应力在库水位低于154.0m高程的情况下满足规范要求，当库水位超过154.0m后不能满足现行规范要求。建议拆除重建第一溢洪道。

(2) 水文气象。M水库为海河流域C河上的重要控制性工程，由C河上游两大支流D、E汇流而成，水库坝址以上控制流域面积15788km^2，控制C河总流域面积的88%。其所在的M区年平均气温10.9℃，极端最高气温40℃，极端最低气温－22.6℃，多年平均相对湿度57%，年日照总时数为2804.8h，年平均风速2.5m/s，多年平均水面蒸发量为1037mm。M区多年平均降雨量为646mm，最大降雨量为995mm(1959年)，最小降雨量为345mm(1999年)，降雨不仅年际变化大，年内变化也极不均匀，汛期降雨量约占全年的80%。

(3) 工程地质。第一溢洪道所处山脊全长约2km，走向东西，呈长条状，前坡(北坡)较缓，后坡(南坡)较陡，沿山脊全长有四个低下马鞍形垭口，原地面高程为160～170m，均系因构造裂隙及软弱岩石带遭侵蚀破坏而形成的。

现状溢洪道轴线方向北西42°30′，左岸山顶高程190.97m，右岸山顶高程209.53m，地势向东南渐缓。闸底板高程140m，沿泄槽向下游逐渐降低至138m，到挑流坎处高程126m。泄槽段混凝土挡墙高7～9m，左岸现状开挖坡比约1∶0.75，右岸约1∶0.80，局部缓至1∶1。

近场区没有区域性活断裂，溢洪道范围内也没有较大断裂，整体稳定性良好，为抗震有利地段。工程区场地类别为Ⅰ0，地震动峰值加速度为0.152g。

闸基岩性以花岗片麻岩为主，呈弱风化状态，性质致密坚硬，不存在倾向下游的不利结构面，整体稳定性较好，局部受破碎带影响节理裂隙发育。闸基岩体透水率2.45～5.08Lu，具弱透水性，但受破碎带影响局部岩体节理裂隙较发育。挑流坎处因该处地势较低，为基岩裂隙水汇集地，施工时考虑施工排水问题。

(4) 工程规模。工程等别为Ⅰ等，建筑物级别为1级；设计洪水位157.5m时，第一溢洪道泄流能力不小于4300m/s；校核洪水位158.5m时，第一溢洪道泄流能力不小于4490m/s。

2. 工程项目

(1) 旧闸桥拆除。利用现状闸门作为围堰，拆除旧闸、保留闸墩。

(2) 新建泄洪闸。现状闸下游新建泄洪闸，新建闸共5孔，每孔净宽9m，高8m，闸门采用潜孔式弧形闸门。

(3) 改建交通桥。利用旧闸闸墩加高，更换T梁，改建交通桥。

（4）新建泄槽。现状泄槽拆除及重建。

（5）附属设施及其他。新建液压设备间、安全监测、水土保持、自动化系统以及配套建设厂区交通、绿化、施工临时工程等。

（6）第一～第三溢洪道下游河道防冲整治。

3. 主要工程量

主要工程量见表8.1。

表8.1　　主要工程量表

序号	项目名称	单位	工程量	备注
1	闸室及泄槽钢筋混凝土拆除	m^3	13370	
2	石方开挖	m^3	91893	
3	石方回填	m^3	101205	
4	帷幕灌浆垂直防渗	m	1830	
5	混凝土浇筑	m^3	55781	
6	钢筋制安	t	5160	
7	聚脲防碳化处理	m^2	7647	
8	预制T梁	榀	210	
9	桥面铺装	m^3	764	
10	新建液压设备间	座	1	
11	浆砌石	m^3	3544	
12	干砌石	m^3	23524	
13	绿化	m^2	6396	
14	边坡防护	m^2	9894	

4. 工程特点

（1）M水库是提供饮用水的重要水源地，水质保护至关重要，本标段紧邻库区进行施工，环境保护要求严；且第一溢洪道为水库主要泄洪建筑物之一，汛期施工安全尤为重要。

（2）本标段是对现有闸室部分结构、泄槽结构进行拆除重建，钢筋混凝土拆除及石方开挖工程量大，其中石方开挖9.2万m^3，钢筋混凝土拆除1.3万m^3；考虑环境保护及水工建筑物保护，采用静态破碎法拆除，施工效率和进度受到制约。其中石方开挖主要位于现状泄洪槽两侧，空间受限，施工难度高。

（3）本标段混凝土浇筑方量约5.6万m^3，单块浇筑最大方量约1800m^3（中墩），单块最大浇筑厚度2.8m（闸室底板），单块最大浇筑高度19.2m（闸墩），浇筑强度高，大体积混凝土浇筑易产生大量水化热，须采取有效预防温度裂缝。

（4）本标段现状泄槽地处山体垭口部位，两侧为陡峭山体，上游为库区，下游为河道；上游为环库公路，道路狭窄，无施工平台，且受第三溢洪道交通桥载荷影响，不允许大型车辆通行，施工道路受限，工作空间狭小，预应力T梁吊装困难。

（5）本标段包含静态破碎法拆除、钢筋混凝土、现状结构物安全监测、基础处理、预

应力、建筑、电气、自动化、安全监测仪器设备埋设、钢结构、道路、绿化等多专业，施工时存在交叉作业的特点。

（6）本标段紧邻 A 村，材料运输主要使用村级道路，并且石方开挖、混凝土拆除施工噪声较大，须采取有效措施防止扰民。

5. 合同金额

本标段合同金额为：16486.5188 万元。

6. 合同工期

本标段合同总工期为：732 日历天。

8.1.3　施工总平面布置

本标段施工总平面布置内容主要包括：施工交通、施工供风、施工供电、施工供水、施工通信、临时生活设施、临时生产设施、施工围挡等项目的建设、维护、拆除等全部工程。

1. 施工总体布置原则

（1）按照工程施工工期的要求，临时设施的规模满足工程施工强度，尽量减少临时设施的占地面积。

（2）布置合理紧凑，方便施工，减少干扰，标志明确，易于管理。

（3）有利于生产，方便职工生活，能保护周边环境。

（4）结合工程的具体条件，对主要施工系统进行优化处理。

（5）场内交通线路简捷，避免干扰，运输方便。

（6）合理利用材料，最大限度地减少废弃料。

2. 总体规划

（1）根据现场实际勘察，本工程紧邻 A 村，出口下游左岸为农林部绿化基地，下游右岸为 A 村山地，居民、耕地、树木较多，不具备临建布置条件；同时考虑本工程工期的问题，临建生活区选择在距第一洪道左岸 300m 处的原某场地内。

（2）本工程总布置的总体要求是：生活区干净、整洁、卫生，生产区整洁，符合文明施工、安全施工、和谐施工要求，生产和生活废弃物达标排放，不对周边环境造成影响、破坏。

（3）在施工现场进口处设置“五牌一图”，包括：施工总平面布置图、工程概况牌、现场管理人员名单及监督电话牌、施工现场安全生产管理制度牌、施工现场文明施工管理制度牌、施工现场消防保卫管理制度牌。项目部生活区内布置职工宿舍、会议室、办公室、食堂、质检试验室及娱乐室等房屋设施。生活区内沿花池设置停车位。营地内分别设置男厕所和女厕所，采用水冲式环保厕所。劳务队生活区内布置食堂、宿舍、厕所、水房、活动房等。

3. 施工总平面布置

（1）施工交通。

1）对外交通。第一溢洪道两岸现状通过闸上桥与环库公路连接，第一溢洪道东侧环库路受第三及第二溢洪道交通桥载荷影响，只允许通行 30t 以下小型车辆，大型车辆禁止驶入；第一溢洪道西侧环库路受自然条件影响，弯道较多，道路狭窄，仅能通行小型车辆，大型吊装运输车辆限制通行；第一溢洪道闸上现状桥梁在新建泄洪闸安装验收前不进行断路，管理运行单位车辆可正常通行。闸门安装完毕调试合格后进行拆除。泄槽下游0.3km处为B公路，工程所需物资及施工机械等均由此进入施工区域。

2）场内施工道路。本工程划分为两个区段，第一溢洪道两侧均为陡峭岩石，占地线范围内无临时道路布置位置，因此将临时道路设在泄槽内。

泄槽距B公路约325m，采用碎石路面与B公路连接，路面宽5m；路床（槽）整形及修压路床，20cm厚砂砾石基层，5cm厚碎石路面层压实。下游河道防护段与公路之间主要采用碎石路面相连，路面宽5m。

3）道路维护。施工期间做好施工道路的维修、养护、排水，并派专人洒水、降尘等。

（2）施工供风。

1）风动机械耗气量的计算：

$$Q=\sum K_1K_2mb_1$$

式中　Q——风动机械耗气量，m/min；

K_1——风动机械磨损增加耗风系数，取1.1～1.25；

K_2——风动机械同时工作系数，按表8.2选取；

m——同型号的风动机械台数；

b_1——单台风动机械的耗气量，m^3/min。

表8.2　　风动机械同时工作系数

类　别	小型风动机械和机具（凿岩机、风镐）			较大型风动机械（装岩机、锻钎机）		
台　数	1～6	7～10	11～30	1～2	3～4	5～6
同时工作系数 K_2	1.0～0.9	0.89～0.8	0.79～0.75	1～0.8	0.79～0.6	0.59～0.4

本工程拟投入16台7655型钻机，单台耗气量为3.6m^3/min，经计算耗气量为

$$Q=1.1\times0.75\times16\times3.6=47.52(m^3/min)$$

2）输送压气管道漏损量的计算。

$$Q_1=K_3L$$

式中　Q_1——管道漏损量，m^3/min；

K_3——管道漏损系数，与接头严密程度有关，取$K_3=1.3\sim1.5m^3/(min\cdot km)$；

L——输送管道的长度，km。

本工程供风管道采用枝状布置，在泄槽两侧分别设置机站，以使输送管道的长度不大于0.3km，计算后$Q_1=1.3\times0.3=0.39m^3/min$。

3）空压机站工作容量的计算。

$$Q_{总}=K_4K_5(Q+Q_1)$$

式中　$Q_{总}$——空压站工作总容量，m^3/min；

K_4——空压机的工作效率，取$K_4=1.2\sim1.35$；

K_5——海拔高度修正系数，海拔高度0m时为1.00，海拔高度500m时为1.05。

计算后$Q_{总}=1.2\times1.0\times(47.52+0.39)=57.49(m^3/min)$。

4）空压机站装机总容量的计算。

$$Q_K=K_6Q_{总}$$

式中 Q_K——空压机站装机总容量，m^3/min；

K_6——空压机维修保养备用系数，电动空压机站取 $K_6=1.3\sim1.5$，内燃机站取 $1.4\sim1.6$，新机取下限值。

综上，计算后 $Q_K=57.49\times1.3=74.74(m^3/min)$。

根据计算，暂按 3 台 $25m^3/min$ 空压机进行配置，在施工过程中的压风压气如不满足需求，再增加空压机，保证钻孔进度，确保石方开挖满足整体进度要求。

（3）施工供电。

1）根据现场实际情况，施工用电从 B 公路的高压线接引，沿进场临时道路架空线路引入施工现场，安装变压器。拟在现状溢洪道左、右岸空旷位置安装变压器进行供电；靠近电源的区域设置配电室，配电室内设置总配电箱，分区域设置分配电箱，分配电箱以下设置若干末级配电箱（开关箱），实行三级配电，以满足本工程不同施工段及施工设备的用电需求。

2）本工程的施工用电区域主要分为施工区、生活区及生产区。施工区包括：空压机站、闸室控制段施工区、泄槽施工区、桥梁施工区等；生活区包括：项目管理办公生活区和劳务人员生活区；生产区包括：钢筋加工厂和木工加工厂。

3）预计用电量计算。

$$P=1.05(K_1\times\sum P_1/\cos\phi+K_2\times\sum P_2+K_3\times\sum P_3+K_4\times\sum P_4)$$

式中 P——供电设备总需要容量，kW；

P_1——电动机额定功率，kW，见表 8.3；

P_2——电焊机额定功率，kW，见表 8.3；

P_3——室内照明用电功率，kW，见表 8.3；

P_4——室外照明用电功率，kW，见表 8.3；

$\cos\phi$——电动机平均功率因数，取 0.75；

K_1、K_2、K_3、K_4——需要系数，一般取 $K_1=0.7$，$K_2=0.6$，$K_3=0.8$，$K_4=1$。

表 8.3　　照明、施工机械设备用电定额参考表

用　途	机　具	功　率	数　量	总　计
生活用电	办公			8kW
	室内照明	40W	100	4kW
	空调	1.5kW	50	75kW
食堂设备	电热水箱	5.5kW	3	16.5kW
	蒸箱及电饼铛	5.5kW	5	27.5kW
生活区室外照明	LED 节能灯	1kW	4	4kW
钢筋加工厂	钢筋切断机	3kW	3	9kW
	钢筋套丝机	4.5	2	9kW
	钢筋调直机	9kW	3	27kW
	钢筋弯曲机	3kW	3	9kW
	电焊机	38kVA	1	38kVA
	照明设备	0.75kW	4	3kW

续表

用 途	机 具	功 率	数 量	总 计
木工加工厂	木工平刨	3kW	2	6kW
	木工电锯	1kW	10	10kW
	套丝机	2kW	4	8kW
	照明设备	0.75kW	2	1.5kW
施工现场	电焊机	38kVA	3	114kVA
	空压机	160kW	3	480kW
施工排水	水泵	5.5kW	4	22kW
混凝土设备	振捣器	2.2kW	10	22kW
土方回填	夯机	3kW	2	6kW
现场照明	LED灯	1kW	10	10kW

施工用电计算，按用电高峰期计算：

生活区$\sum P_1=127$kW $\sum P_2=0$kVA $\sum P_3=4$kW $\sum P_4=4$kW

施工现场$\sum P_1=602$kW $\sum P_2=152$kVA $\sum P_3=0$kW $\sum P_4=14.5$kW

根据进度计划安排，考虑到各用电设备的同步系数，经计算：

生活区用电 $P=1.05\times(0.7\times127\div0.75+0.8\times4+1\times4)=132$(kW)。

施工现场 $P=1.05\times(0.7\times602\div0.75+0.6\times152+1\times14.5)=701$(kW)。

4）选择变压器。

$$W=K\times P/\cos\phi$$

式中 W——变压器的容量，kVA；

P——变压器服务范围内的总用电量，kW；

K——功率损失因数，一般取 $K=1.05$；

$\cos\phi$——功率因数，一般为0.75。

经计算：

生活区变压器 $W=1.05\times132/0.75=185$ (kVA)。

施工现场变压器 $W=1.05\times701/0.75=981$ (kVA)。

通过计算，拟在生活区配备一台200kVA的变压器满足正常办公及生活用电；在施工现场安装两台500kVA变压器，能够满足正常的施工用电要求。

5）备用电源。为保证出现停电事故后工程部位的用电需求，施工现场配备2台120kW柴油发电机作为事故备用电源，为紧急供电之用。

（4）施工供水。本标段用水包括：生活用水、生产（钻孔、混凝土养护、回填作业）用水、消防用水、施工机械车辆冲洗等用水。

1）生活区内供水采用原场地内供水水源，根据生活区布置图布设接水管网，主要管道均埋设地下，埋地深度满足防冻要求。

2）生产用水引自库区水源，在现场设置2个$10m^3$水箱，为保证不污染库区水源，在弧形闸后设置2台自吸泵，通过管道引至现场水箱，在水箱内使用2吋聚乙烯塑料管引

至各工作面并配备2台洒水车用于道路洒水降尘以及零星施工用水。

3）在项目部生活区和劳务生活区各设消防栓一个，消防器材及加压泵箱1个，消防箱内备有消防水带和相关器材，另在消防箱内的下层安装一台型号为50—200B型管道加压泵，灭火时对水加压，该泵流量$10.6m^3/h$，扬程36m，口径50mm。

（5）施工通信。在生活区向当地电信局报装固定电话1部，兼具传真机功能，作为对外通信设施，现场主要施工人员配备手机，以便在施工中管理和调度。

（6）临时生活设施。

1）生活区布置。根据现场实际勘察，本标段生活区布置在距第一洪道左岸300m处的原某场地内。该场地总占地约$8000m^2$，可同时满足项目部与劳务队生活区建设，其中项目部生活区占地面积$5000m^2$，劳务队生活区占地面积$3000m^2$。

项目部生活区主要建筑包括内业办公室、外业办公室、财务办公室、后勤办公室、宿舍、会议室、职工之家、食堂、餐厅、洗浴室、急救站、公共卫生间、现场试验室等，生活区设置“五牌一图”及业主方、监理方以及文明工地建设的有关规定和要求，并且在此生活区为业主、监理、设计提供现场办公室、现场会议室，并配备相应的办公设施：不少于$40m^2$的全天候的现场办公室，该办公室的净空不小于2.4m，且配备足够的冷气和暖气、电源和电源插座以及电话系统；办公室的平面分割和布置以及结构安全性设计验算经过监理人审批；设置会议室时可容纳人数不低于20～30人使用，实际使用由监理控制。

办公用房采用多功能彩钢活动房，按照建设工程施工现场生活区设置标准，办公用房布置达到安全、合理、美观要求。

劳务队生活区包括食堂、宿舍、水房、厕所、活动房等，并搭建两层劳务人员宿舍楼，入口处安装一扇铁艺双开4.4m大门。劳务队宿舍采用防火材料合格的A级岩棉彩钢房活动房搭建，单间活动房尺寸为3.64m×5.66m，安装后整体效果美观、大方。宿舍内保证必要的生活空间，室内高度不小于2.5m，通道宽度不小于0.9m，栏杆高度不低于1.2m，宿舍设置可开启式窗户，保持室内通风，并安排专人负责室内卫生。每间宿舍按照10人居住安排，床铺搭设不多于2层。

2）食堂。在项目部生活区内设置一个食堂，劳务队生活区内设置两个食堂。食堂设置独立制作间、储存室及燃气储存间，食堂配备必要的排风设施及消毒设施，制作间灶台及其周边贴瓷砖，地面砖铺地，随时保持地面、墙面干净。厕所为水冲式厕所，墙壁屋顶严密，门窗齐全，地面为防滑地砖地面。生活污水统一排放，食堂外侧设置隔油池，专人负责定期清淘。在进场后与当地环卫部门签订垃圾处理协议，购置或租赁箱式垃圾箱，在生活区设置多个垃圾桶分类存放，由专人倾倒，定期联系环卫部门运出消纳。

3）仓库。在每个生活区内布置不少于2间的仓库，仓库分为管材、周转材料、设备、劳保、五金、检测仪器等；在仓库外配备消防设施，包括灭火器、消防用铁锹等。

4）试验室。为做好材料的检测试验，保证施工工艺流程中的各项质量控制，保证成品的质量检验，在生活区内设置一个功能齐全的现场试验室，保证整个工程的现场实验、检测任务。聘请有资质的试验检测单位负责本标段的质量检验试验工作。

5）医疗保健。在生活区内设置医务室，配备必要的医疗设备和药品，并配备一名有丰富工作经验的医护人员，负责现场急救和常见病的医疗，保证施工人员能够得到及时的医疗帮助，同时负责进行经常性的卫生防疫工作。对于重危病患者利用急救车辆及时送到城区医院就诊。

6）消防设施。在生活区、仓库、钢筋厂、木工厂以及施工现场配备消防设施，其中在木工厂增设一个 $10m^3$ 的水箱。按消防规定配备水泵、灭火器、输水管、消防水龙带和水枪、消防用铁锹、水桶等，布置在交通方便的地方，并制作明显的标志牌以表明其具体位置。

（7）临时生产设施。根据现场条件，拟将生产加工区设置在挑坎末端下游平台处，生产区主要设置钢筋加工厂、木材加工厂。

1）加工车间。加工车间包括木工加工厂、钢筋加工厂，木工厂配备 MJ105 型木工圆锯及其他木工专用设备。钢筋加工厂配备 BX1—500 电焊机、弯曲机、切断机等。现场所用钢筋在加工厂加工完成后，用吊车、汽车将成品倒运至施工现场。

在加工厂针对焊机、切割机、角磨机等设置吸尘装置，避免直接排入大气。

2）机械保养站。机械保养站设在主加工车间附近，主要用于对所有施工车辆定期进行检修和维护。最大限度地发挥设备的使用强度，提高设备的利用效率，并建立一套行之有效的设备日常管理制度和完善的维修保证体系。

3）现场小型仓库。在生产区内布置小型仓库，因生活区距生产区较远，为便于工人上下班，减少安全隐患，该仓库主要用于存放劳务人员日常使用工具。

4）空压机站。本工程暂按 3 台 $25m^3/min$ 空压机设置，供施工过程中的压风压气需求，每台空压机占地 $24m^2$，主要满足风钻、风镐及修配厂修配。

5）混凝土拌和系统。根据合同文件及施工图纸，本工程采用商品混凝土，现场不设置拌和系统。

6）预制构件加工厂。本工程预应力 T 梁委托专业预制构件厂生产，现场不设置加工厂。

7）堆料场。平衡土石方回填前堆存于下游河道防护整治施工区段内临时堆土场，采用绿色密目网苫盖，并严格按监理批准的环境保护措施计划，在堆土场周围设置排水设施，防止冲刷，造成水土流失。施工临时堆土区域合理堆存，减少裸露区域，施工完成后及时采用防尘网苫盖，禁止土石方裸露，避免扬尘、粉尘污染。

施工总平面布置情况详见图 8.1。

（8）施工围挡。为了保证安全施工，树立工程良好形象，施工区全部采用蓝色钢围挡封闭，围挡高度 2.5m。在第一溢洪道下游桥面栏杆处设置围挡封闭现场使环库路与现场分隔，并设置一道内开启活动门，用于日常检查。在泄槽出口临时路两侧及尾水渠永久占地线内设置蓝色围挡。

（9）施工临时用地。本工程施工临时用地主要包括：临时生活设施和生产设施，具体详见表 8.4。

表 8.4　　临 时 用 地 表

用　途	面积/m^2	位　　置	需用时间
生活区	8000	距第一洪道左岸 300m	732 日历天
钢筋加工厂	1800	挑坎末端下游左岸（桩号 0+269）	700 日历天

续表

用　途	面积/m^2	位　　置	需用时间
木工加工厂	900	挑坎末端下游左岸（桩号 0+269）	700 日历天
现场小型仓库	72	挑坎末端下游左岸平台（桩号 0+265）	700 日历天
空压机站（共 2 处）	72	上游右岸平台（桩号 0+000）； 挑坎末端下游左岸平台（桩号 0+255）	550 日历天
机械保养站	54	挑坎末端下游左岸平台（桩号 0+309）	550 日历天
堆料场	10000	第一溢洪道与第三溢洪道之间	550 日历天
合计	20898		

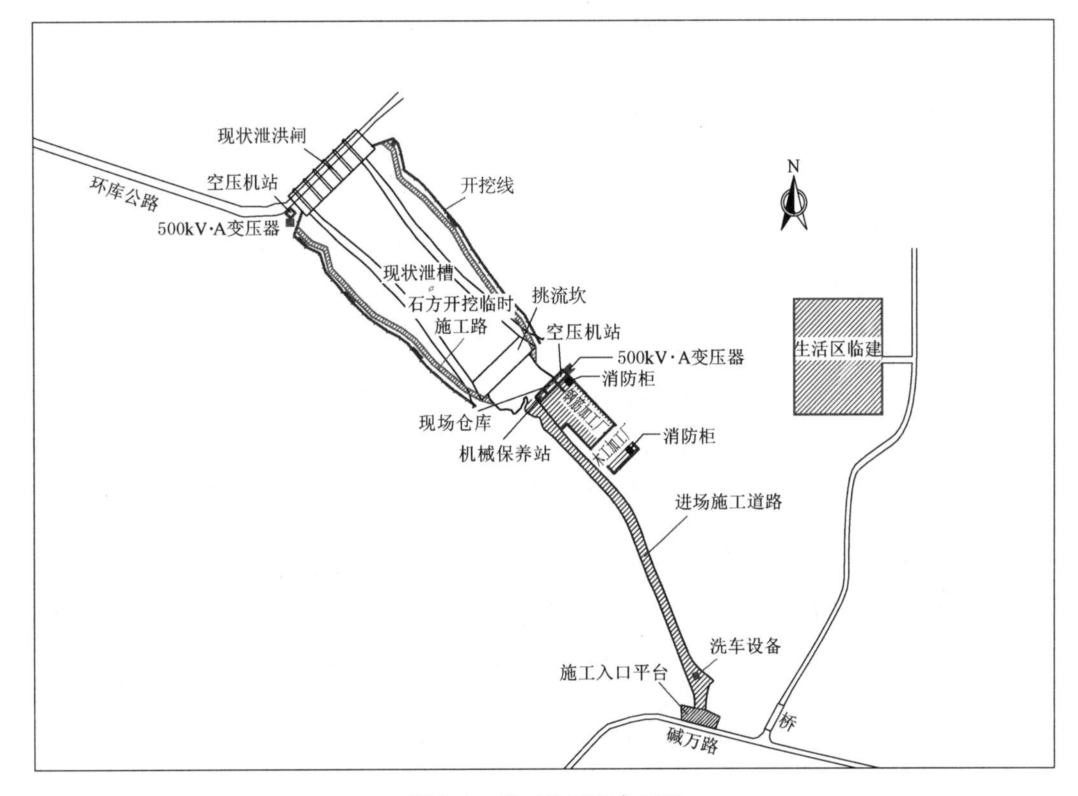

图 8.1　施工总平面布置图

8.1.4　主要施工方案与技术措施（略）

8.1.5　施工进度计划及工期保证措施

1. 工期目标

本标段合同总工期为：732 日历天，计划 2019 年 6 月 20 日具备条件开始施工，于 2021 年 6 月 20 日完工。

（1）新建闸室段钢筋混凝土拆除、石方开挖及边坡防护计划 2019 年 6 月 20 日开始施工，2020 年 2 月 4 日完工。

（2）新旧闸连接段及新建闸室段施工计划 2020 年 1 月 22 日开始施工，2021 年 6 月 11 日完工。

（3）新建泄槽段施工计划 2019 年 6 月 21 日开始施工，2021 年 5 月 29 日完工。

（4）下游河道防冲整治施工计划 2019 年 10 月 28 日开始施工，2020 年 12 月 10 日完工。

（5）配套管理设施等计划 2021 年 3 月 13 日开始施工，2021 年 6 月 5 日完工。

（6）工程扫尾计划 2021 年 6 月 12 日开始施工，2021 年 6 月 20 日完工。

2. 施工总体部署及安排

（1）施工总体部署。本标段按照施工内容划分为三个作业区，分别为新建闸室施工区、新建泄槽施工区、下游河道防冲整治区，其中新建闸室及泄槽均布置在现状泄槽上；以新建闸室段为本标段的关键施工路线，并以此工作面为中心展开施工，同时开展新建泄槽段的石方开挖、混凝土拆除及新建混凝土结构等施工。第一～第三溢洪道下游河道防冲整治区作为调节工作面，并结合石方开挖进度和劳动用工强度，适时安排施工。

1）新建闸室段施工部署。首先进行新建闸室段范围内的两侧石方开挖、现状泄槽边墙混凝土拆除作业，然后进行其范围内的现状泄槽底板混凝土拆除、下部石方开挖施工；待基础处理（帷幕灌浆）完成后进行主体结构施工；期间协调金属结构标（2 标）进行闸门及水机设备安装，待其安装完成具备挡水条件后拆除现有闸门、胸墙及交通桥等结构；最后进行 T 梁吊装及新建交通桥施工。

2）新建泄槽段施工部署。新建泄槽和挑坎总长 186m，现状钢筋混凝土拆除及两侧石方开挖自上游至下游进行施工，其中底板钢筋混凝土先期拆除（新建闸室段现有钢筋混凝土汛后拆除），待新建闸室段两侧石方集中开挖完成后进行边墙钢筋混凝土拆除及两侧石方开挖施工；石方开挖及钢筋混凝土拆除完成提供工作面后依次展开新建边墙及底板混凝土施工。

3）下游河道防冲整治区施工部署。第一～第三溢洪道下游河道防冲整治施工综合考虑土石方平衡、环境等因素；拆除的混凝土渣料及开挖的石渣除用于新建闸室、泄槽边墙两侧后背回填以外，其余均运至下游河道防冲整治区段分别进行回填或砌筑。施工时将开挖及拆除现场的石渣、块石、混凝土渣料等分类装车，运至下游河道进行防护施工，同时严格按照《绿色文明施工管理办法》施工，做好环境保护工作。

（2）施工总体进度安排。

1）计划 2019 年年底完成全部新建闸室段两侧边坡及闸室底板下 50%石方开挖和全部钢筋混凝土拆除，为闸室段尽早施工创造条件；同时完成 75%现状泄槽段底板及挑流坎混凝土拆除。

2）2020 年以新建闸室段施工为关键路线，完成主体结构混凝土施工，并完成上部构筑物施工，闸门及启闭机安装调试完成，下设挡水闸门。同时展开新建泄槽段工作面，完成 90%石方开挖和钢筋混凝土拆除工作，完成 85%混凝土边墙，完成 70%混凝土底板，下游河道防冲整治根据闸室及泄槽段施工进度进行调节。

3）2021 年主要完成现状闸门、胸墙、牛腿、交通桥 T 梁等拆除，现状闸墩加高混凝土施工，T 梁吊装及桥面结构施工；新建泄槽段剩余混凝土施工、下游河道防冲整治、绿化及其他附属管理设施等施工内容。具体施工进度计划完成情况见表 8.5。

表 8.5　　**施工进度计划完成情况表**

序号	部位	2019 年施工内容	2020 年施工内容	2021 年施工内容
1	新建闸室段	1. 两侧边坡石方开挖。 2. 现状混凝土拆除。 3. 闸室底板下石方开挖（50%）	1. 闸室底板下石方开挖（50%）。 2. 基础帷幕灌浆。 3. 底板、闸墩及细部混凝土施工。 4. T 梁吊装（20%）。 5. 上部构筑物施工。 6. 闸门启闭机安装调试（2 标）。 7. 下设挡水闸门	1. 现状胸墙及交通桥拆除。 2. 交通桥 T 梁吊装（80%）。 3. 桥面铺装施工
2	新建泄槽段	1. 现状泄槽底板及挑坎混凝土拆除（75%）。 2. 两侧石方开挖（20%）	1. 两侧石方开挖（80%）。 2. 现状泄槽边墙钢筋混凝土拆除。 3. 现状泄槽底板及挑坎混凝土拆除（25%）。 4. 新建泄槽边墙混凝土施工（85%）。 5. 172m 泄槽段底板混凝土施工（70%）	1. 新建边墙混凝土施工（15%）。 2. 临时道路压占泄槽底板混凝土施工（30%）。 3. 新建挑流坎混凝土施工
3	下游河道	防冲整治（15%）	防冲整治（85%）	—
4	其他	—	—	绿化及附属管理设施等

3. 施工进度计划及关键路线

（1）施工进度计划。M 水库第一溢洪道改建工程施工 1 标（土建）施工总进度计划详见表 8.6（见书后折页）。

（2）关键路线。本工程新旧闸连接段及新建闸室控制段项目涉及混凝土拆除、土石方开挖、边坡防护、基础处理、大体积混凝土浇筑、建筑工程、桥梁等多项专业工程，项目内容较多，技术含量高，因此在进行进度计划安排时确定此项目为本工程的关键路径。

1）本工程整体施工关键路线。前期施工准备，具备施工条件→新建闸室段钢筋混凝土拆除、石方开挖及边坡防护→新旧闸连接段及新建闸室段施工→工程扫尾。

2）新旧闸连接段及新建闸室段施工关键路线。修筑拆除、开挖临时施工道路→新建闸室段挡墙上部石方开挖→新建闸室段钢筋混凝土挡墙拆除及石方开挖→新建闸室段钢筋混凝土底板拆除及石方开挖→帷幕灌浆地基处理→底板、闸墩及细部混凝土施工→T 梁吊装及上部建筑物施工→闸门及启闭机安装调试（2 标施工）→挡水闸门安装及现状胸墙、交通桥拆除→现状闸墩加高及 T 梁吊装→T 梁上部铺装层施工。

4. 劳动力及机械配置计划

（1）劳动力计划。根据本标段各施工项目的工期、施工强度等，经采用定额计算和经验估算，拟投入管理人员、各种机械司机、钻工、混凝土工、钢筋工、木工、水电工、砌筑工、普工等工种人员。各项劳动力指标如下：

本工程总用工 164901 工日；高峰用工 282 工日/天；平均用工 225 工日/天。高峰用工发生在 2020 年 3—10 月。

拟投入本标段的劳动力计划详见表 8.7。

表 8.7 拟投入本标段的劳动力计划表

单位：人

工种	按工程施工阶段投入劳动力情况																								
	2019 年							2020 年												2021 年					
	6 月	7 月	8 月	9 月	10 月	11 月	12 月	1 月	2 月	3 月	4 月	5 月	6 月	7 月	8 月	9 月	10 月	11 月	12 月	1 月	2 月	3 月	4 月	5 月	6 月
管理人员	25	25	25	25	25	25	25	20	15	25	25	25	25	25	25	25	25	25	25	20	15	25	25	25	25
电工	2	2	2	2	2	2	2	2	2	4	4	4	4	4	4	4	4	4	4	2	2	2	2	2	2
钻工	40	80	120	120	120	120	120	120	50	50	50	50	50	50	50	50	50	50	50	50	0	0	0	0	0
水暖工	3	3	3	3	3	3	3	3	3	3	3	3	3	3	3	3	3	3	3	2	2	2	2	2	1
钢筋工	0	0	0	0	0	0	0	0	40	40	40	40	40	40	40	40	40	0	0	0	20	20	20	10	0
木工	0	0	0	0	0	0	0	0	30	30	30	30	30	30	30	30	30	0	0	0	20	20	20	10	0
混凝土工	0	0	0	0	0	0	0	0	30	30	30	30	30	30	30	30	30	0	0	0	20	20	20	10	0
砌筑工	0	0	0	0	40	40	40	40	30	30	30	30	30	30	30	30	30	30	30	0	0	0	0	0	0
机械司机	10	30	30	30	30	30	30	30	30	20	20	20	20	20	20	20	20	20	20	20	10	10	10	10	10
普工	40	50	50	50	50	50	50	50	50	50	50	50	50	50	50	50	50	50	50	50	50	50	50	50	20
人数	120	190	230	230	270	270	270	265	280	282	282	282	282	282	282	282	282	182	182	144	139	149	149	119	58
工日数	1320	5890	7130	6900	8370	8100	8370	8215	8120	8742	846C	8742	8460	8742	8742	8460	8742	5460	5642	4464	3892	4619	4470	3689	1160
工日合计	164901																								

（2）拟投入本标段的主要施工设备。根据本标段施工内容及工期进度安排，施工主要涉及的设备有：挖掘机、装载机、自卸汽车、液压破碎锤、风镐、起重机、钢筋加工机械、振捣器、发电机及水泵等，拟投入本标段的主要施工设备详见表8.8。

（3）拟投入本标段的试验检测仪器设备。根据本工程施工内容及相关规范要求，施工主要涉及的混凝土工程试验及检测设备有混凝土抗压试模、混凝土抗渗试模、混凝土含气量测定仪、工程检测尺、混凝土回弹仪，其他项目综合检测仪器有水准仪、经纬仪、游标卡尺、钢卷尺、直尺等，拟投入本标段的试验和检测仪器设备详见表8.9。

5. 工期保证措施

（1）从健全的组织结构上保证。在全公司范围内调配组成专业土石方作业队、砌筑作业队、混凝土作业队等综合施工队伍，统一指挥管理，完成该工程的建设，并集中一批经验丰富、年富力强的技术骨干组建项目经理部，全权负责现场施工管理各部门分工负责，各司其职、协调统一，机动有效地开展工作。工程项目经理部组织机构详如图8.2所示。

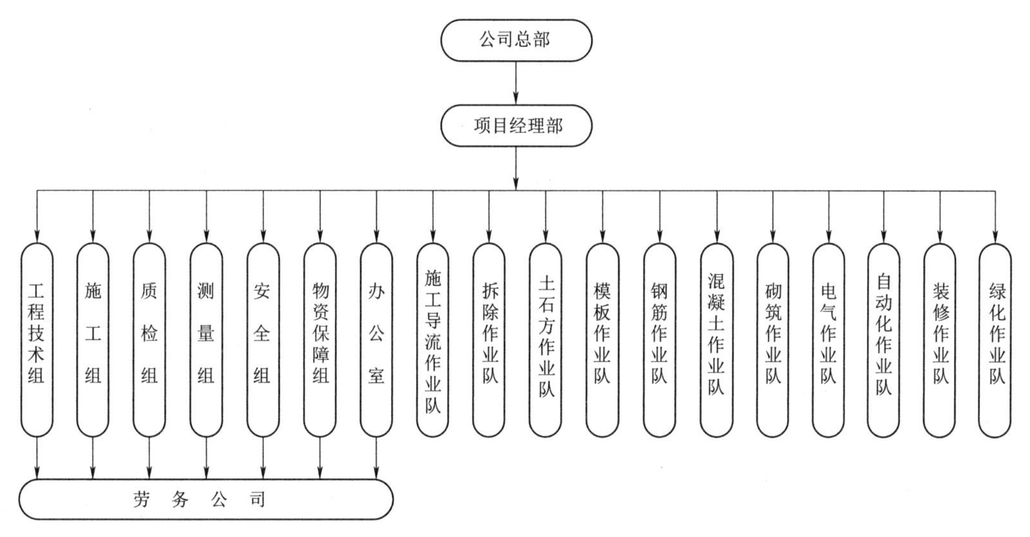

图8.2　工程项目经理部组织机构图

（2）从合理的施工组织上保证。根据本标段特点，由于本标段涉及专业较多，工序较多，工期较紧，施工中根据实际情况（冬季、材料供应、机械设备等）采取既有序又灵活的安排方式，加快施工进度。

（3）从材料计划的准确性上保证。通过多方比较选择合格材料供货商及成品、半成品供货商，严格考察其生产能力、供货能力、技术实力。加强对材料的入场检验，杜绝不符合要求的材料用于本工程。加强进场材料的管理，合理规划存放场地及调剂材料使用。

设专人负责材料计划编制，提前做出准确的外委加工计划和材料计划，保证材料提前进场，进场后及时取样试验，提前报验，避免由于材料计划不准确后计划不周全而引起的停工待料。

（4）从劳动力投入上保证。严格审查劳务队伍资质及施工能力、技术实力，优选有类似工程施工经验、技术水平高、善于打硬仗及成建制的劳务队伍。加强对劳务队技术骨干的岗前培训、班前教育，使其了解本标段相关技术难点，掌握施工技能及规范要求，确保技术娴熟、施工熟练；根据计划安排，合理调配劳动力，避免劳动力不足或窝工浪费。

表 8.8　　拟投入本标段的主要施工设备表

序号	设备名称	型号规格	数量	产地/厂商	制造年份	额定功率/kW	生产能力	用于施工部位	排放标准	备注
1	钻机	7655 型	16	江苏	2017	—	—	拆除、开挖	—	
2	空压机	L160	3	上海	2017	160	$25m^3$	钻孔、灌浆	—	
3	洒水车	东风	2	北京	2018	100	10t	降尘	国三	
4	柴油发电机	120kW 移动式	2	天津	2018	150	—	备用电源	国三	
5	木工平刨	MB573	10	牡丹江	2018	3	—	木材加工	—	
6	木工压刨	MB103A	10	牡丹江	2018	3	—	木材加工	—	
7	木工圆锯	MJ150	10	牡丹江	2018	3	—	木材加工	—	
8	钢筋套丝机	HGS—40DZS	2	山西	2018	4.5	—	钢筋加工	—	
9	钢筋调直机	GT6—10	3	山西	2018	9	—	钢筋加工	—	
10	钢筋切断机	GQ—40	3	山西	2017	3	—	钢筋加工	—	
11	钢筋弯曲机	GW—40	3	山西	2018	3	—	钢筋加工	—	
12	电焊机	BX1—500	8	上海	2019	38kVA	—	钢筋加工	—	
13	潜水泵	4 吋	10	上海	2017	5.5	$75m^3/h$	抽排水	—	
14	挖掘机	DH330	3	烟台大宇	2018	220	$1.6m^3$	石方开挖	国三	
15	挖掘机	$0.4m^3$	1	洛阳	2019	—	$0.4m^3$	沟槽开挖	国三	
16	液压破碎锤	WY100	3	辽宁抚顺	2016	280	—	混凝土拆除	国三	
17	风镐	G10	10	山东	2018	—	—	拆除、开挖	—	
18	自卸汽车	CZ328	12	河北	2017	190	$10m^3$	土石方运输	国三	
19	装载机	ZL—50	4	厦工	2018	180	$5m^3$	装料、倒运块石	国三	
20	推土机	SD16	4	山推	2017	120	$4.5m^3$	平料回填	国三	
21	振动压路机	20t	6	徐工	2018	—	20t	土石方填筑	国三	
22	蛙式打夯机	HW—60	20	北京	2018	3	—	土石方填筑	—	
23	小型振动碾	Yz1JC	10	日本	2017	80	2t	土方回填	—	
24	灌浆机	SGB—Ⅰ	10	山东	2017	11	—	帷幕灌浆	—	
25	钻机	SGZ—Ⅰ	10	山东	2017	17	—	帷幕灌浆	—	
26	高速制浆机	ZJ—400	2	河南	2017	7.5	—	帷幕灌浆	—	
27	灌浆自动记录仪	CJ—G7	2	杭州	2.18	—	—	帷幕灌浆	—	
28	混凝土罐车	HDJ5270	20	江苏华建	2018	208	$9m^3$	混凝土运输	国三	
29	混凝土罐车	T815	20	河北长征	2018	252	$12m^3$	混凝土运输	国三	
30	混凝土泵车	T850J	4	德国	2018	210	—	混凝土浇筑	国三	
31	插入式振捣器	ZN—30	10	河南	2018	1.1	—	混凝土振捣		
32	插入式振捣器	HZP70	30	洛阳	2017	2.2	—	混凝土振捣	—	

续表

序号	设备名称	型号规格	数量	产地/厂商	制造年份	额定功率/kW	生产能力	用于施工部位	排放标准	备注
33	平板振捣器	—	20	洛阳	2018	4	—	泄槽底板	—	
34	汽油抹光机	DMD900	12	河南	2018	2.2	—	混凝土抹面	—	
35	卷扬机	YZR225M—8	2	北京	2018	22	—	混凝土滑模施工	—	
36	塔吊	QTZ7530	1	山东	2017	80.5	—	垂直运输	—	
37	汽车起重机	300t	1	徐工	2016	—	—	吊装	国三	
38	汽车起重机	300t	1	徐工	2016	—	—	吊装	国三	
39	汽车起重机	50t	1	徐工	2016	—	—	吊装	国三	
40	汽车起重机	16t	1	徐工	2016	—	—	吊装	国三	
41	砂轮切割机	J3GY—400	5	山东	2017	2.2	—	切割	—	
42	摊铺机	ABG423	1	徐州	2016	330	—	道路	国三	
43	轮胎压路机	SPR260—5	1	三一重工	2016	132	26t	道路	国三	
44	双钢轮压路机	STR130—6	1	三一重工	2016	120	13t	道路	国三	
45	钢轮压路机	8t	1	徐工	2016	36	8t	道路	国三	

表 8.9　　拟投入本标段的试验和检测仪器设备表

序号	仪器设备名称	型号规格	数量	产地	制造年份	已使用台时数	用途	备注
1	电子全站仪	GTS602	1 台	天津	2016	300	测量	
2	经纬仪	TDJ2	2 台	天津	2016	200	测量	
3	水准仪	DZS3	3 台	天津	2015	300	测量	
4	塔尺	5m	5 把	北京	2018	200	测量	
5	钢卷尺	50m	5 把	北京	2018	200	测量	
6	盒尺	5m	40 个	北京	2018	200	测量	
7	测绳	100m	10 条	北京	2018	200	测量	
8	混凝土抗压试模	100mm×100mm×100mm	10 组	北京	2018	200	混凝土工程	
9	混凝土坍落度筒	—	2 个	北京	2018	300	混凝土工程	
10	振动台	—	2 台	北京	2016	300	混凝土工程	
11	砂浆抗压试模	70mm×70mm×70mm	10 组	北京	2018	200	混凝土工程	
12	标准恒温养护箱	40B	2 台	上海	2014	300	混凝土工程	
13	温湿度自动控制器	KWS—XS—5003	2 台	上海	2016	200	混凝土工程	
14	工程检测尺	BH20—JZC—D	2 把	北京	2017	300	检测	
15	混凝土回弹仪	HT—225	2 台	北京	2017	400	检测	
16	钢直尺	500mm	4 把	北京	2017	400	检测	

续表

序号	仪器设备名称	型号规格	数量	产地	制造年份	已使用台时数	用途	备注
17	钢角尺	500mm×500mm	4把	北京	2015	400	检测	
18	线坠	1kg	10个	北京	2016		检测	
19	线坠	2kg	10个	北京	2016		检测	
20	案秤	AGT—10	2台	北京	2017	200	检测	
21	台秤	XK16—004—0453	2台	北京	2017	200	检测	
22	架盘天平及砝码	—	4组	北京	2016	300	检测	
23	塞尺	—	10把	北京	2016	400	检测	
24	游标卡尺	—	10把	北京	2016	200	检测	
25	砂浆稠度仪	SZ145	3台	北京	2017	300	检测	
26	环刀	—	50套	北京	2017	500	取样	
27	干燥箱	101A—2	2台	上海	2017	300	取样	
28	石子筛	—	4套	北京	2017	200	土样筛分	

由于本标段工期紧、任务重，质量要求高，项目部提前编制网络进度控制计划，不仅有整体施工进度控制计划，还将总进度计划进行分解到季、月、旬计划，并根据施工预算将每道工序工程量及工作量进行统计汇总，计算出每天所需的工人数，提前计划配足劳动力。

（5）从施工技术上保证。采用先进的技术工艺，提高生产效率。编制出针对性强，切实可行的季节性施工方案，减少恶劣天气的影响，保证施工的连续性。

（6）从机械设备投入上保证。配备足够的施工机械。同时加强机械设备的维修保养，充分发挥机械设备的使用效率，加快施工进度。

（7）从资金投入上保证。

资金使用计划：编制资金使用计划，资金的使用计划要保证各阶段施工需要，合理分配。

专款专用：本标段执行专款专用制度以避免施工中因资金问题而影响工程进展，保证劳动力、机械的充足配备，材料的及时进场。

及时兑现民工工资：随着工程阶段关键日期的完成，及时兑现各专业队伍的劳务费用，这样既能充分调动他们的积极性，也使各劳务作业队为本标段安排充足的作业人员提供保证。

奖罚措施：以工期、质量为主要考核项目，上至项目经理部，下至各施工班组，层层签订风险责任状，开展作业区之间、班组之间的劳动竞赛。根据考核项目的评分结果，奖优罚劣。

（8）通过经济措施来保证。工程资金专款专用，杜绝挪作他用，确保工程资金的及时到位。通过奖罚措施来激励劳务分包队伍对进度控制的积极性。

(9) 加强沟通、协调，减少人为干扰因素。加强与社会相关方联系减少人为影响在施工过程中，影响进度的因素很多，项目部将加强与甲方、当地政府、周边社会各方、治安、交通、市政、供电、供水、环保等单位的协调，进一步保证工程施工的正常进行。

8.1.6　质量目标及保证措施（略）

8.1.7　安全生产与文明、绿色、和谐施工（略）

8.1.8　环境保护与水土保持措施（略）

8.1.9　成品保护与保修措施（略）

实例 8.2　某校区工程施工组织设计

8.2.1　编制说明

本项目为××学校建设工程项目（1号教学楼、宿舍楼、门卫室）工程，总建筑面积 17565.3m^2。本工程位于××。

根据招标文件的要求和对本工程设计的理解以及对现场的掌握情况，将本工程划分为六个阶段：

(1) 施工准备阶段。

(2) 基坑支护及土方开挖施工阶段。

(3) 基础及地下结构施工阶段。

(4) 地上主体结构施工阶段。

(5) 装饰装修和机电管线安装施工阶段。

(6) 综合调及竣工验收阶段。

1. 编制依据

(1) 招标文件。《××学校建设工程项目（1号教学楼、宿舍楼、门卫室）工程招标文件》、《工程量清单》、招标答疑文件、建筑图、结构图、机电工程等安装图。

(2) 国家现行规范、规程、建筑工程预算定额。

1) 中华人民共和国、行业、××市政府颁布的现行有效的建筑结构和建筑施工的各类规范、规程及验评标准。

2) 中华人民共和国、行业、××市政府颁布的有关法律、法规及规定。

3) 质量管理标准、环境管理标准、职业安全健康管理标准。

(3) 本公司技术标准和成功的管理经验。本企业根据国家新颁布的质量验收规范编制的施工技术标准。

2. 编制原则（略）

3. 对招标文件的响应（略）

8.2.2　项目概况

1. 项目基本情况

项目基本情况见表8.10。

表8.10　　项目基本情况

序号	项目	内　　容
1	工程名称	××学校建设工程项目（1号教学楼、宿舍楼、门卫室）
2	工程地址	略
3	建设规模	总建筑面积17565.3m^2，1号教学楼地下综合体建筑面积3629m^2，1号教学楼地上建筑面积9313m^2，宿舍楼建筑面积4583m^2，门卫室建筑面积40.3m^2
4	招标人	略
5	设计单位	略
6	资金来源	政府投资和项目单位自筹
7	招标工期	总工期491日历天 计划开工日期：2016年1月1日 计划竣工日期：2017年5月6日
8	招标质量要求	合格

2. 项目承包范围

（1）总承包工程范围。

1号教学楼（框架结构）、宿舍楼（剪力墙结构）、门卫室（框架结构）。

地基与基础、主体结构、建筑装饰装修、建筑屋面、给水、排水及采暖、通风与空调、建筑电气、智能建筑、电梯工程、室外工程等，建筑物管线为出室外1.5m并负责与室外链接。

（2）专业分包项目：弱电工程。

3. 工程现场勘查情况（略）

4. 工程设计概况

1号教学楼：地上四层，地下一层；建筑平面形状："矩"形；建筑长×宽：84m×45.7m；框架结构，梁板筏基。

宿舍楼：地上六层；建筑平面形状："矩"形；建筑长×宽：49.61m×17.3m；剪力墙结构，条形基础。

门卫室：地上一层；框架结构，独立基础。

其他：略。

8.2.3　工程目标承诺

工程目标承诺见表8.11。

表 8.11　　　　　　　　　　　　**工程目标承诺**

序号	目标类别	目标内容	
		招标要求	我公司承诺
1	工期目标	总工期：491 日历天 开工日期：2016 年 1 月 1 日 竣工日期：2017 年 5 月 6 日	总工期：491 日历天 开工日期：2016 年 1 月 1 日 竣工日期：2017 年 5 月 6 日
2	质量目标	符合现行国家有关工程施工验收规范和标准的要求（合格）	符合现行国家有关工程施工验收规范和标准的要求（合格）
3	绿色建筑目标	无	努力降低对环境的影响，节约资源，创造“绿色花园式工地”
4	安全文明施工目标	无	坚持“安全第一、预防为主、综合治理”的安全生产方针，确保“××市绿色安全文明工地”
5	综合管理目标	无	依靠一流的实力、一流的管理、一流的运作、一流的技术、一流的服务，打造精品建筑，创业主最骄傲、最放心和最满意的工程
6	工程维修和回访承诺	无	工程保修期内留专人负责维修，定期组织质量回访和保修服务。保修期满后，凡属施工原因造成的质量问题，负责到底

8.2.4　本工程的施工重点、难点及技术组织措施

1. 本工程的施工难点及技术组织措施

（1）与二标段的配合。

难点分析：

本项目 1 号教学楼与二标段综合楼地下室相连，从土方开挖、基坑支护到底板以及外墙防水的衔接工作是本工程的难点之一；其次是场内施工道路的规划，本标段招标范围是 1 号教学楼、宿舍楼以及门卫，位置较分散，合理规划好与二标段的施工区域以及施工道路是另一个难点。

应对措施：

1）收集用地周边的道路、管线及二标段的场布情况等资料，防止施工过程中发生塌方、侧移等安全事故。

2）1 号教学楼与综合楼施工的塔吊必定有相重合范围，因此按群塔施工要求进行组织，与二标段工程技术人员确定具体的群塔施工措施，认真执行。

3）在施工过程中对邻里建筑产生了不利的影响时迅速负责任地进行协调、沟通与处理。

4）在施工前总监主持第一次工地会议，履约各方相互认识确定联络方法，检查开工前和各项准备工作，定期参加监理例会，研究工地出现的包括计划、进度、质量、安全等众多问题的会议，解决工地施工中的问题。

（2）工程项目多，投入资源多。

难点分析：

本工程总建筑面积为17565.3m²，由1号教学楼地下综合体、1号教学楼（小学部）、宿舍楼以及门卫组成。施工部署时，进行科学合理的选择施工方案和布置施工机械显得十分重要；在采取多作业面流水施工组织的同时，还需一次投入大量机械设备和周转材料。只有充分发挥公司各方面优势，提前做好大型施工机械配置和模架体系设计，按计划加工制作、及时组织进场，才能确保施工顺利。

应对措施：

1）本工程实施过程中，将采取周保月、月保阶段、阶段保总体控制计划的四级计划控制手段，使计划阶段目标分解细化至每一周、每一日，保证总体进度控制计划的按时实现；在装修施工阶段，安装及土建交叉作业多，施工工序繁杂；本工程将以施工进度计划为先导，以先进的组织管理及成熟的施工经验为保障，通过预见及时消除影响因素，控制关键工序，合理调配施工资源。重点控制在于人工、材料、施工机械的保障措施工作。

2）在施工前我公司将选取优秀的各项专业施工队伍，合理地配备施工管理人员，达到施工中默契的配合；组织充足的劳动力队伍，提高劳动力整体的技术水平，制定相应的措施，保障劳动力的稳定，按照后浇带划分大的流水段，采取流水施工，以保证有足够的工作面，提高施工速度。

3）为实现工期目标，本工程周转材料的投入量是超常规的，我公司历经多个工程积累了大量周转工具、材料，将通过内部整合保证本工程施工的需要。

4）商品混凝土采取同一配比同一原材多个搅拌站同时供应，多台混凝土输送泵同时输送的保障方式。

5）在多专业、多形式的分包单位、众多人员在同一时间立体交叉施工情况下，采取统一决策、统一指挥、统一部署、统一计划、统一协调的总承包管理方式，对参施分包单位实行指挥、协调、监督、服务。

6）2台塔吊的作业方式保证了所有作业面大、中型材料的水平和垂直运输，吊次能力大于使用要求，基础及结构施工阶段固定塔吊及混凝土输送泵的布置不仅使混凝土能够输送到每一个作业面，而且还加快了混凝土的输送速度。

2. 本工程的施工重点及技术组织措施

（1）群体工程施工，现场协调工作重。

重点分析：

本工程是典型的群体工程，施工总体部署及协调是本工程的重点。

应对措施：

1）成立以实现“优质、高速、低耗”为目的的工程项目组织机构，以合同管理为根本原则，对参施分包单位实行指挥、协调、监督、服务，对承包工程的工期、质量、造价实施动态控制与管理，总包管理行为是合同条款的延伸。

2）建立总承包计划管理体系，对计划的编制、计划的执行与控制、计划的检查与调整做出明确的规定。

3）强化总承包技术管理，做到“方案先行”，保证“技术指导施工”，从而在技术上保证工程的质量和工期，协调、指导参施分包单位的技术管理。

4）建立总承包质量保证体系，设立专门的质量控制架构和人员，制定质量管理措施，

确定质量监控的重点项目部位，对所有专业质量（包括分包）进行全面控制。

5）建立总承包施工现场管理制度，对施工总平面、施工安全、现场保卫、消防安全、交通安全、环境保护进行全面管理。

6）配合业主进行指定设备、材料的选型、订货、加工制造与监控，对设备、材料的质量和档次进行把关。

7）在施工和管理方面大力采用计算机技术，全面实行网络化管理，确保关键线路和主导工期的实现。

8）设立设计深化设计团队，配备相应的深化设计小组和专业设计协调工程师，做好设计、业主、监理、专业设计等方面的业务沟通与协调，加强对参施分包单位的技术业务指导与监督检查。

9）现场平面布置统一规划，办公区、生产区、生活区分开设置，分区域进行管理；并设定专职交通协管员，负责现场内外的交通协调管理工作。

10）建立统一的平面控制网和高程控制网。按两级进行控制，第一级为场区整体控制网，第二级为各分区工程的施工控制网，以保证总体工程和各分项工程测量工作的统一性、完整性和延续性。

11）施工中按区域合理划分施工段，组织流水作业。

12）混凝土结构施工时，现场设立区域引导员，负责引导混凝土搅拌车按区域作业。混凝土罐车进场前，混凝土小票上要写明浇筑楼栋号、浇筑的部位和混凝土的强度等级。场区内设置引导牌，使罐车能够准确地到达要浇筑的地点，核实小票后再进行浇筑。

（2）结构防水施工质量控制。

重点分析：

本工程地下室与综合楼相连，楼顶屋面多、防止因渗漏水而影响整个工程的使用将是本工程的重点之一。

应对措施：

1）为保证地下室结构混凝土自防水质量，从原材料选择、试验、配合比设计和混凝土施工控制着手，优选出满足设计强度等级、抗渗等级和耐久性，且具有水化热相对较低、收缩小、泌水少、施工性能良好的防水混凝土，严格控制混凝土的搅拌、运输、浇筑及养护，从而保证混凝土内实外光，控制结构不出现温度收缩裂缝及钢筋和预埋件无渗水通道，保证结构具有良好的自防水功能。

2）优选防水卷材及防水涂料的材料品质，加强进场质量检验，合理安排施工工序及施工时间，做好防水基层处理，控制防水卷材铺贴质量和防水涂料涂刷质量，并及时做好保护层，加强成品保护工作。

3）选择与我公司有过长期合作，且施工质量好、管理到位、符合进度要求、信誉高的专业防水施工队伍进行防水施工。

4）严控防水施工过程中的质量检查，保证基层含水率、卷材搭接宽度、附加层做法、管道穿防水节点处理符合防水施工技术规范的要求。

5）科学统筹防水施工插入时间，避开冬施（冬季施工）、雨施（雨季施工）等不利季节施工，保证温度、湿度等施工环境要求。

6）严格按照图纸和规范要求，对后浇带、施工缝、变形缝处的防水节点进行施工。

（3）现场安全、文明施工。

重点分析：

本工程安全文明施工坚持“为安全第一、预防为主”原则，确保“××市绿色安全文明工地”。如何搞好环境保护、文明施工，将成为该工程顺利施工的关键。

应对措施：

1）现场设安全文明施工副经理负责施工安全文明施工管理工作。

2）本工程施工全过程中将根据OHSAS18001标准及公司职业健康安全管理体系文件要求，建立和实施项目职业健康安全管理体系，始终体现“安全第一，预防为主，遵章守法，全员参与”的管理思路，充分满足员工等相关方的职业健康安全管理要求，有针对性地规范项目的职业健康安全状况和人员职业健康安全行为，不断完善项目职业健康安全管理体系，持续改进项目职业健康安全绩效。

3）施工现场总平面布置在满足施工生产的条件下，充分地考虑到文明施工的各项要求，合理地利用现场的地形和地貌，做到科学利用、合理布置。各专业分包单位进场施工前，向公司提供其施工构件堆放所需场地面积、部位，以便于合理安排施工场地。公司统一规划、统一布置临建设施，各专业分包单位必须遵守公司对现场场容场貌的管理，不得私自乱搭临建。

4）公司依据《环境管理体系 要求及使用指南》（GB/T 24001—2016）标准建立了环境管理体系，在整个项目的实施过程中，将按照公司环境管理体系的要求，强化现场环境管理，确保环境保护工作全面符合相关法律法规要求，对周边环境不产生任何超标的环境影响，以确保本工程始终正常顺利施工。

5）文明施工专项施工措施。

a. 施工现场材料。施工现场材料、成品、半成品严格按平面布置图堆放，并做到分类码放，整齐美观，做到一头齐，一条线，浇筑混凝土有洗泵、洗车池，浇筑混凝土时保证场区整洁。

b. 生产区机械设备停放。生产区机械设备定点停放，定期保养，保持整齐干净，按施工设计位置、工具设备类别存放，并加锁防丢失。

c. 材料保管。各种材料如：钢材、木材、混料、焊条、棉丝、化学剂均应采取必要的防火、防潮、防损坏、防丢失、防雨淋的措施，必要时入库加盖保护。

d. 施工污染源控制。通过搭设隔音棚等措施控制噪声，加强洒水、封闭等措施控制扬尘。

e. 明确划分区域。划分文明施工区域，责成专人负责，受环保领导小组的指派和监督做好本区域的文明管理。各区域坚持活完场地清、随干随清、谁干谁清的原则。

f. 节约能源。节约能源是文明施工的体现，从一个侧面反映企业管理水平和员工的综合素质，施工现场杜绝、消灭长明灯、长流水现象。

g. 统一着装整齐参战。整齐的队伍，头戴统一安全帽，身穿统一制服，脚穿防滑鞋，腰佩安全带。

h. 垃圾清理。垃圾废渣的清理、清运，每日每天随时进行确保施工现场的洁净文明，

项目管理者把这一工作应牢记在心，是对建筑物防止负荷集中过重，防止作业面乱滥的有效措施。

6）土方施工期间制定专项文明施工措施。

a. 现场配置洒水车，进行洒水降尘，对土方运输车加强防止遗撒的管理，要求所有运输车卸料溜槽处必须装设防止遗撒的活动挡板，并清理干净后才可出现场。

b. 污水、废气达标排放，控制施工扬尘，施工现场噪声符合法规要求，固体废弃物分类处理，节约能源、资源，减少浪费，减少油漆污染，降低材料消费，严格管理易燃、易爆品、化学品，杜绝重大火灾事故，努力提高全体员工环境意识。

c. 所有土堆、材料采取加盖防止粉尘污染的遮盖物或喷洒覆盖剂等措施，施工中搅拌等可能造成粉尘污染的工序，采取喷水、隔离等压尘措施。

d. 从遏止噪声源入手，改善机械维修保养工作以降低噪声，以噪声小的机械代替大的机械。现场使用空压机等应设置于设备工棚内隔声间或用吸音材料封闭。

8.2.5　施工部署

1. 项目管理体系

施工总承包项目组织管理包括项目领导层、项目管理层、作业层三个层面。

项目领导层：项目领导层是以项目经理为首，项目副经理和总工程师为项目主要领导人员组成的领导决策班子，施工项目在实施过程中的一切决策集中于项目领导层，其中项目经理是领导核心。

项目管理层：项目管理层是由项目各管理部门组成，施工项目在实施过程中的总承包管理行为都集中于项目管理层。

作业层：由各专业施工队、劳务施工队和各专业分包单位组成。

项目部设技术质量部、深化设计部、工程部、机电部、物资部、安保部、合约财务部、综合办公室，工程竣工后成立保修服务部，共 9 个部门。

2. 施工部署总体设想

（1）总体施工部署设想。本工程从土方工程开始，包括基础、结构、机电安装、内外装修等工程，总工期为 491 日历天，计划于 2016 年 1 月 1 日开工，2017 年 5 月 6 日竣工。

本工程为群体工程，1 号教学楼地下一层，地上四层，建筑高度 20.1m；宿舍楼地上六层，建筑高度 22.1m；门卫（两个）地上 1 层，建筑高度 3.6m。以工序和工程量最多的 1 号教学楼为关键线路，在工程总体部署上重点解决了以下几个问题：

1）为各专业分包工程留出合理的招投标时间、深化设计时间、进场准备时间和施工时间。

2）结构按各个单项工程分别组织验收，其中 1 号教学楼分为地下室、地上两次验收；宿舍楼和门卫一次验收；保证机电和装修工程及时插入施工。

3）合理安排各工种、各专业间交叉作业，保证各工序施工有足够的工作面和作业时间。

4）为各个单项工程的装修样板间的施工和确定留出足够的时间。

5）做到劳动力、机械、材料、资金的合理、均衡投入。

6）调整冬雨季、春节、高考期间的施工项目，减少对工程正常施工的影响。

7）调整各工序作业时间，合理调配物料，减少对施工场地的需求。

根据本工程特点和承包范围，以1号教学楼为主线，将整个工程建筑分为六大阶段，见表8.12。

表8.12　工程建筑的六大阶段

序号	施工阶段名称	开始时间	结束时间	日历天
1	施工准备阶段	2016年1月1日	2016年1月10日	10
2	基坑支护及土方开挖施工阶段	2016年1月11日	2016年1月30日	20
3	基础及地下结构施工阶段	2016年2月24日	2016年4月9日	46
4	地上主体结构施工阶段	2016年4月2日	2016年6月18日	78
5	内外装修及机电安装施工阶段	2016年6月5日	2017年3月6日	275
6	综合调试及竣工验收阶段	2017年3月7日	2017年5月5日	60

（2）各阶段施工部署。

1）施工准备阶段：从2016年1月1日开始，至2016年1月10日结束，历时10日历天。

此阶段主要任务是：与甲方进行施工场地范围、地下障碍物和管线的交接；测量控制网布设；临设搭建；临水、临电布置等施工准备工作。

2）基坑支护及土方开挖施工阶段：从2016年1月11日开始，至2016年1月30日结束，历时20日历天。

此阶段包括基坑支护、土方开挖及塔吊安装等工作。

3）基础及地下结构施工阶段：从2016年2月24日开始，至2016年4月9日结束，历时46日历天。

此阶段包括垫层、底板防水、基础底板、地下结构、地下外墙防水、肥槽回填土等工作。

此阶段工作随土方开挖进度，按施工流水段顺序进行。验槽后及时施工垫层。受气温影响的底板防水工作，在冬季选择气温较高的时段进行施工，保证作业温度满足工艺要求。

地下结构完成后，地下室外墙防水和回填土工作随地下结构施工进度及时插入。

4）地上主体结构施工阶段：从2016年4月2日开始，至2016年6月18日结束，历时78日历天。

此阶段主要为地上主体结构的施工。

地上主体结构施工按流水段划分进行流水施工。地上主体结构完成后进行结构验收，验收后开始样板间施工，为大面积开始装修施工做好准备工作。各样板间的位置将在进场后按业主的要求确定。

其中宿舍楼从2016年3月19日开始，至2016年6月22日完成结构施工。

门卫从2016年6月11日至2016年9月13日，其中包括土方施工、独立柱基础施工、混凝土结构施工以及钢结构雨篷施工。

此阶段同时完成专业分包工程的图纸深化设计、审核，材料设备加工订货及进场准备等工作。

5）内外装修及机电安装施工阶段：从 2016 年 6 月 5 日开始，至 2017 年 3 月 6 日结束，历时 275 日历天。

此阶段包括各专业管线、设备安装，室内外装修等工作。将跨越一个冬季和一个雨季。

2016 年冬季，外檐装修已完成，室内可保证较高的温度，所以内装修工作基本不受影响。机电专业安装工程重点解决管道内的积水、排水问题。

机电专业根据结构的施工进度适时地插入施工，在施工前进行机电管线空间布置上的协调，绘制出机电综合管线施工图，在综合图的基础上进行支吊架的协调。在机电管线支吊架已充分协调的基础上，开始进行机电管线的施工，施工顺序的原则是：有压让无压、小管让大管、电管让水管、下层让上层。具体本工程基本的施工次序：排水管道→风管→空调水水平管道→消防管道→其他机电管线。水平区域的流水施工：各专业在不同的区域进行同时施工，以缩短工期，应保证一种管道施工完毕后给其他专业留有足够的作业面进行施工。

此阶段我公司将重点做好各专业、各分包的协商、配合、服务工作，保证各专业、各分包的工作面和作业时间。

6）综合调试及竣工验收阶段：从 2017 年 3 月 7 日开始，至 2017 年 5 月 5 日结束，历时 60 天。

整个 1 标段工程开工日期起计 491 日历天内完工，并通过政府有关部门及发包人的全部竣工验收，并交回整个场地和所有相关文件资料供发包人使用和备案。

此阶段主要工作是楼内清理，组织各专业分项调试验收、各系统综合调试、竣工资料的整理备案、组织竣工验收和维护、使用的培训等工作。

3. 施工区段划分

本标段包括四个独立的建筑，1 号教学楼、宿舍楼、西门卫、南门卫。共分为两个区，1 号教学楼为一区，宿舍楼和门卫为二区。其中 1 号教学楼又分为若干个施工流水段，宿舍楼和门卫不分施工流水段，其中宿舍楼结构施工完再进行门卫结构施工。

（1）基础及地下结构施工阶段的划分。本工程群体建筑仅有 1 号教学楼有地下结构，因此根据设计图纸后浇带的位置设置，1 号教学楼地下结构施工划分为 2 个流水段，按施工流水段组织流水施工。施工流水段划分如图 8.3 所示。

（2）地上主体结构施工阶段的划分。根据工程量均衡的原则，1 号教学楼地上主体结构划分为 3 个流水段，按流水段组织流水施工。流水段划分如图 8.4 所示。

（3）装修施工阶段的划分。1 号教学楼分地下、地上两个流水段，宿舍楼和门卫结构施工完进行装修施工。每个栋号单独组织流水施工。

4. 施工流程

施工顺序为先地下后地上，先结构后装修，先外围后内部的施工顺序：地下结构二次结构施工完后，对地下部分进行验收，已确保装修工程提前进入施工状态。

（1）施工总体流程：如图 8.5 所示。

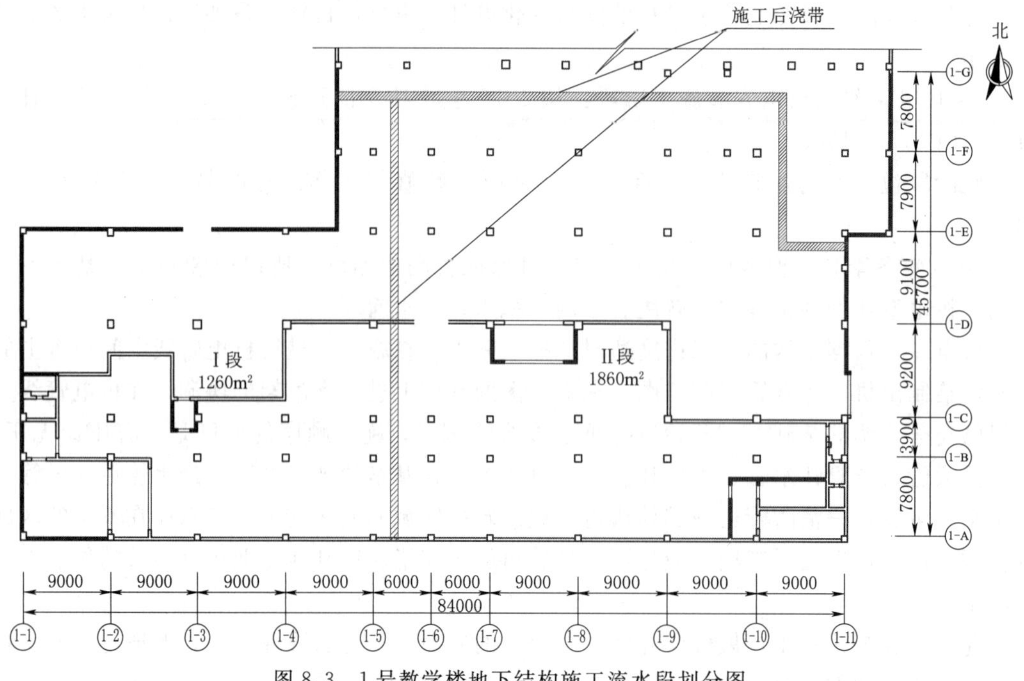

图 8.3 1号教学楼地下结构施工流水段划分图

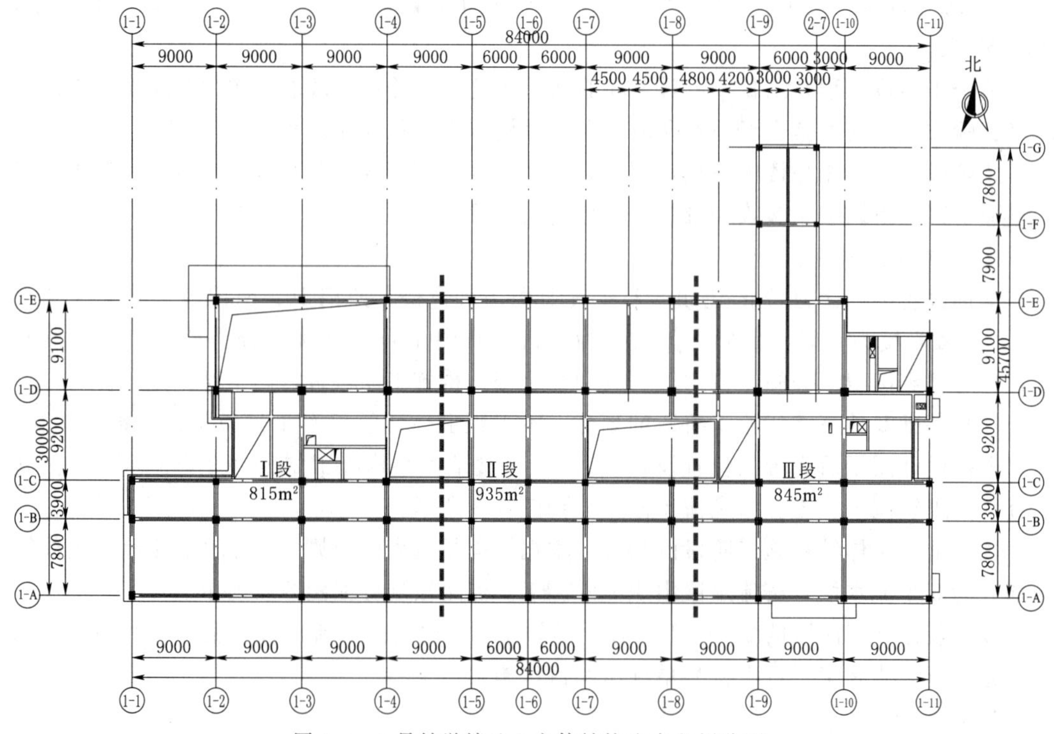

图 8.4 1号教学楼地上主体结构流水段划分图

（2）各主要施工阶段施工流程。

1）土方开挖、基坑支护施工阶段：如图 8.6 所示。

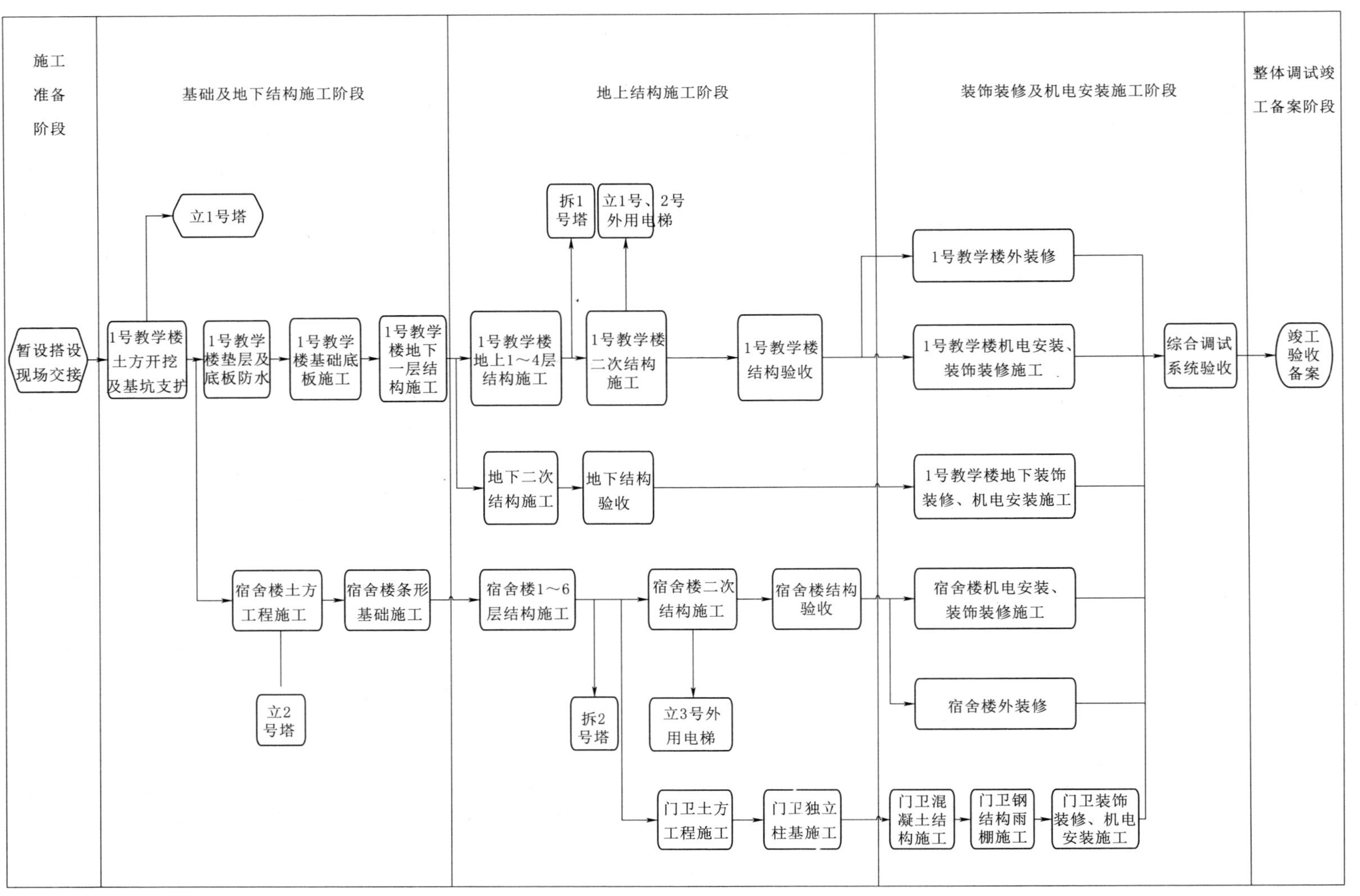
施工准备阶段
基础及地下结构施工阶段
地上结构施工阶段
装饰装修及机电安装施工阶段
整体调试竣工备案阶段
暂设搭设现场交接
1号教学楼土方开挖及基坑支护
立1号塔
1号教学楼垫层及底板防水
1号教学楼基础底板施工
1号教学楼地下一层结构施工
1号教学楼地上1～4层结构施工
拆1号塔
1号教学楼二次结构施工
立1号、2号外用电梯
1号教学楼结构验收
地下二次结构施工
地下结构验收
宿舍楼土方工程施工
立2号塔
宿舍楼条形基础施工
宿舍楼1～6层结构施工
拆2号塔
宿舍楼二次结构施工
立3号外用电梯
宿舍楼结构验收
门卫土方工程施工
门卫独立柱基施工
1号教学楼外装修
1号教学楼机电安装、装饰装修施工
1号教学楼地下装饰装修、机电安装施工
宿舍楼机电安装、装饰装修施工
宿舍楼外装修
门卫混凝土结构施工
门卫钢结构雨棚施工
门卫装饰装修、机电安装施工
综合调试系统验收
竣工验收备案

图 8.5　施工总体流程

2）基础及地下结构施工阶段：如图8.7所示。

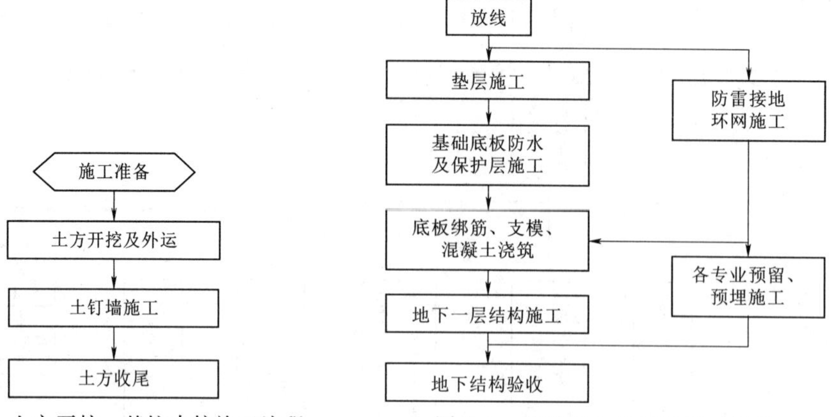

图8.6　土方开挖、基坑支护施工流程

图8.7　基础及地下结构施工流程

3）地上结构施工阶段：如图8.8所示。

4）装饰装修和机电管线安装施工阶段：如图8.9和图8.10所示。

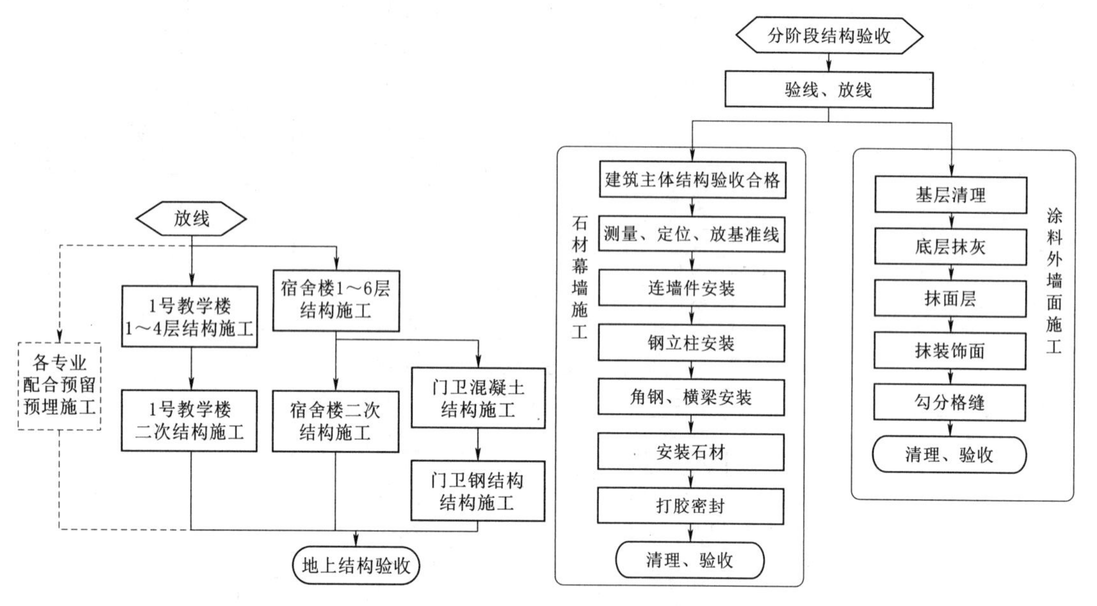

图8.8　地上结构施工流程

图8.9　外装修工程施工流程

5）机电安装及综合调试阶段：如图8.11所示。

6）清理、竣工验收阶段：如图8.12所示。

5. 主要施工资源的配置

（1）施工人员的配置。

1）管理人员。按照本方案中的组织机构配置高素质、经验丰富的管理人员，项目经理、总工程师等主要管理人员持有相应的资质证书并在整个工程施工期间为专职人员。各专业管理人员根据不同的施工阶段提前进场。

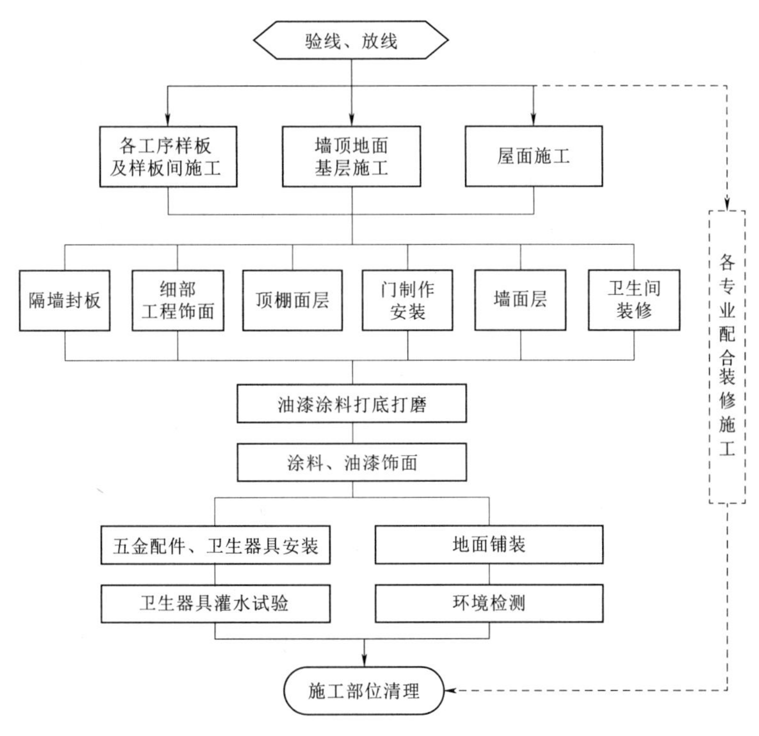

图8.10　内装修工程施工流程

2）作业人员。根据本工程的施工进度计划安排，公司在施工高峰期预计投入332人的劳动力。所有劳动力（包括分包工程）进场前均进行入场教育，特殊工种将保证100%持证上岗。各工种根据各施工阶段，及时调整，提前进场。

（2）施工机械的配置。

1）大型机械。根据本工程平面尺寸、建筑高度、工作内容及周边建情况，现场立2台塔吊和1台汽车吊，见表8.13。

表8.13　大型机械表

编　号	型　号	臂长/m	立塔高度/m
1号塔吊	ST6015	60	36.6
2号塔吊	C5015	40	33.8
汽车吊	20t	—	—

现场所有作业区均在塔吊覆盖范围内，无盲区。起重吊次满足施工要求。

2）中小型施工机械。本工程中小型机械主要有混凝土泵、小型电动工具、消防给水泵、施工给水泵等。所有拟投入的设备目前均已检修、测试完毕，在库房中备用。将根据各个施工阶段分批进出场。

3）测量及检测设施。本工程将投入高精度全站仪1台，电子经纬仪4台，精密数字水准仪4台，普通水准仪4台，激光铅直仪4台及配套测量设施。同时现场设一个试验室，并配齐试验、检验仪器。

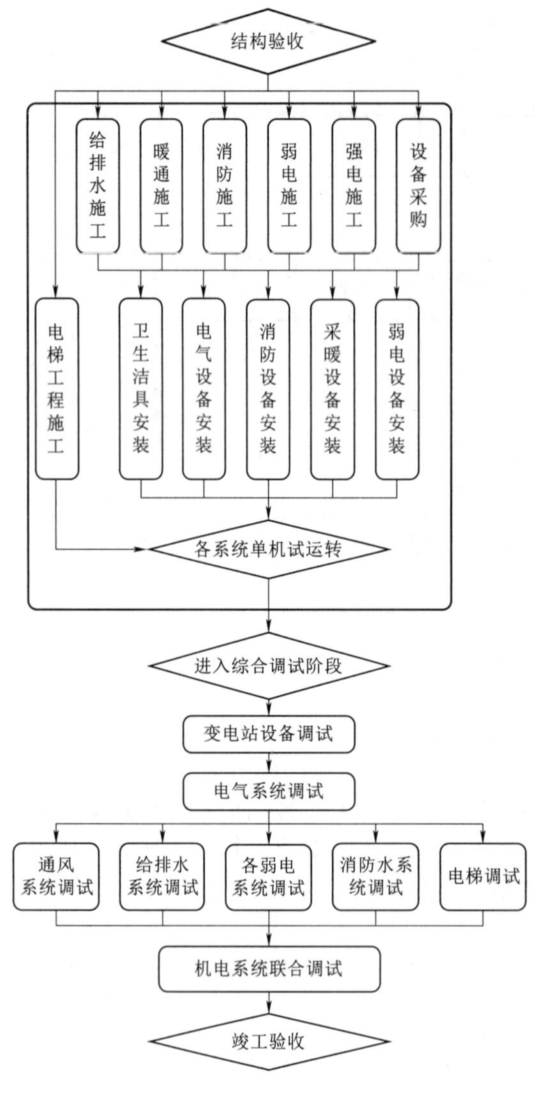

图 8.11　机电安装及综合调试阶段流程

所有拟投入的测量及检测设施目前均已检测完毕，在库房中备用。

(3) 施工材料的配置。我公司将本着对工程质量负责、对甲方负责的宗旨，在开工后一个月内将材料采购计划按照工程进度及时报告甲方进行考察。

1) 模板。

直线墙体：面板为 18mm 厚覆膜多层板，竖肋为 50mm×100mm 方木，横肋为双 40mm × 80mm× 3mm 方钢管，支撑采用 ϕ48 钢管等。模板上设置 ϕ16 对拉穿墙螺栓。

弧形墙：面板为 18mm 厚覆膜多层板，竖肋为 100mm × 100mm 方木，横肋为两根 ϕ48.3×3.6mm 钢管，支撑采用 ϕ48.3×3.6mm 钢管及可调 U 形托等。模板上设置 ϕ16 对拉穿墙螺栓。

框架柱：采用 18mm 厚覆膜多层板。

梁、楼板模板采用 18mm 厚多层板；50mm × 100mm、100mm × 100mm 木楞，支撑采用碗扣架。

2) 钢筋。当受拉钢筋的直径 $d>$ 25mm 及受压钢筋的直径 $d>$28mm 时，采用机械连接接头。

钢筋半成品全部采取场内集中加工，水平运输采用平板车，垂直运输利用塔吊进行。

本工程砌体拉结筋及二次结构钢筋的预留方式采用预埋铁件方式。

钢筋及钢套筒等使用的材料采购，严格按公司《物资采购工作程序》对分供方考核和评价，选择质量稳定、信誉好的分供方。

3) 混凝土。本工程采用预拌商品混凝土，泵送工艺，采用地泵浇筑。1 号教学楼南侧布置 2 台，宿舍楼西侧布置 1 台，分别位于现场临时施工道路旁，以便浇灌混凝土施工时罐车通行。对于柱混凝土的浇筑可同时采用塔吊配合逐根浇捣。

为确保工程质量和进度，我公司将选择规模大、实力强、运输距离现场较近的商品混凝土搅拌站 3 个，作为我公司的供应商，其中 1 个作为备用。

4) 机电安装。对于成批次产品，如管道、风管、支吊架采用成批加工，实现流水作业。根据施工进度计划分批进场。

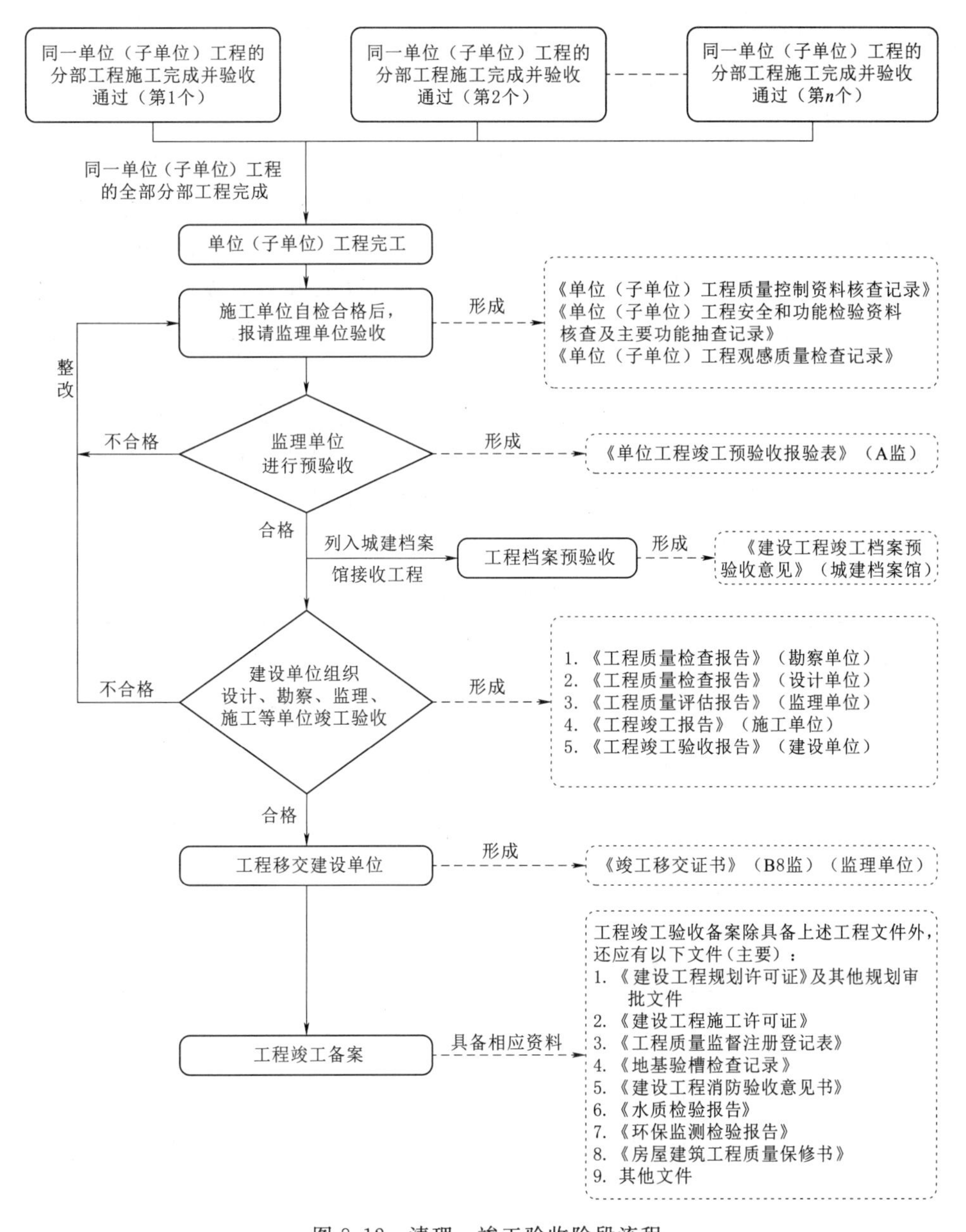

图 8.12　清理、竣工验收阶段流程

5）内外装修。根据工程进度计划，编制材料进场计划分批运至现场，同时场外设装修成品库，作为装修材料临时存放场地。装修材料订货前需经业主、监理进行样品的确定。

8.2.6　施工方案与技术措施（略）

8.2.7　施工准备

1. 施工准备内容

工程开工前所进行的一系列施工准备工作主要包括：外部环境方面的施工现场的了解

和规划；人员、机械、物资调配；办理与甲方的现场交接手续；与约定分包方的联系沟通。内部环境方面的技术准备；施工计划准备；施工劳动力准备；主要物资材料计划以及临时设施施工准备等工作。

工程开工前，由项目总工组织工程经理部有关技术人员认真熟悉图纸，参加由甲方组织召开的设计交底、图纸会审和轴线桩交接、施工临时水电交接、施工现场勘察；根据施工现场的实际情况和甲方统一要求布置现场临时设施；施工技术部门根据投标方案大纲编制实施性的施工组织设计和分项工程施工方案并向施工工长和专业施工队进行技术交底和岗前培训，同时按照施工总进度计划的总体安排编制材料进场计划、设备进场计划、人员进场计划。

工程施工准备或开始施工过程中，在不影响工程进度的前提下，积极主动与机电设备系统分包单位联系协作，完成土建、机电、空调工程及其他设备工程的深化设计，各方确认后，提交甲方修订审阅，签署确认后作为工程施工的依据。

施工准备工作内容详见表8.14。

表8.14　　施工准备工作内容一览表

序号	工作内容		执行人员
1	与甲方及各甲方指定分包单位联系沟通、做好各项交接		项目各层管理人员
2	图纸学习、会审、技术交底、编制施工组织设计		工程师、技术员
3	按工程进度计划编制深化图纸的提交进度表，标明设备综合协调图纸、设备与土建综合协调图纸的具体提交日期		项目总工、专业工程师
4	基础、主体、装饰工程施工预算		预算员
5	根据交接的基准点进行施工放线		测量员
6	施工图纸翻样、报材料计划		各专业施工员
7	临建搭设	实验室、标养室	各专业施工员
		配电房、木工车间、各种库房	施工员、电工班长
		办公用房、临时围墙	各专业施工员
		道路和绿化	各专业施工员
8	施工供电	施工现场以外电源	电工班长
		施工现场以内电源	电工班长
9	施工供水管网铺设		施工员、水工班长
10	木工机械等安装		施工员、机械队长
11	塔吊安装	塔吊基础施工	专业施工员
		塔吊安装、验收	机械队队长
12	劳动力进场教育		项目总工、各工长
13	上报开工报告		项目经理

2. 现场交接的准备

公司进场后需要与业主、监理单位进行现场的交接，为下一步施工做好准备。

(1) 临时设施的交接。

公司进驻现场后，根据现场情况，并按照业主有关要求及工程实际情况，进行场地平整等工作，为搭建临时设施做好准备。同时了解业主和监理单位对现场临时设施的规划部署以及施工临时用水、排水和用电点的位置，并按照此部署对施工现场临时设施进行重新规划。

（2）施工现场测量控制点的移交和建立。对勘察单位和业主移交的测量基准点进行复核。

依据测量基准点建立整个工程的测量控制网，设置工程施工的临时控制测量标桩。

3. 技术准备

在施工过程中，要做到“方案先行”，保证“技术指导施工”的原则，就应必须做好一切技术准备工作，从而在技术上保证工程的质量和工期。

（1）图纸会审和设计交底。

1）图纸会审。在接收到工程图纸和有关设计文件后，由工程经理部总工程师迅速组织工程技术人员认真核对图纸及其他设计文件，对图纸进行会审，查阅及理解甲方/设计单位所提供的规范、设计资料和要求，检查施工图是否完整、齐全，是否符合相关规范的要求；各专业之间的施工图是否交圈，有无矛盾和错误；建筑与结构图在坐标、尺寸、标高及说明方面是否一致，技术要求是否明确；掌握拟建工程的特点和结构形式，提出图纸问题及在施工中所要解决的问题和合理化建议等，弄清设计意图和工程的要求，及时发现问题。

图纸经会审后，应将发现的问题以及有关建议，做好记录，待设计交底时提交讨论解决。

2）设计交底。图纸会审后，参加由甲方组织的设计交底，在此阶段集中解决图纸和技术上的问题，办理一次性洽商，作为指导施工的依据。

（2）施工图纸深化设计和加工翻样设计。在图纸会审及设计交底后，按照招标文件要求对于设计单位编制的施工图纸不能满足施工要求深度的，由公司完成该工程的深化设计，深化设计在各方面能够满足现行有关规范的规定和要求。

公司将按总的施工进度编制深化图纸的提交进度表，并在表中标明设备综合协调图、设备与土建综合协调图的提交日期。该日期将留出给甲方、设计、监理审批时间、修改时间、订货时间、确定设备和材料运至工地的时间。经审批后，深化设计和翻样设计方可应用于工程施工当中。

（3）工程技术文件的编制与管理。建立健全工程经理部技术文件管理机制，严格按照公司技术工作管理办法做好各层次技术文件的编制工作。

施工组织设计、施工方案与技术交底是三个不同层次的技术文件，它们组成了指导工程施工的技术文件体系，如图 8.13 所示。作为施工现场技术管理以及工长、技术员向操作班组做技术交底的依据。技术将做到整体性、连续性、层次分明、贯彻始终。

1）施工组织设计的完善。

2）主要施工方案的编制计划。根据工程特点和进度计划，提前做好施工方案编制计

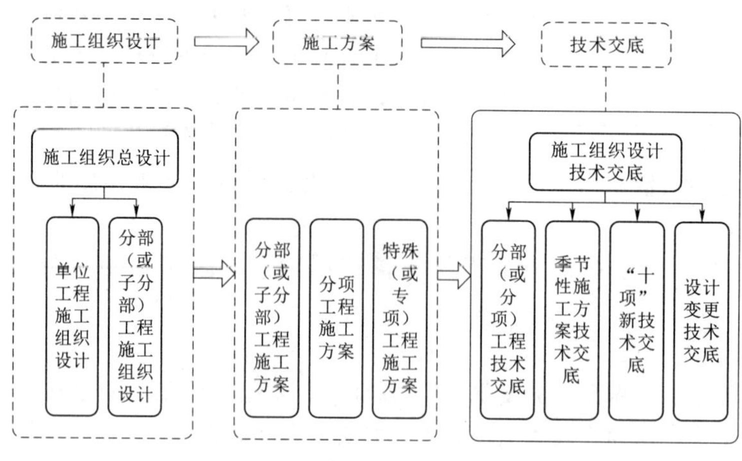

图8.13　施工技术文件体系图

划，明确编制单位、编制时间、审批单位，并报监理单位审批。编制计划见表8.15。

表8.15　技术方案编制计划

序号	施工方案名称	编制单位	完成时间
1	工程施工现场临时设施方案	技术质量部	2016年1月
2	施工临时用水、排水及用电方案	机电部	2016年1月
3	塔吊拆立安装方案	工程部	2016年1月
4	垂直运输施工方案	工程部	2016年1月
5	工程质量计划	技术质量部	2016年1月
6	工程检验和试验计划	试验负责人	2016年1月
7	工程测量控制方案	测量负责人	2016年1月
8	施工机械使用方案	安保部、技术质量部	2016年1月
9	应急预案	安保部、技术质量部	2016年1月
10	安全保卫方案	安保部	2016年1月
11	文明施工及环境保护方案	安保部、技术质量部	2016年1月
12	防雷接地施工方案	机电部	2016年1月
13	季节性施工方案	技术质量部	冬雨季施工前
14	基坑支护及土方开挖方案	技术质量部	2016年1月
15	钢筋工程施工方案	技术质量部	2016年2月
16	模板工程施工方案	技术质量部	2016年2月
17	混凝土工程施工方案	技术质量部	2016年2月
18	钢结构工程施工方案	技术质量部	2016年6月
19	回填土施工方案	技术质量部	2016年6月
20	结构预留、预埋工程施工方案	技术质量部、机电部	2016年2月
21	后浇带、变形缝施工方案	技术质量部	2016年2月
22	脚手架工程施工方案	技术质量部、工程部	2016年2月
23	二次结构工程施工方案	技术质量部	2016年2月

续表

序号	施工方案名称	编制单位	完成时间
24	设备基础施工方案	技术质量部	2016 年 2 月
25	测量与变形预控方案	技术质量部	2016 年 2 月
26	屋面工程	技术质量部	2016 年 5 月
27	装饰装修工程施工方案	技术质量部	2016 年 5 月
28	机电设备安装工程施工方案	机电部	2016 年 5 月
29	给排水、采暖工程施工方案	机电部	2016 年 6 月
30	通风空调工程施工方案	机电部	2016 年 6 月
31	电气工程施工方案	机电部	2016 年 6 月
32	机电系统综合调试方案	机电部	2016 年 6 月
33	消防工程施工方案	专业分包	2016 年 6 月
34	弱电工程施工方案	专业分包	2016 年 6 月
35	电梯安装工程施工方案	专业分包	2016 年 8 月
36	成品保护实施方案	技术质量部	2016 年 3 月

3）施工技术交底。工程开工前由项目总工组织施工人员、质量安全人员、班组长进行交底，针对施工的关键部位、施工难点、质量和安全要求、操作要点及注意事项等进行全面的交底，各个班组长接受交底后组织操作工人认真学习，并要求落实在各个施工环节之上。

4）资料准备。施工中严格按国家和行业现行质量检验评定标准和施工技术验收规范进行施工和检查，且遵照××市质量监督站的有关规定，开工前准备好各种资料样表，施工中及时填写整理，分册保管，待工程竣工后装订成册。

4. 计量、试验准备

在工程开工前，工程经理部将建立起完善的试验管理体系，在充分考虑设计及甲方对工程的具体要求后，制定出适合本工程的试验计划，尤其是工程中采用的新材料、新工艺的试验工作计划，准备检验、试验、设备、仪器、仪表、工具等。在施工现场设立现场标养室，以完善和配套所有检测项目现场所能完成的部分，从而确保工程质量。

施工前委托有一定资质的试验室来完成工程的试验的送检工作，组织各种进场材料的检验及复试工作，准备好各种混凝土试模，各种测量工具提前送检报验。

（1）测量设施的配备：各施工阶段测量设施配备表。

（2）实验器具的配备：各施工阶段质量检测及试验设施配备表。

5. 劳动力计划安排

（1）劳动力计划。本工程劳务作业层选用具有国家优质工程施工经验的队伍。其所有管理人员、技术工人及普通工人，均具备良好的素质。

各专业施工队伍，根据施工进度与工程状况按计划分阶段进退场，保证人员的稳定和工程的顺利展开。

项目管理班子在工程中标三日内进驻施工现场，并带领部分工人，与甲方直接分包队伍进行交接，为后续人员进入现场创造条件，为现场生产做好必需的设施搭建，为开工作好前期准备。

根据本工程的特点及用工情况，决定组织各专业施工队伍进行基础、结构、装修阶段的穿插施工，主要工种有：防水工、钢筋工、木工、混凝土工、瓦工、电工、焊工、水暖工、抹灰工、油工、瓷砖工等。

各施工阶段按工种主要劳动力安排见表8.16。

表8.16　　劳动力计划表　　单位：人

工　种	按工程施工阶段投入劳动力情况			
	基坑支护及土方施工阶段	基础及地下结构施工阶段	地上结构施工阶段	装修工程施工阶段
土钉墙作业队	20	0	0	0
电焊工	10	20	50	40
电工	4	20	20	30
挖土机司机	4	0	0	0
汽车司机	16	0	0	0
吊车司机	0	8	0	0
测量放线工	6	6	6	6
钢筋工	0	40	60	20
混凝土工	0	10	20	10
结构木工	0	40	80	20
防水工	0	10	6	20
试验工	2	2	2	2
架子工	6	20	20	10
机工	0	10	10	8
信号工	0	8	8	0
通风工	0	10	10	20
水暖工	0	10	10	20
瓦工	0	0	20	10
抹灰工	0	0	0	30
瓷砖工	0	0	0	30
装饰木工	0	0	0	30
油工	0	0	0	20
电梯安装维修工	0	0	0	6
合计	68	214	322	332

（2）劳动力保障措施。为保证本工程能顺利施工、按期竣工，公司对所需劳动力的数量和质量采取了以下的保证措施：略。

6. 主要施工机械设备情况及主要施工机械、材料、半成品进场计划

（1）主要施工机械设备情况。根据本工程施工部署并结合各分项工程施工顺序，按计划调集各类机械设备提前装车运抵施工现场并设专人进行保养和调试。对于小型施工机械

设备，根据工程实际需要合理配置，将随施工队伍一起进场。

所有机械设备进场后均按事先规划适当的位置停放，小型设备则规划房间集中储存备用。

1）基坑支护及土方施工阶段：见表 8.17。

表 8.17　　基坑支护及土方施工阶段主要施工机械设备

序号	机械或设备名称	型号规格	数量	国别产地	制造年份	额定功率/kW	生产能力	用于施工部位
1	挖土机	日立 EX300—3	2	中国	2011	162	—	土方挖运
2	自卸汽车	太脱拉	6	中国	2011	200	—	土方运输
3	洒水车	解放牌	1	中国	2012	136	—	现场洒水

2）结构施工阶段：见表 8.18。

表 8.18　　结构施工阶段主要施工机械设备

序号	机械或设备名称	型号规格	数量	国别产地	制造年份	额定功率	生产能力	用于施工部位
1	塔式起重机	ST6015	1	中国	2010	90kW	10～1.5t	结构
2	塔式起重机	C5015	1	中国	2010	80kW	8～1.5t	结构
3	汽车吊	20t	1	中国	2010		20t	钢雨棚
4	混凝土泵	HBT60	3	中国	2010	60kW	$60m^3/h$（柴油）	结构
5	振捣棒	HZ—50	10	中国	2010	1.1kW	—	结构
6	平板式振捣器	ZB11	2	中国	2011	1.1kW	—	楼板振捣
7	钢筋调直切断机	GT4/14	4	中国	2011	7kW	15t/台班	结构
8	钢筋弯钩机	WJ40	4	中国	2009	6kW	3t/台班	钢筋加工
9	滚轧直螺纹套丝机	TS—40	4	中国	2010	7.5kW	400头/台班	钢筋连接
10	无齿锯	MTG3040A	4	中国	2010	1.1kW	—	钢筋切断
11	蛙式夯土机	HW60	4	中国	2011	6kW	—	肥槽回填
12	空压机	VV—0.6	4	中国	2011	2.5kW	—	模内清理
13	电锯	MJ—114	2	中国	2010	2.25kW	—	模板加工
14	手提电锯	STDJ—116	4	中国	2010	1kW	—	模板加工
15	消防给水泵	80DFL54—14	1	中国	2010	18.5kW	$54m^3/H$	消防专用
16	施工给水泵	50DFL12—15	1	中国	2011	7.5kW	$12m^3/H$	施工专用
17	排水泵	50WQ15—15—1.5	2	中国	2010	1.5kW	—	现场排水
18	电刨	MIB2—80/1	4	中国	2010	2.25kW	—	模板加工
19	砂轮切割机	GJ3—400	4	中国	2011	2.2kW	—	机电安装
20	交流电焊机	BX1—300	4	中国	2009	24.5kVA	—	机电安装
21	气焊工具		4	中国	2010	—	—	机电安装
22	液压弯管器	WYQ60	4	中国	2010	1.5kW	—	机电安装

续表

序号	机械或设备名称	型号规格	数量	国别产地	制造年份	额定功率	生产能力	用于施工部位
23	电锤	ϕ8～38	4	中国	2013	0.75kW	—	机电安装
24	手电钻	6～12mm J222	4	中国	2012	0.9kW	—	机电安装
25	角向磨光机	SJ100×100	4	中国	2012	0.5kW	—	机电安装
26	台钻	JZ—32	4	中国	2012	1.5kW	—	机电安装
27	电动套丝机	CN—100B	4	中国	2012	1.5kW	—	机电安装

3）装饰装修及机电安装施工阶段：见表 8.19。

表 8.19　装饰装修及机电安装施工阶段主要施工机械设备

序号	机械或设备名称	型号规格	数量	国别产地	制造年份	额定功率	生产能力	用于施工部位
1	双笼电梯	SCD200/200	3	中国	2012	30kW		垂直运输
2	电焊机	BX1—35	4	中国	2011	22.5kW		金属构件基层制作安装
3	电锤	PR—38E	4	中国	2009	0.8kW		基层固定打孔 ϕ>12
4	冲击钻	YTP—B12	4	中国	2010	0.4kW		基层固定打孔 ϕ≤12
5	手枪电钻	FD10YA	4	中国	2011	0.4kW		木工作业，金属打孔
6	无齿锯	JGS—300	4	中国	2011	1.5kW		金属、轻钢龙骨切割
7	电动圆锯	MIY—200	2	中国	2012	0.5kW		木工作业
8	空压机	PH—10—88	4	中国	2010	0.75kW		木工作业
9	自攻螺丝钻	6800BD	4	中国	2009	0.5kW		墙面板固定
10	气动打钉枪	NJ—1	4	中国	2011			木工作业
11	云石机	回 SQ—3	4	中国	2012	0.8kW		石材、瓷砖切割
12	角向磨光机	SIMJ—100	4	中国	2011	0.4kW		石材局部打磨抛光
13	涂料搅拌器	博世 GRW9	4	中国	2011	0.9kW		腻子、涂料搅拌
14	吸尘器	BSC—1400A	4	中国	2011	1.0kW		地面清洁
15	消防给水泵	80DFL54—14（3 级）	1	中国	2011	11kW		消防给水
16	施工给水泵	50DFL18—15（3 级）	1	中国	2010	4kW		施工给水
17	排水泵	50WQ15—15—1.5	2	中国	2011	1.5kW		现场排水
18	砂轮切割机	GJ3—400	4	中国	2011	2.2kW		机电安装
19	交流电焊机	BX1—300	2	中国	2009	24.5kVA		机电安装
20	液压弯管器	WYQ60	4	中国	2010	1.5kW		机电安装
21	电动套丝机	CN—100B	4	中国	2011	1.5kW		机电安装
22	电锤	ϕ8～38	8	中国	2011	0.75kW		机电安装
23	手电钻	6～12mm J222	8	中国	2011	0.9kW		机电安装
24	台钻	JZ—32	4	中国	2011	1.5kW		机电安装
25	液压钳	KYQ—300	2	中国	2011			机电安装
26	滚槽机	GC981A	2	中国	2011	0.75kW		机电安装
27	电动试压泵	3DSY2.5	2	中国	2011	0.75kW		机电安装

（2）施工机械保证措施：见表 8.20。

表 8.20　　施工机械保证措施

序号	保证措施		
1	机械设备检验及验收	机械设备进场前检验	会同项目工长组织相关人员对其进行检查、验收，并填写《机械设备进场验收记录》。 项目设备工长组织相关人员对设备外观进行检查，要求机械设备外观整洁、颜色一致，经验收合格后方能进入现场进行安装。 在安装前，对大型特殊设备如塔吊、卷扬机等应有安装方案，并经负责人审批
		设备验收	设备安装完毕后，由项目、安装单位进行验收，并按照建委的验收表格填写记录，合格后，原件交项目设备工程师、复印件交物资工程师进行备案。 设备验收合格后，在进行施工生产前，由项目设备工长检查操作人员的操作证，合格后，方能进入现场进行施工作业
2	机械设备日常管理	机械设备台账	机械设备经安装调试完毕，确认合格并投入使用后，由项目经理部设备工长登记进入项目机械设备台账备案
		“三定”制定	由项目设备工长负责贯彻落实机械设备的“定人、定机、定岗位”的“三定”制度。由分包单位填写机械设备三定登记表并报项目备案
		安全、技术、交底制度	机械设备操作人员实施操作之前，由项目设备工长/安全工程师对机械设备操作人员进行安全技术交底
		定期检查、保养制度	由项目设备工长负责组织相关人员对施工设备进行定期检查（包括周检和月检）和保养并做记录
3	机械设备的使用管理	机械设备的使用管理由项目设备工长负责	
		在机械设备投入使用前，项目设备工长应熟悉机械设备性能并掌握机械设备的合理使用的要点，保证安全使用	
		严格按照规定的性能要求使用机械设备，要求操作者遵守操作规程，既不允许机械设备超负荷使用，也不允许长期处于低负荷下使用和运转	
		对塔吊、卷扬机等大型机械设备每日运转后，设备司机必须认真填写机械设备运转记录，并在月底交至项目设备工程师处存档	
4	机具设备维修保养	机械工程师在每月月初编制机械设备维修保养计划，由设备工长负责组织、监督专人实施并做好设备的保养检查记录	
		机械设备的修理由设备工长督促设备供应商的专业人员进行，并填写《机械设备维修记录》存档备查	
		由于机械设备发生故障造成事故时，设备工长应认真填写施工设备事故报告单，报告物资及设备部经理，认真、及时处理	

（3）施工物资准备。我公司有一套完整的物资管理体系，统一组织协调好各个部门工作，从材料计划、货源选择（招标）、材料送批、订货、运输、验收检验做到三级审核，保证材料、设备的规格、型号、性能等技术指标明确、数量齐备。

1）物资采购计划。认真核实施工图纸、设计说明及设计变更洽商文件，及时准确地编制施工预算，列出明细表。根据施工进度计划的要求进行施工预算材料分析，编制建筑物资需用量计划及进场时间，为制定物资采购计划、施工备料、确定仓库和堆场面积，以及组织运输提供依据，并由经营管理负责人组织按计划进场。

对加工工艺复杂、加工周期长的材料，在要求的时间内，提前将样品及有关资料报监理工程师审批；同时、专门编制工艺设备需用量计划，为组织运输和确定存放面积提供依据。生产部门合理安排施工计划，与计划、采购部门密切配合，制定详细的构件、材料运输计划，保障各种材料能分期、分批到场，减少现场占用率。

为确保甲方对我方的进场材料有足够的审批时间，在我公司接到工程中标通知书后一个月内，将正式订货材料的样品和测试件提交甲方审批。

2）物资的选择。根据物资计划，请建设单位、设计单位、监理单位共同考察供货厂家，实行采购招标，做到货比三家，确保所选拔的生产厂家信誉好，能保证资源充足、供货及时、质量好、价格合理。必要时做1∶1的模型，保证到现场后能顺序安装，避免返工而影响工期。

对决定工程质量及使用功能的特殊和重要的材料，在采购前坚持样品送报制度，经建设单位或监理批准后方可采购。

采购物资要坚持选购经环保认证、有环保标识的建筑材料。

积极采用建设部推荐采用的新型材料。

在施工中选用的材料除了保证常规的质量要求之外，要充分考虑到结构的耐久性和满足使用功能以及较好的观感质量，尤其要考虑混凝土碱集料反应对混凝土工程的破坏因素，切实做到百年大计、质量第一的目标。

3）物资的验收及存放。材料进场时须经专人验收，对某些特殊部位的材料会同监理、建设单位共同进行严格验收，严格管理制度，对各种材料按规范和规定要求进行检验。

对进入现场的材料要严格按照现场平面图要求的地点存放并按公司相关标准程序进行标识和放置铺垫。材料部门负责各种材料及料场标识，避免混乱，且建立台账，完善进出库手续。

钢筋存放、钢筋加工、半成品存放设置钢筋专门料场及加工场地；木料存放、模板加工、存放设置木工专门料场及加工场地；油漆、稀料、氧气瓶、乙炔瓶等易燃易爆物品分别设置专用危险品库房；幕墙、机电等专业均设置单独料场，以便于材料存放。

各种库房、料场、加工场均做地面硬化处理，找泛水，均有防雨雪、防潮、通风等措施，以保证材料质量性能、观感不变化。

8.2.8 施工现场总平面布置

1. 布置原则及依据

（1）布置原则。为保证施工现场布置紧凑合理、现场施工顺利进行，施工平面布置原则确定如下：

1）满足施工需要，充分考虑专业分包需要，体现总包特点，符合区域管理协调原则。

2）经济实用、合理方便，有一定档次，与“国内一流、国际先进”的项目建设指导思想相一致。

3）施工平面分六个施工阶段进行布置。

4）合理布置起重塔吊和外用电梯，规划好施工道路和场地，优化原材料和半成品的

堆放和加工地点，减少运输费用和场内二次搬运。

5）布置符合现场卫生、安全防火、环境保护等要求和三区分开的原则。

（2）布置依据。

1）招标文件有关要求。

2）现场红线、临界线、水源、电源位置，以及现场勘察成果。

3）总平面图、建筑平面图等。

4）总进度计划及资源需用量计划等。

5）施工部署和主要施工方案、类似工程的成功施工经验。

6）安全文明施工及环境保护要求。

2. 各施工阶段施工现场平面布置

本工程施工现场平面图布置根据施工的六个阶段，分别布置，以满足各阶段工作对施工现场的要求。本节针对各阶段施工的需求，对施工现场布置进行详细的论述。

（1）施工准备施工阶段。本阶段为施工的起点，主要工作内容包括施工准备，接收红线定位控制点，进行现场各种生产生活设施布置，劳动力、材料组织进场，工程开工前的各种技术准备等。考虑到现场地理位置的特殊性，与施工的实际需要，因此该阶段平面布置的关注点在于现场道路的硬化、门口高效洗车台的布置。

整个现场分为两个区，南区和北区，1 号教学楼以及门卫位于南区，宿舍楼位于北区。办公区统一设置在南区 1 号教学楼东侧，为 2 层轻钢活动板房。南区现场设 2 个出入口，北区设置 1 个出入口，每个出入口处设一个高效洗车台，施工道路路宽 4.5m，局部 6m，可保证 $6m^3$ 混凝土运输车的通行。基坑上其余场地全部硬化处理。

（2）基坑支护及土方开挖施工阶段。本阶段主要为基坑支护、土方开挖及塔吊安装等工作。

（3）基础及地下结构施工阶段。本阶段施工的特点是有大量施工材料进场并在现场内调度。这一阶段重点关注“运”和“存”。

“运”的解决，在建筑物的基坑外共立 2 台塔吊。所有工作面均在塔吊范围内，塔吊与周边已有的建筑保持必要的安全高度。

“存”的解决，现场南侧设有钢筋加工棚、模板加工棚、机电加工棚，以及各专业材料堆放区；拟建建筑周边设有钢筋堆放区、模板堆放区、脚手架堆放区和机电堆放区，并设有垃圾房、环保厕所。

南区：混凝土地泵设在 1 号教学楼南侧，最多可同时布置 2 台混凝土地泵。

北区：混凝土地泵设在宿舍楼西侧，布置 1 台混凝土地泵。

考虑混凝土浇筑的连续性，现场另设了 1 台备用泵。

（4）地上主体结构施工阶段。地上施工阶段与上一阶段“基础及地下结构施工阶段”的施工特点基本相似。本阶段增加了 3 部外用电梯，2 部位于 1 号教学楼南侧，1 部位于宿舍楼南侧，用于二次结构材料的运输。其中增加了门卫钢结构的施工。

（5）内外装修及机电安装施工阶段。此阶段施工主要在室内进行，对零星材料需求量加大，单体重量较大的设备材料已经全部运输到位。

因此，塔吊全部拆除，利用 3 部外用电梯来解决高层部分的物料运输。现场布置有装修，机电料场和成品仓库和各分包单位的料场和库房，并在现场南侧新建分包办公用房。

（6）综合调试及竣工验收施工阶段。综合调试阶段已经接近工程的尾声，施工现场无论从材料上还是劳动力上都已近大大减少，场地内不需要过多堆放材料。

拆除所有临时设施，现场设流动保安，负责警戒看护。

3. 临时设施布置

（1）办公区布置。办公室为2层轻钢活动板房，面积约220m²。办公室每间均设置空调，配备相应的灯光设备及固定电话。

办公区内设置一个会议室，面积约40m²。库房60m²，样板间35m²，厕所25m²，食堂40m²。

现场试验室：在办公区内设置一间试验室，面积35m²，统一管理现场试验，保存试件。配备1间面积为35m²的标准养护室、标准混凝土试块模具、坍落度试验设备以及各种必要的计量设备和现场取样设备。

（2）生产、加工区布置。生产设施布置包括仓库、工具库以及各类构件堆场、加工场地、材料堆场等。

1）加工棚：现场南侧设置模板临时加工棚、钢筋临时加工棚、机电临时加工棚。

本工程所有钢筋均在场内进行加工，各类钢材按不同规格堆放整齐，设置标识牌和检验状态。

2）堆放场地：在拟建建筑物的周边设置钢筋堆放区、模板堆放区、机电堆放区。

（3）生活区。工人生活区等配套设施设置在现场东南角。

宿舍区符合以下要求：

1）宿舍内应有必要的生活空间，室内净高不得小于2.4m，每间宿舍居住人员不得超过10人，人均面积不小于2m²，通道宽度不小于0.9m。严禁使用通铺，每间宿舍至少有一扇可开启窗户，完好无损。

2）宿舍设置统一床铺和储物柜，室内保持通风、整洁，生活用品放置整齐，应有消暑及防蚊虫、鼠、蟑螂叮咬等措施。宿舍内（包括值班室）严禁使用煤气灶、煤油炉、电饭煲、热得快、电炒锅、电炉等器具。

3）生活区内设有宿舍、食堂、浴室、厕所和文化活动室等，其标准满足北京市政府有关机构的生活标准和卫生标准等要求。

（4）临时用地表：见表8.21。

表8.21　临时用地表

用　途	面积/m²	位　置	需用时间
办公区	1000	场区南侧	491日历天
钢筋加工棚	100	现场南侧	300日历天
模板加工棚	80	现场南侧	300日历天
机电加工棚	80	现场南侧	400日历天
钢筋堆放区	700	现场南侧、拟建建筑周边	300日历天
机电堆放区	300	现场南侧、拟建建筑周边	400日历天

续表

用　途	面积/m^2	位　置	需用时间
模板堆放区	240	拟建建筑周边	300日历天
砌块堆放区	100	现场南侧、拟建建筑周边	200日历天
装修材料堆放区	60	拟建建筑周边	300日历天
脚手架堆放区	140	拟建建筑周边	400日历天
临时材料堆放区	380	拟建建筑周边	400日历天
垃圾房	25	现场西侧	491日历天
工人生活区	1500	现场东南角	491日历天

4. 大型机械设备布置

(1) 塔吊的布置。本工程在基础、主体结构施工阶段设置2台塔吊和1台汽车吊。覆盖全部主要作业面及周围各材料堆放区，能最大限度地减少人工倒运，提高机械效率。塔吊型号见表8.13。

塔吊在进场后进行安装，以提高工程施工效率，加快施工进度，在屋面设备吊装完成后拆除。

(2) 混凝土输送泵的布置。基础及结构期间在1号教学楼南侧布置2台混凝土地泵，宿舍楼西侧布置1台混凝土地泵。为了保证混凝土的连续浇筑，现场另设了1台备用泵。

5. 施工临时用水布置

(1) 施工、生活用水量的计算。本工程临时用水及临时消防用水系统共用，给水系统主要设：消防水箱、消防水泵、临时给水管、消火栓及阀等部件。

本工程临时施工用水（Q）包括现场施工用水量（q_1，L/s）、施工现场生活用水量（q_3，L/s）、消防用水量（q_5，L/s）。

1) 现场施工总用水量q_1计算：主要为混凝土养护用水。

$$q_1=K_1\sum\frac{Q_1N_1}{T_1t}\times\frac{K_2}{8\times3600}$$

式中　q_1——现场施工用水量，L/s；

K_1——未预见的施工用水系数，取1.15；

Q_1——浇筑混凝土总量，7000m^3；

T_1——混凝土施工的作业日，约120天；

N_1——施工用水定额，取400L/m^3；

t——每天工作班数，取1.5班；

K_2——用水不均匀系数，取1.5。

所以：$q_1=1.15\times[(7000\times400)/(120\times1.5)]\times1.5/(8\times3600)=0.93(L/s)$

2) 施工现场生活用水量q_3计算：

$$q_3=\frac{P_1N_3K_4}{t\times8\times3600}$$

式中　q_3——施工现场生活用水量，L/s；

P_1——施工现场高峰昼夜人数，332人；

N_3——施工现场生活用水定额，取40L/(人·班)；

K_4——施工现场用水不均匀系数，取1.4；

t——每天工作班数，取1.5班。

所以：$q_3=(332\times40\times1.4)/(1.5\times8\times3600)=0.43(L/s)$

3）施工现场消防用水量：取$q_5=15L/s$（查表得）。

4）总用水量$Q_总$的计算：

$$Q=q_5+1/2(q_1+q_3)$$
$$=15+(0.93+0.43)/2$$
$$=10.68(L/s)$$

最后计算出的总用水量，还应增加10%，以补偿不可避免的水管漏水损失，即

$$Q_总=1.1Q=1.1\times10.68=11.75(L/s)$$

5）总用水管径的计算：

$$D=\sqrt{\frac{4Q}{\pi V\times1000}}$$

式中 D——某管段的供水管直径，m；

V——管网中水流速度，m/s，一般生活及施工用水取1.5m/s。

所以：$D=\sqrt{\frac{4Q}{\pi V\times1000}}=\sqrt{\frac{4\times11.75}{3.14\times1.5\times1000}}=0.099(m)=99(mm)$

故：选用DN100管径。

(2) 现场临时消火栓及给水布置。现场消火栓系统的设置旨在保护施工现场、主体建筑物。采用高压消防给水系统。按进场后水源情况，设环状管网。本工程室外消火栓系统用水量为15L/s。环状管网各处按用水点需要预留甩口，并按不小于120m的间距布置室外消火栓，消火栓设昼夜明显标志，消火栓周围3m范围内不得存放其他物品。消防立管接至楼上，楼内按保护半径25m设置消火栓。

本工程临时用水及临时消防用水系统共用，从甲方指定位置接入水源。根据现场实际情况，在施工现场敷设DN100临时给水环线。

(3) 现场供水管网布设。

1）布设方式：采用暗敷的方法，埋管深度1000mm。局部没有暗敷条件的部位，采用架空敷设，并作保温，以防止管道冬季冰冻。现场设水泵房。

2）水泵配备：泵房内设消防泵两台（一用一备），施工给水泵两台（一用一备），施工给水泵设配套气压罐，变频控制，以满足施工用水需要。泵房内设30m^{3}调节水池，保证供水稳定。

3）管线：沿建筑物环行布置DN100焊接钢管，办公区、厕所等用水点根据用水量大小从主水管上引出支管。

(4) 现场排水布置。沿现场道路一侧挖排水沟一周，排水沟上盖盖板，20～25m设一雨水篦子，排水沟根据现场实际情况向市政排污点找坡。

现场设置一高效洗车池，其主要包括蓄水池、沉淀池和冲洗池等三部分。冲洗完的污水经预先的回路流进沉淀池进行沉淀（定期清理沉淀池，以保证其较高的使用率）。沉淀

后的水可再流进蓄水池，用作洗车。

冲刷水通过承重篦子经过沉淀池，汇入现场排水系统，防止污染周边环境。

现场沉淀池、集水井、排水沟安排专人定期清掏，保持排水畅通。

（5）厕所布置。工程将在现场设两个环保厕所。

6. 施工临时用电布置

（1）编制依据。

1）工程现场勘测资料。

2）工程施工部署情况。

3）其他有关的国家现行规范、标准、规程和规定。

4）我单位现场临时用电的有关规定和要求。

（2）施工现场临时用电配置原则。

根据工程总体安排，总工期 491 日历天；计划于 2016 年 1 月 1 日开工。依据现场施工条件和工程特点，按照施工部署和施工方案，特编制本施工现场临时用电施工组织设计，施工现场临时用电遵循下列原则：

1）本工程临时施工现场用电采用三级配电系统。三级配电是指施工现场从电源进线开始至用电设备中间应经过三级配电装置配送，即由总配电箱、经分配电箱（负荷或用电设备相对集中处）、到开关箱（用电设备处）分三个层次逐级配送电力。而开关箱作为末级配电装置，与用电设备之间必须实行“一机一闸制”，即每一台用电设备必须有自己专用的控制开关箱，且动力与照明分路设置。

2）采用 TN—S 接零保护系统。施工现场临时用电采用 TN—S 接地、接零保护系统（简称 TN—S 系统），TN—S 接零保护系统如图 8.14 所示。

（3）临时用电保护系统措施。

1）采用二级漏电保护系统。

2）采用二级漏电保护。二级漏电保护是指在整个施工现场临时用电工程中，总配电箱中必须装设漏电保护系统具有以下三个显明的特点：

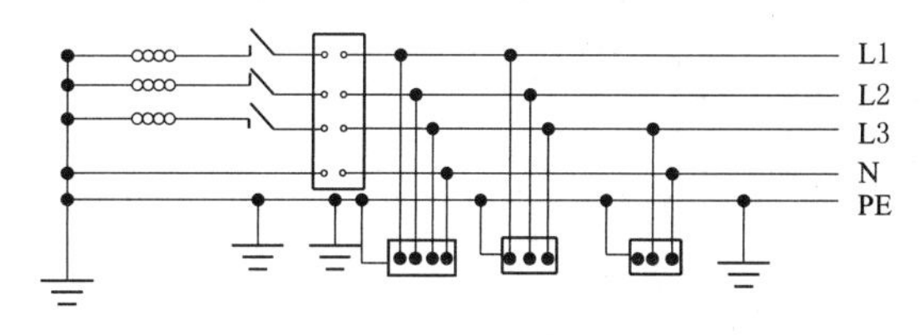

图 8.14　TN—S 接零保护系统示意图

a. 其漏电保护功能可覆盖整个施工现场全部电气设备，包括电动机、电焊机、照明器具、电动机械、电动工具、配电装置、配电线路等。

b. 通过合理选择总配电箱和开关箱中漏电开关的额定漏电动作电流和额定漏电动作时间值，可实现分级、分段漏电保护功能。从确保防止人身间接接触触电危害角度出发，设置于开关箱中的漏电开关，一般场所其额定漏电动作电流应小于等于 30mA，额定漏电开关，其额定漏电动作时间应小于 0.1s，潮湿场所，其额定漏电动作电流应小于等于 15mA，额定漏电动作时间应小于 0.1s；而设置于总配电箱中的漏电开关，其额定漏电动作电流应大于 30mA，其额定漏电动作时间应小于 0.1s，但额定漏电动作电流与额定漏电动作时间的乘积应小于安全界限值 30mAs，其具体量值取决于现场配电系统的正常泄漏电流值。

c. 采用漏电开关的漏电保护系统主要用于人身间接接触触电的保护，即主要用于人身触及正常情况下不带电而在故障情况下变为带电体的外露导电部分（如电气设备的金属外壳、基座等）时的触电保护直接接触触电的保护主要依赖于绝缘隔离防护和保持安全操作距离，例如搭设围栏、遮栏、隔离网等。

(4) 施工用电负荷计算。高峰期用电设备见表8.22。

表8.22　　高峰期用电设备表

序号	机械或设备名称	型号规格	数量	产地（国别）	制造年份	额定功率	生产能力	用于施工部位
1	塔式起重机	ST6015	1	中国	2010	90kW	10～1.5t	混凝土结构
2	塔式起重机	C5015	1	中国	2010	80kW	8～1.5t	混凝土结构
3	振捣棒	HZ—50	10	中国	2010	1.1kW	—	混凝土结构
4	平板式振捣器	ZB11	2	中国	2011	1.1kW	—	楼板振捣
5	钢筋调直切断机	GT4/14	4	中国	2011	7kW	15t/台班	钢筋加工
6	钢筋弯钩机	WJ40	4	中国	2009	6kW	3t/台班	钢筋加工
7	滚轧直螺纹套丝机	TS—40	4	中国	2010	7.5kW	400头/台班	钢筋连接
8	无齿锯	MTG3040A	4	中国	2010	1.1kW	—	钢筋切断
9	空压机	VV—0.6	4	中国	2011	2.5kW	—	模内清理
10	电锯	MJ—114	2	中国	2010	2.25kW	—	模板加工
11	手提电锯	STDJ—116	4	中国	2010	1kW	—	模板加工
12	消防给水泵	80DFL54—14	1	中国	2010	18.5kW	$54m^3/h$	消防专用
13	施工给水泵	50DFL12—15	1	中国	2011	7.5kW	$12m^3/h$	施工专用
14	排水泵	50WQ15—15—1.5	2	中国	2010	1.5kW	—	现场排水
15	电刨	MIB2—80/1	4	中国	2010	2.25kW	—	模板加工
16	砂轮切割机	GJ3—400	4	中国	2011	2.2kW	—	机电安装
17	交流电焊机	BX1—300	4	中国	2009	24.5kVA	—	机电安装
18	气焊工具		4	中国	2010	0.5kW	—	机电安装
19	电锤	ϕ8～38	4	中国	2013	0.75kW		机电安装
20	手电钻	6～12mm　J222	4	中国	2012	0.9kW		机电安装
21	角向磨光机	SJ100×100	4	中国	2012	0.5kW		机电安装
22	台钻	JZ—32	4	中国	2012	1.5kW		机电安装
23	电动套丝机	CN—100B	4	中国	2012	1.5kW	—	机电安装

高峰期用电量计算：

根据各专业施工机电设备计划提供的用电设备功率（容量），计算负荷为

$$P=1.05\times(K_1\sum P_1/\cos\varphi+K_2\sum P_2+K_3\sum P_3+K_4\sum P_4)$$

其中利用系数 K_1、K_2 分别取定为

$$K_1=0.5\quad K_2=0.5\qquad \cos\varphi=0.75\ (\text{功率因数})$$

$\sum P_1$：大型设备电动机总功率＝170kW（详见表 8.22），其他机具设备电动机总功率＝187.5kW，$\sum P_1$＝170＋187.5＝357.5(kW)。

$\sum P_2$：电焊设备总功率$\sum P_2$＝98kW（详见表 8.22）。

$\sum P_3$、$\sum P_4$是施工现场照明，为动力用电量的 10％。

$P=1.1\times1.05\times[0.5\times357.5/0.75+0.5\times98]=331.87(\text{kW})$。

根据临时用电负荷变化大、及用电相间不均衡的特点，本工程提供容量为 400kVA 的变压器。

（5）总配电箱、分配电箱线路设计。

1）电缆敷设线路走向按以下原则：

a. 采用放射型配电线路。电缆线路敷设根据施工现场情况采用埋地敷设方式。

b. 现场总配电柜至现场总箱、现场总箱至分配电箱采用电缆直埋方式。

c. 埋设线路上应尽量保证电缆不受机械损伤，远离热源，并尽量避开建、构筑物和交通要道。电缆埋设于专门开挖的电缆槽内，槽深应不小于 0.6m。埋设时，在电缆上、下各均匀铺垫不小于 50mm 厚的细沙，并于地表面处覆盖页岩砖作保护层。电缆在穿越建筑物、构筑物、道路、易受机械损伤的场所及引出地面（从 2m 高度至地下 0.2m 处）时，应加设防护套管。

d. 分配电箱均布置在内外环道路内，现场总箱至分配电箱穿越道路时，加设套管保护采用焊接钢管 DN100。

e. 随建筑主体逐步增高，沿管道井或竖井敷设电缆，以备各层用电。敷设完成后，沿线路及转弯处设永久标志。

2）配电装置设计。配电装置设计如图 8.15、图 8.16 所示。

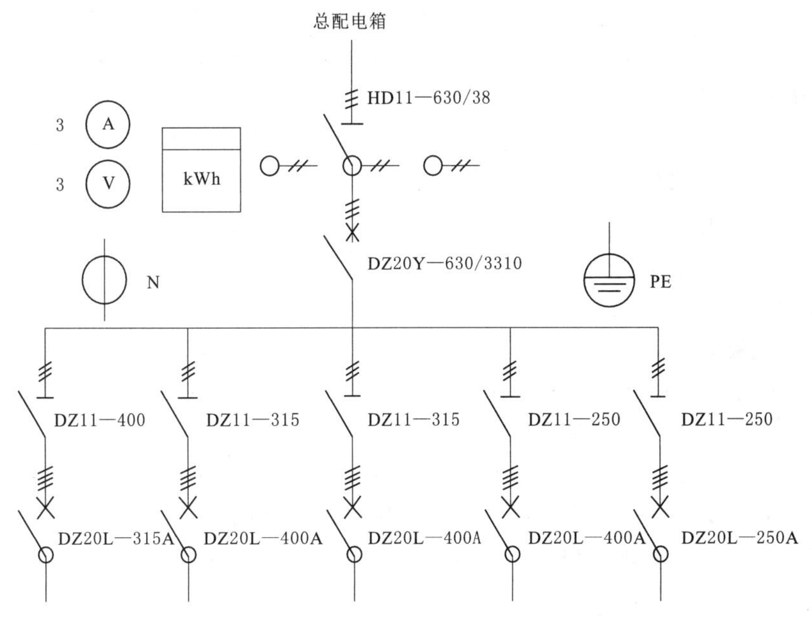

图 8.15　总配电箱供电系统图

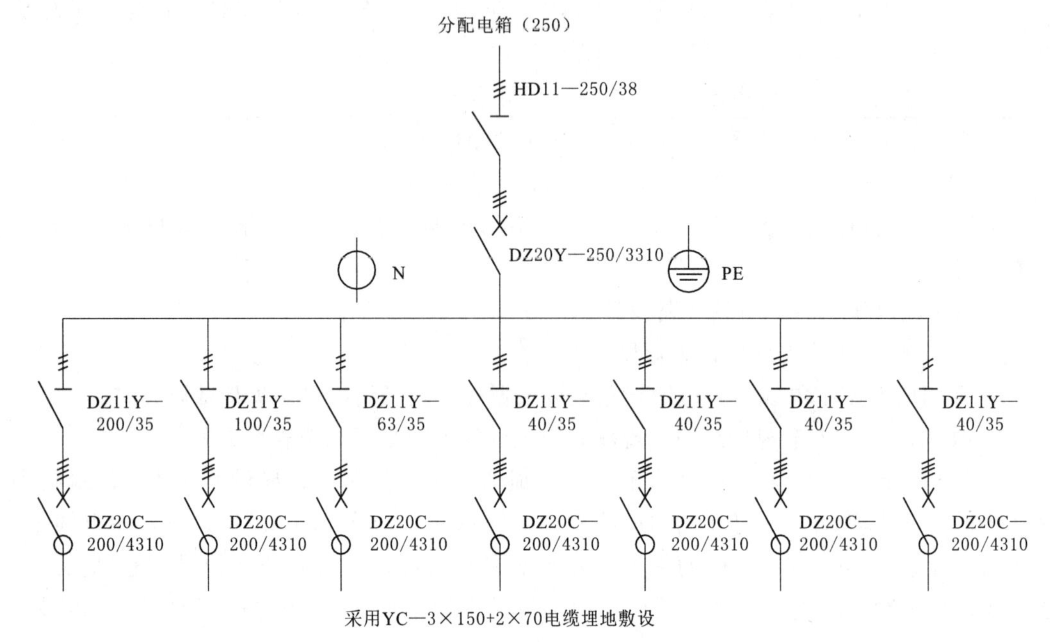

图 8.16 分配电箱接线图

a. 根据《施工现场临时用电安全技术规范》（JGJ 46—2005）规定，不论是总配电箱还是分配电箱，电器安装板上必须设置工作零线（N）端子板和专用保护零线（PE）端子板。开关箱内必须设置工作零钱接线柱和专用保护零钱接线柱。

b. 对于配电箱、开关箱的制作，箱内开关电器的设置，必须按照《施工现场临时用电安全技术规范》（JGJ 46—2005）第七章的具体规定实施。如箱体的铁板厚度≥1.5mm（不含油漆层），一律有防雨水的遮檐（用于室内也无碍），还要考虑散热问题，箱门连接的 PE 线应为两端压接端子（铜鼻子）的编织软铜钱。

c. 对于开关电器的接线首先要注意到导线的颜色，根据《建筑电气工程施工质量验收规范》（GB 50303—2002）规定，A、B、C 相、工作零线 N 和保护零线 PE 的颜色分别是黄、绿、红、淡蓝和黄绿双色。

（6）临时用电设备安装：略。

7. 临时道路、现场交通组织方案

（1）临时道路。

1）道路布置。施工主道路以 4.5m 宽的主施工道路为主，以满足施工车辆行走的载重要求。具体的布置见平面布置图。

2）场区地面硬化。施工现场场地硬化标准：施工生产、生活场地内的道路、场地进行硬化处理，做法为 10cm 厚 C15 混凝土。硬化场地及路面控制好标高，确保表面平顺，做到场内排水畅通，无积水现象，并在整个施工过程中加以维护。

（2）现场交通组织方案。

1）场内交通组织。

a. 场内道路及出入口布置。本工程施工有三个出入口，南区两个，北区一个。

b. 场内车流向组织。由于现场平面较大，施工项目较多，多个施工单位共用一个临时施工道路，现场车辆的进出由设在门口处的交通疏导员统一指挥。

2）防止交通拥堵措施。

a. 选择合理的施工时间进行混凝土浇筑施工，尽量避开交通流量高峰。

b. 浇筑大体量混凝土前两天，与业主取得联系，协调院内车辆的进出。同时，通过与交通管理部门联系、协调，了解浇筑混凝土当日是否因各种政治、社会活动存在临时的交通管制，并根据此调整相应的施工时间或者调整相应的行车路线。

c. 混凝土浇筑期间可能会遭遇部分路段的交通限时管制等问题。因此，施工前及时与交管、城管部门沟通，并办理相应的手续。

d. 材料运输车辆的驾驶员均要求有丰富的本地区驾驶经验，对交通状况有预判能力。避免交通事故的发生。

3）交通保证措施。

a. 本工程结构施工时大宗材料将安排在夜间 11：00 以后进场，以适应交通限行措施的要求。

b. 塔吊等大型机械设备安装时，提前选择运输路线，特别要考虑立交桥高度对运输路线的影响。

c. 钢筋、模板等材料根据进度要求，随时组织进场。

d. 装修期间的各种材料，例如幕墙材料、砌体、水泥以及机电管线等，由于日使用量较均衡且不大，均安排在每日夜间 11：00 之后进行运输。

4）安全文明施工保证措施。

a. 在大门入口设立整个施工现场的平面图，该平面图的设置先经过业主的审批。大门处设车辆清水池和沉淀池。

b. 与材料运输厂家明确交通运输道路，并对进出现场的时间进行确定。

c. 设立交通疏导员，本工程设立 4 人的场内交通疏导员，配戴袖标及持有对讲机，其中一人与业主相关部门联络，协调施工车辆与场区内其他车辆的交通，另有一人在现场门口疏导现场车辆的进出，其余两人在现场内进行指引，确保车辆的畅通运行。

d. 严禁车辆在场内抢行，并杜绝司机因车辆互相干扰而发生口角，避免车辆在主干道上长时间滞留。

8. 施工总平面布置及管理

（1）施工各阶段平面布置如图 8.17～图 8.24 所示（见书后折页）。

（2）施工平面布置的管理。

1）管理原则。根据施工总平面布置及各阶段布置，以充分保障阶段性施工重点，保证进度计划的顺利实施为目的。在工程实施前，制订详细的大型机具使用及进退场计划，主材及周转材料生产、加工、堆放、运输计划，同时制订以上计划的具体实施方案，严格执行、奖惩分明，实施科学文明管理。

2）平面管理体系。由项目经理部生产副经理负责施工现场总平面的使用管理，由项目副经理统一协调指挥。建立健全调度制度，根据工程进度及施工需要对总平面的使用进行协调和管理，工程部对总平面的使用负责日常管理工作。

3）管理计划的制定。施工平面科学管理的关键是科学的规划和周密详细的具体计划，在工程进度网络计划的基础上形成主材、机械、劳动力的进退场、垂直运输等计划，以确保工程进度，充分均衡利用平面空间为目标，制订出切合实际的平面管理实施计划。并将计划输入微机电脑，进行有效的动态管理。

4）管理计划的实施。根据工程进度计划的实施调整情况，分阶段发布平面管理实施计划，包含时间计划表、责任人、执行标准、奖罚条例，在计划执行中不定期召开生产调度会，经充分协调确定后，发布计划调整书。工程部负责组织阶段性的定期检查监督，确保平面管理计划的实施。其重点保证项目是：安全用电、场区内外环卫场区道路，给排水系统，垂直运输、料具堆放场地管理调整，机具、机械进退场情况，以及施工作业区域管理等。

8.2.9 工程进度计划与保证措施

1. 施工总体进度计划

（1）工程总工期。根据招标文件，本投标施组计划于2016年1月1日开工，竣工日期2017年5月6日，总工期491日历天。

（2）分包工程施工计划安排。我公司对分包工程进行了施工计划安排，主要以招标时间和进场时间作为控制点，详见表8.23。

表8.23　　分包工程施工计划

分包工程名称		招标时间	进场时间
专业分包工程	消防工程	2016-03-01	2016-06-01
	弱电工程	2016-03-10	2016-07-01
	电梯安装工程	2016-03-15	2016-09-20

同时，我公司在各分包确定后，为各分包项目的深化设计、图纸审批和采购订货预留了充分的时间。

（3）具体施工进度计划安排。施工总承包总体进度计划网络图详见图8.25（见书后折页）。

（4）进度计划的管理和控制。

1）进度计划编制原则。为保证各阶段目标的实现，除了抓紧进行施工前的各种准备工作之外，将采取如下施工步骤：

a. 根据平面布置原则和流水段划分原则，尽快创造条件，组织各区段内流水段的施工。

b. 初装修工程、机电工程在主体结构施工阶段及时插入，交叉进行施工。

c. 协助业主和相关单位抓紧进行专业分包工程的招标和队伍选择，以满足室内装修和机电各系统按计划实施。

d. 协助业主和相关单位抓紧进行材料设备选型、招标，以满足各种材料设备按计划进场。

2）进度计划编制形式。以工程总控计划为依据，制定分阶段工期控制目标，即：

①土方施工完成时间；②基础及地下结构施工完成时间；③主体结构施工完成时间；④装饰装修和机电管线安装完成时间；⑤综合调试及竣工验收完成时间。

为实现各阶段目标，采取四级计划进行工程进度的安排和控制。各计划的编制均以上一级计划为依据，逐级展开。四级施工进度计划通过总进度计划、六个月滚动计划、月计划和周计划的形式来体现。

a. 总进度计划：以合同要求的工期和合同中规定的工作内容为依据编制的总控制计划，是为施工总决策人提供的一个概要性计划。

b. 六个月滚动计划：该计划是承包商进行计划管理的主要进度计划，是施工管理和按照规定向甲方提交每季施工进度报告的基础，其内容是对总进度计划的适当细化。

c. 月计划：是总承包商作为当月工程施工的主要计划，该计划要体现出机械设备使用状况、必要的临时工作、各项工程内容工作的持续时间和施工顺序以及各分包商之间交叉配合的安排。向甲方提交月进度计划中还包括工程进度照片。

d. 周计划：是详细的阶段进度计划和实现总进度计划的根本保证，该计划是我公司施工进度管理的重点。响应甲方的招标文件，我公司每周提交一分周报告，内容主要包括各种人员数量，各种主要机械设备和车辆的型号、数量、台班，工作的区段，天气情况记录，特别事项说明，上周进场物资、设备的分类汇总表，用于次周的工程进度计划等。

在开工日期起计 7 天内，我公司将提交一份详尽的施工进度计划，进度计划包括预期的施工方法、施工阶段和次序、设计、采购、建造、安装、试运行、移交等内容。同时包括所有专业分包工程及材料供货单位的工作。

3）进度计划的动态控制。施工进度计划的控制是一个循序渐进的动态控制过程。施工现场的条件和情况千变万化，工程经理部将及时掌握与施工进度有关的各种信息，不断将实际进度与计划进度进行比较，一旦发现进度拖后，认真分析原因，并系统分析对后续工作所产生的影响，在此基础上制定调整措施，以保证项目最终按预定目标实现。

a. 计划对比。

（a）进度对比基线确定。

总体进度计划：我公司将以施工合同中约定的竣工日期为最终目标，考虑工艺关系、组织关系、搭接关系、劳动力计划、材料计划、机械计划及其他保证性计划等因素编制总体进度网络计划，确认关键线路，同时将地下结构施工、主体结构封顶、机电设备安装插入、外幕墙插入等时间作为关键时间点，进行分阶段控制。总体进度计划经过甲方、监理、总包共同确认后作为总体进度计划控制的基线及衡量总体进度偏差的标准。

各主要子分部分项工程进度计划：在总体进度计划的控制下，对各主要分部分项工程编制子计划，同时督促指导各专业承包商依据总体进度计划编制专业施工总进度计划，以批准后的分部分项子计划作为控制基线，在施工过程中，为避免计划实施出现较大的偏差，分部分项计划以周计划为实施单元，以月计划为阶段控制。

（b）进度计划编制。总体进度计划用网络图进行表示，确定关键线路及相关工序搭接关系，月、周计划作为有效的进展报告，用横道图表示，统一用 Project 软件进行编制，各分承包商每月 25 日提供次月施工计划，每周五提供次周施工计划。

月计划包括与之相应的配套计划：有劳动力计划、材料供应计划、设备供应及使用计划、技术质量配合计划、现场条件准备计划、工程款收支计划等。

周计划包括生产进度计划、设备材料进场计划、劳动力和机械设备使用计划、现场条件准备计划、上周计划控制记录和原因分析。

(c) 计划对比方法。在项目进度计划管理中，采用国际通用的计划评审技术（PERT）、关键线路法（CPM）和优先序图法（PDM），依照进度基线及实际进度情况，进行对比分析。

(d) 计划对比实施。总、分承包单位成立由项目经理、生产经理、计划人员、作业队长、班组长参加的项目进度控制体系。总承包单位跟踪计划的实施进行监督，分承包单位必须及时反映干扰问题，当发现进度计划与实际进度超过允许偏差时，实施纠偏措施。

每天早8：30各分承包单位项目经理与总承包单位项目经理碰头，解决影响施工进度的重大问题。每天进行总、分包单位生产协调会，各分承包单位汇报当日生产进度，劳动力机械数量及生产效率、有无窝工情况、影响进度的原因等，与周计划进行对比，根据当天工程完成情况进行第二天生产安排、材料进场安排以及对相关制约因素的预测等。

b. 计划偏差的原因分析。出现进度偏差的原因主要有：资源供应中断，供应数量不足，供应时间不能满足要求；由工程变更引起的资源数量品种变化；管理人员数量不足或能力不能达到要求；其他原因。

c. 计划纠偏。

(a) 计划进度偏差标准：如关键线路施工工序进度落后计划3天以上，非关键线路施工工序进度落后计划5天以上者，进入纠偏程序，根据偏差的具体情况，采用赶工或快速跟进的方法进行纠正。

(b) 赶工方法：如关键线路出现实际进度落后计划的情况，项目部在进行认真研究分析之后，在相关工序上投入更多的人力物力，在最低费用的前提下将关键线路合理缩短。具体措施包括利用施工进度网络图找出关键线路，并明确总工期；确定关键线路上每道工序的赶工费用及可调整的赶工时间；将投入最少、可缩短时间最多的工序挑选出来，将人力物力投入到该工序中进行赶工，如调整后工期达到计划要求，则进度纠偏完成，如仍然达不到计划要求，则继续在关键线路中寻找合理工序进行赶工；每一道工序调整后，必须利用网络图对关键线路进行监测，如发生关键线路改变的情况，则依据新的关键线路进行合理赶工工序挑选。

(c) 快速跟进方法：如发生非关键线路落后进度计划的情况，则使用快速跟进的方法，具体包括分析整个网络图及关键线路，看有哪些工序可平行进行施工，不涉及紧前紧后关系，使得多工序并行施工；分析后，挑选出增加费用最低的可调整工序，投入更多的人力物力将其提前上来，与计划先施工的工序并行施工；每一道工序调整后，必须利用网络图对关键线路进行监测，如发生关键线路改变的情况，则依据新的关键线路进行合理的工序挑选；在采用快速跟进方法的时候，必须加大项目部管理力量，因为超计划的多道工序并行施工，需要更多的监督和协调、控制，需要更大的管理力度。

计划对比及纠偏流程如图8.26所示。

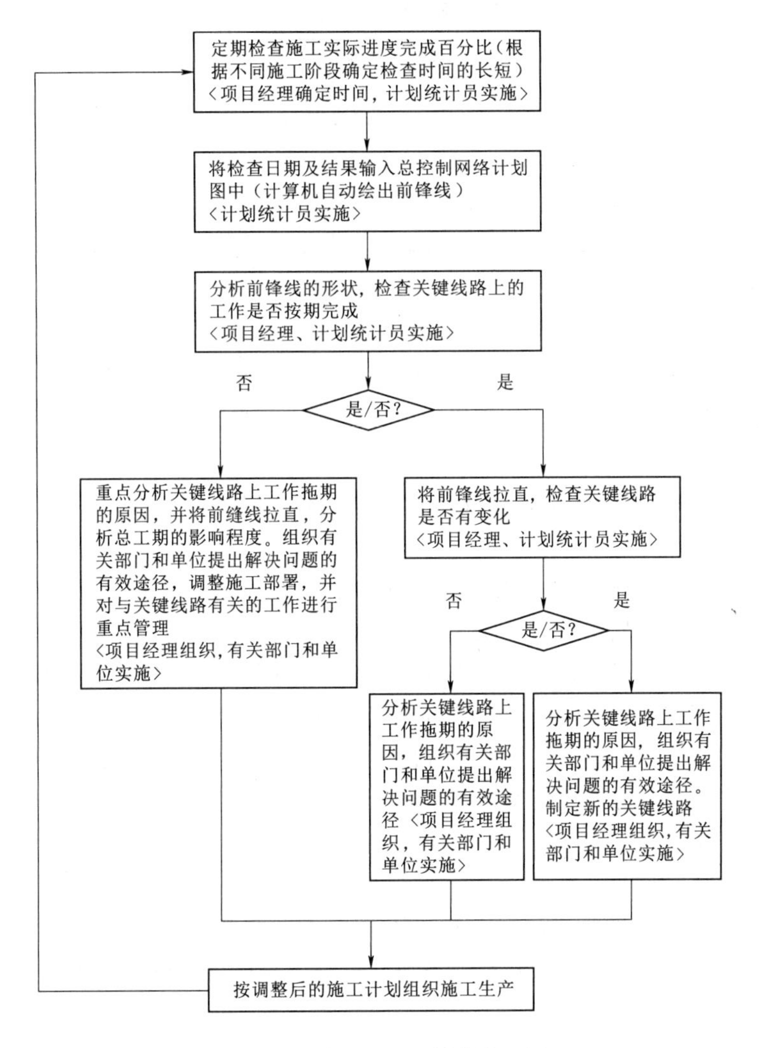

图 8.26 计划对比及纠偏流程图

2. 工期保证措施（略）

8.2.10 冬、雨季施工和措施

本工程计划开工时间为 2016 年 1 月 1 日，计划竣工时间为 2017 年 5 月 6 日，总工期 491 日历天，先后将历经两个冬季期和一个雨季，时间跨度大，几乎所有重要的施工项目都牵涉到季节性施工问题，且工程质量要求高，现场环境复杂。本工程现场环境复杂，所以季节性施工的组织、管理将是影响工程进度和质量的重要因素。

根据总进度计划的安排，本工程在冬、雨季施工的主要项目见表 8.24。

本节内容是在环境条件限制条件下，根据冬、雨季天气和不利气候对工程施工的有关规范和要求，对以上施工项目所采取的针对性措施，目的是在保证工程进度的基础上，如何确保施工质量。

表 8.24　　冬、雨季施工的主要项目

冬 季 施 工	
2016年初冬季施工项目	土方工程、基础工程
2016—2017年冬季施工项目	装修工程、机电工程
雨 季 施 工	
2016年雨季施工项目	结构工程、装修工程、机电工程

1. 冬季施工方案

（1）冬施部署。

1）根据××地区的气候特点，每年11月中至第二年3月中旬期间属于冬季，各级管理人员在工作安排上应充分考虑冬施影响，对不宜进行冬施的施工项目应尽量安排在冬季以外施工。

2）建立系统的组织管理体系。现场总承包方成立以项目经理为负责人的冬季施工领导小组。

3）总承包方及各分包单位在冬施前将编制有针对性的冬季施工方案并报监理单位审批，方案中明确具体的质量管理及安全管理措施。

4）每年11月初派专人进行大气测温工作，并做好每日最高温度、最低温度及平均温度的记录。按照当室外日平均气温连续5天稳定低于5℃即进入冬季施工，当室外日平均气温连续5天高于5℃时解除冬季施工的原则，总承包方将根据大气温度记录情况以书面形式下达进入冬施和解除冬施通知。

（2）冬施准备。

1）技术准备。

a. 凡进行冬季施工的施工项目，技术人员均要认真审核施工图纸，对不宜冬季施工的工艺及做法，应及时与设计单位研究解决。并在不影响施工进度关键线路的基础上进行适当调整。

b. 由技术部门组织冬施方案的技术交底工作，做到各项技术保证措施的贯彻实施。

2）现场准备。

a. 由安保部门组织相关人员进行一次现场全面检查工作，消除安全隐患，检查内容主要包括暂设采暖、边坡稳定、临水管线保温、大型机具维护、材料码放、脚手架的稳定、临边洞口的封闭及现场照明等。

b. 做好施工人员的冬季施工培训及安全交底工作，加强施工人员防风、防滑、防寒、防火、防中毒等方面的安全意识。

c. 现场的办公用房、库房、钢筋加工棚、试验室、临水管线等均要做好保温防风工作。试验室内应保证其温湿度达到规范要求。

d. 冬季施工前建筑物外围护结构完成，为冬季室内工程施工创造必要条件。

3）材料准备。

a. 冬施前各种胶、涂料等易冻材料应及时入库，并做好库房防火、防毒工作。

b. 提前按技术方案的要求备好各种保温材料，要保证采取冬施措施时能够马上投入

使用。

（3）主要施工技术措施。

1）土方工程。挖土方施工在没有特殊情况下应连续进行，若因特殊情况在挖土过程中有长期停工时，应采用翻松耙平法施工，即把裸露部位的表层土翻松耙平，其厚度宜为25～30cm，并用阻燃草帘子和塑料薄膜覆盖。

人工清槽后，应立即要求甲方、设计、监理、勘探院等会同项目部一起验槽，并及早施工垫层混凝土，开始基础施工。若因客观原因不能连续施工时，应用阻燃草帘子和塑料布覆盖，若停工时间过长，还应在塑料布上虚铺 30cm 虚土加强保温效果。

2）地基与基础工程。对建筑物的施工控制坐标点、水准点及定位点的埋设应采取防止土壤冻胀、融沉变位和施工振动影响的措施，并应定期复测校正。

基础施工时，各部位宜同时进行。严禁局部晾晒。并随着基础施工，回填侧土，分层夯实，以使基础下冻层均匀融化。

切实做好施工场区的排水沟，施工过程中，严禁施工用水或雨水等浸泡基槽，冬季雪天、雪后及时清理基槽、护栏、结构屋面、马道等位置的积雪。

进入冬季施工之前完成土方开挖及垫层的浇筑，用于房心回填的土壤，采用塑料薄膜及双层草帘子覆盖，长时间不使用的回填土，在塑料薄膜上覆盖一层干燥的土壤，并覆盖草帘子。

3）钢筋工程。

a. 钢筋在负温下的力学性能。在负温条件下，钢筋的力学性能要发生冷脆性变化：屈服点和抗拉强度增加，伸长率和抗冲击韧性降低，脆性增加。

影响钢筋负温力学性能的因素很多。钢材的化学成分如碳、磷、硅的含量都要增加其冷脆性，而镍、钒、钛的存在则可以改善韧性。钢筋在冷拉后冷脆性增加。时效对低强度钢筋特别是对碳素钢筋的塑性和韧性影响较大，而对Ⅳ级钢筋的影响并不十分显著。钢筋的接头经焊接后热影响区的韧性将要降低，若焊接工艺掌握不当，将使钢筋的塑性和韧性明显下降，综合性能变劣，如果焊接接头冷却过快或接触冰雪也会使接头产生淬硬组织。此外钢筋在加工过程中所造成的表面缺陷如刻痕、撞击凹陷、焊接烧伤和咬肉等也会显著增加其冷脆性。

b. 钢筋的负温冷拉。在负温条件下采用控制伸长方法冷拉钢筋时，如伸长率与常温施工相同，则对钢筋质量无明显影响。所以负温冷拉应采用与常温施工相同的伸长率。

在负温条件下采用控制应力方法冷拉钢筋时，由于伸长率随温度降低而减少，如控制应力不变，则伸长率不足，钢筋强度将达不到设计要求。因此在负温下冷拉的控制应力应较常温提高 30MPa。

c. 钢筋的负温焊接。冬季在负温条件下焊接钢筋，应尽量安排在室内进行。如必须在室外焊接，其环境温度不宜低于－20℃，同时应有防雪挡风措施。焊后的接头，严禁立刻碰到冰雪。

4）混凝土工程。

a. 混凝土的搅拌。冬施期间结构混凝土优先选用普通硅酸盐水泥或硅酸盐水泥，搅拌时按计算比率掺加早强型防冻剂。

根据工程具体情况进行热工计算，确定混凝土入模温度，搅拌站根据方案要求采取加热原料、加强保温等措施对运抵现场、即将浇筑的混凝土温度加以保证。

b. 混凝土的浇筑。考虑夜间散热的不利影响，根据需要，在风口部位做好浇筑段的小环境保温。同一施工段水平结构或竖向结构同一构件混凝土应连续浇筑。施工人员认真测量各部位混凝土的入模温度和养护温度，采取可靠保温措施满足混凝土养护要求，达到热工计算指标。

c. 混凝上的养护。冬施期间混凝土采用综合蓄热法养护，即在混凝土中掺加合理的外加剂，利用原材料加热及水泥的水化热的热量，通过适当保温，延缓混凝土冷却，使混凝土温度降到0℃或防冻剂的规定温度前达到预期要求的强度。

混凝土浇筑前对模板提前按热工计算要求做好保温工作，混凝土浇筑完成后立即对混凝土表面进行保温。保温层材质和厚度严格按热工计算要求进行控制，对边棱、角部的保温厚度，增到大面部位的2～3倍。

混凝土测温采用电子测温仪，从混凝土入模开始至混凝土达到受冻临界强度前（4.0N/mm^2），每隔2h测温一次，达到受冻临界强度以后每隔6h测温一次，当混凝土温度与大气温度接近时停止测温。混凝土早期强度采用成熟度法进行检验，以确定混凝土在受冻前是否达到临界强度。

冬季混凝土试块除了按照规定取样做标准养护试块外，还要留设两组冬施同条件养护试块，用于检查混凝土是否满足临界强度要求及冬施结束转入常温养护28d的强度。同条件养护试块应放置在现场相应部位，要保证养护条件与施工现场结构养护条件相一致。

5）模板工程。水平构件所采用的覆膜木质多层板模板，保温性能较好，冬施期间在模板外侧是否再附加保温层以及保温层的厚度由热工计算进行确定。模板的拆除时间通过推算混凝土的成熟度值和试压混凝土同条件试块确定，并充分考虑构件温度与环境温度的温差，防止构件表面受急剧冷却而致构件内部产生温度裂缝和构件表面皲裂。

6）内装修工程。装修工程施工前尽快完成维护结构施工，为冬季室内装修工程施工做好准备。

冬施前将各出入口进行封闭保温，保证室内不出现较大流动气流。

内装修材料一般具有易挥发成分或有毒气体，冬施期间室内气体流动较少，为此我方将安排专人负责监督材料的存放和施工时的安全。

7）机电工程。结合各专业的特点、冬季的季节特点、工作环境条件与所施工项目的特点，编制机电专业冬季施工技术综合措施或单项冬季施工措施，并认真落实到人。

冬季施工应做好五防：“防火、防滑、防冻、防风、防煤气中毒”。坚决杜绝生火取暖。

8）脚手架工程。冬施期间要随时清理脚手架上的积雪、杂物，一方面减少脚手架的雪荷载，另一方面避免出现人员滑倒事故。加强脚手架与结构间的拉接，提高脚手架抗风能力。冬季应在大风后、降雪后及时检查脚手架、安全网的工作状态，发现问题及时修补。冬季施工结束后及时检查脚手架基础是否稳定，避免由于土层解冻造成脚手架下沉。

2. 雨季施工方案

（1）雨季施工部署。雨季施工以预防为主，强调提前做好生产部署，采用防雨措施和

加强排水手段确保雨季正常的施工生产，不受季节性气候的影响，各级管理人员在工作安排上应充分考虑雨施影响，对不宜进行雨施的施工项目应尽量安排在雨施期以外施工。

现场成立以项目经理为负责人的雨季防汛领导小组，负责安排、管理、落实、检查各项雨施工作，各分包单位均成立各自的雨施管理小组，负责对各自施工项目的雨施管理工作。

我公司及各分包单位在进场及每年雨季施工前必须编制有针对性的雨季施工方案并报监理单位审批，方案中应具体明确质量管理及安全管理措施。

（2）雨季施工准备。

1）技术准备。凡进行雨季施工的施工项目，技术人员均要认真审核施工图纸，对不宜在雨季施工的工艺、做法及材料，应及时与设计单位研究解决。

由技术部门组织雨施方案的技术交底工作，有问题及时解决，要做到各项技术保证措施的具体实施。

2）现场准备。

a. 雨施前由安保部门组织相关人员进行一次现场全面检查工作，消除安全隐患，检查内容主要包括暂设防雨、边坡稳定、暂电线路的安全、机械设备的防雨设施、塔吊或外用电梯等高大设备的防雷接地、施工现场的排水情况、脚手架是否稳定、材料码放、临边洞口的封闭及现场照明等。

做好施工人员的雨季施工培训及安全交底工作，对电工、架子工、电焊工、塔司等特殊工种要结合其工作的性质及特点进行有针对性的安全交底；对钢筋工、混凝土工等一般工作要强调雨施的技术要求及安全要求。

b. 现场的办公用房、库房、加工棚、试验室等暂设均要做好防雨工作；施工期间所用机械应做好防雷、防雨、防潮、防漏电等措施，机电设备的电闸箱必须安装接地保护装置。

c. 雨季来临前应在施工现场及边坡四周提前做好挡水、排水措施，保证现场排水畅通、不积水、不灌槽。运输道路进行硬化处理，并在道路两旁做排水沟，保证现场道路不滑、不陷、不积水。

d. 对地下部分窗井及各种通道、洞口，加以遮盖或封闭，防止雨水灌入。

3）材料准备。雨季前各种易受潮、生锈的材料应根据情况分别采取垫高、入库、苫盖等保护措施，并做好库房防火、防雨工作。

雨季施工前材料部门需认真组织有关人员分析雨施生产计划，根据雨施项目提前准备雨季所需材料、设备和其他用品，如水泵、抽水软管、塑料布、苫布等。

（3）主要施工技术措施。

1）钢筋工程。钢筋分批进场，尽量减少钢筋在现场的存放时间。钢筋存放场地应硬化并适当垫高，以防钢筋被锈蚀和污染。直螺纹钢筋接头加工完后必须戴保护帽，现场对接时方可取下。锈蚀的钢筋必须经除锈处理后方可使用。

2）模板工程。模板存放场地应平整、坚实、排水畅通，模板拆下后应放平存放，以免变形。多层板易变形，应尽量避免长时间受潮。在金属、混凝土或其他热容量大的材料表面浇筑混凝土之前必须先浇水将之冷却。模板面的脱模剂如被雨水冲泡，在使用前应重

新涂刷。

3）混凝土工程。雨季施工阶段搅拌站应根据骨料含水率随时调整配合比。

及时掌握天气预报，混凝土施工应尽量避免在雨天进行。大雨和暴雨天不得浇筑混凝土。

混凝土在浇入模中时的温度不得超过摄氏32℃，搅拌站及现场必须采取有效措施控制混凝土入模温度，例如预先冷却搅拌用水、运输及浇筑过程中加强遮阳等。

浇筑混凝土遇到小雨时，应采取必要的保护措施，如对地泵的进料口进行遮挡、浇筑混凝土时分区域进行，浇筑完一个区域随抹随覆盖；雨大时，应停止浇筑，并按规范留茬处理。已入模正进行振捣成型的混凝土遇雨应立即苫盖。

混凝土浇筑完初凝后浇水养护，但应依据雨季施工的特点及时进行调整，如未初凝混凝土遇雨应进行覆盖，等初凝后可取消覆盖，雨停后仍应进行正常养护。

4）脚手架工程。雨季前对所有脚手架进行全面检查，脚手架立杆底座必须牢固，并加扫地杆，同时保证排水良好，避免积水浸泡。所有马道、斜梯均应钉防滑条。使用过程中应定期检查，防止扣件松动并保证防护网、挡脚板、脚手板的牢固，发现隐患立即停止使用并进行维修。

5）内、外装修工程。内、外装修施工时工作面基本不会直接受到雨淋，施工过程中主要注意各种原材料在运输、存放过程中的防雨防潮。

6）机电工程。现场所有用电设备，闸箱、输电线路进行安装时均考虑防潮措施，并符合用电安全规则，保证雨季安全用电。对其他精密仪表要加强防护，避免损坏，影响精度。

对于保温风管要加盖帆布，对敷设电缆及导线两端用绝缘防水胶布缠绕密封，防止进水影响其绝缘性，对仪表要用塑料袋覆盖并扎紧下部。

氧气、乙炔瓶不能放在太阳下曝晒，应有妥善的保护措施。

3. 冬、雨季环保、安全措施（略）

参 考 文 献

[1] 中华人民共和国住房和城乡建设部．GB/T 50502—2009 建筑施工组织设计规范 [S]．北京：中国建筑工业出版社，2009.

[2] 中华人民共和国住房和城乡建设部．JGJ/T 188—2009 施工现场临时建筑物技术规范 [S]．北京：中国建筑工业出版社，2009.

[3] 李子新，汪全信，李建中，等．施工组织设计编制指南与实例 [M]．北京：中国建筑工业出版社，2007.

[4] 姚玉娟．建筑施工组织 [M]．武汉：华中科技大学出版社，2013.

[5] 危道军．建筑施工组织 [M]．北京：中国建筑工业出版社，2014.

[6] 毛小玲，江萍．建筑施工组织 [M]．武汉：武汉理工大学出版社，2015.

[7] 鄢维峰，印宝权．建筑工程施工组织设计 [M]．北京：北京大学出版社，2018.

[8] 张守金，康百赢．水利水电工程施工组织设计 [M]．北京：中国水利水电出版社，2008.

[9] 张玉福．水利工程施工组织与管理 [M]．郑州：黄河水利出版社，2009.

[10] 孟秀英，谢永亮，段凯敏．水利工程施工组织与管理 [M]．武汉：华中科技大学出版社，2013.

[11] 聂俊琴，张强．水利水电工程施工组织与管理 [M]．北京：中国水利水电出版社，2015.

[12] 肖云川，周祥，李傲，等．水利水电工程施工组织与管理 [M]．郑州：黄河水利出版社，2016.

[13] 刘能胜，钟汉华，冷涛，等．水利水电工程施工组织与管理 [M]．北京：中国水利水电出版社，2016.

[14] 芈书贞．水利工程施工组织与管理 [M]．北京：中国水利水电出版社，2016.

[15] 张智涌，双学珍．水利水电工程施工组织与管理 [M]．北京：中国水利水电出版社，2017.

[16] 钱波，郭宁．水利水电工程施工组织设计 [M]．北京：中国水利水电出版社，2017.

[17] 钟汉华，薛建荣．水利水电工程施工组织及管理 [M]．北京：中国水利水电出版社，2017.

[18] 金晶．水利水电工程施工与组织 [M]．郑州：黄河水利出版社，2018.

[19] 田利萍．水利工程施工组织与管理 [M]．郑州：黄河水利出版社，2019.

[20] 刘宏丽．水利水电工程施工组织与管理 [M]．郑州：黄河水利出版社，2019.

表 8.6

M 水库第一溢洪道改建工程施工 1 标(土建)施工总进度计划

标识号	任务名称	工期	开始时间	完成时间
1	**密云水库第一溢洪道改建工程施工1标（土建）**	**732工作日**	**2019年6月20日**	**2021年6月20日**
2	**前期施工准备，具备施工条件日期**	1工作日	2019年6月20日	2019年6月20日
3	**迁建钢筋混凝土拆除、石方开挖和边坡防护**	**230工作日**	**2019年6月20日**	**2020年2月4日**
4	修筑拆除、开挖临时施工道路	25工作日	2019年6月20日	2019年7月14日
5	新建闸墩挡墙上的石方开挖	105工作日	2019年7月15日	2019年10月27日
6	新建闸墩钢筋混凝土挡墙拆除，及石方开挖	70工作日	2019年10月28日	2020年1月5日
7	新建闸墩钢筋混凝土模板拆除，及石方开挖	50工作日	2019年12月17日	2020年2月4日
8	**新旧闸口段施工**	**507工作日**	**2020年1月22日**	**2021年6月11日**
9	帷幕灌浆地基处理	45工作日	2020年1月22日	2020年3月6日
10	底板、闸墩及钢筋混凝土施工	200工作日	2020年3月7日	2020年9月22日
11	预应力T梁制作	210工作日	2020年7月25日	2021年3月19日
12	T梁吊装及上部建筑物施工	75工作日	2020年8月24日	2020年11月6日
13	闸门及启闭机安装调试（2标施工）	65工作日	2020年10月23日	2020年12月26日
14	挡水闸门安装，及现状胸墙、交通拆除	75工作日	2020年12月22日	2021年3月6日
15	现状闸墩加高及T梁吊装	85工作日	2021年2月16日	2021年5月11日
16	T梁上部铺设施工	31工作日	2021年5月12日	2021年6月11日
17	**新建泄洪段施工**	**709工作日**	**2019年6月21日**	**2021年5月29日**
18	现状泄槽挑坎及底板钢筋混凝土拆除	150工作日	2019年6月21日	2019年11月17日
19	新建泄槽段石方开挖及边墙钢筋混凝土拆除	400工作日	2019年10月28日	2020年11月30日
20	底板钢筋混凝土拆除（两侧边坡开挖工作&压占部位）	400工作日	2019年12月17日	2021年1月19日
21	新建泄槽边墙混凝土施工	400工作日	2020年2月5日	2021年3月10日
22	172m泄槽段底板混凝土施工	400工作日	2020年3月25日	2021年4月29日
23	临时道路压占泄槽底板混凝土施工	90工作日	2021年1月30日	2021年4月29日
24	挑坎混凝土施工	90工作日	2021年3月1日	2021年5月29日
25	**下游河道防护施工**	410工作日	2019年10月28日	2020年12月10日
26	**配套管网设施等**	85工作日	2021年3月13日	2021年6月5日
27	**工程扫尾**	9工作日	2021年6月12日	2021年6月20日

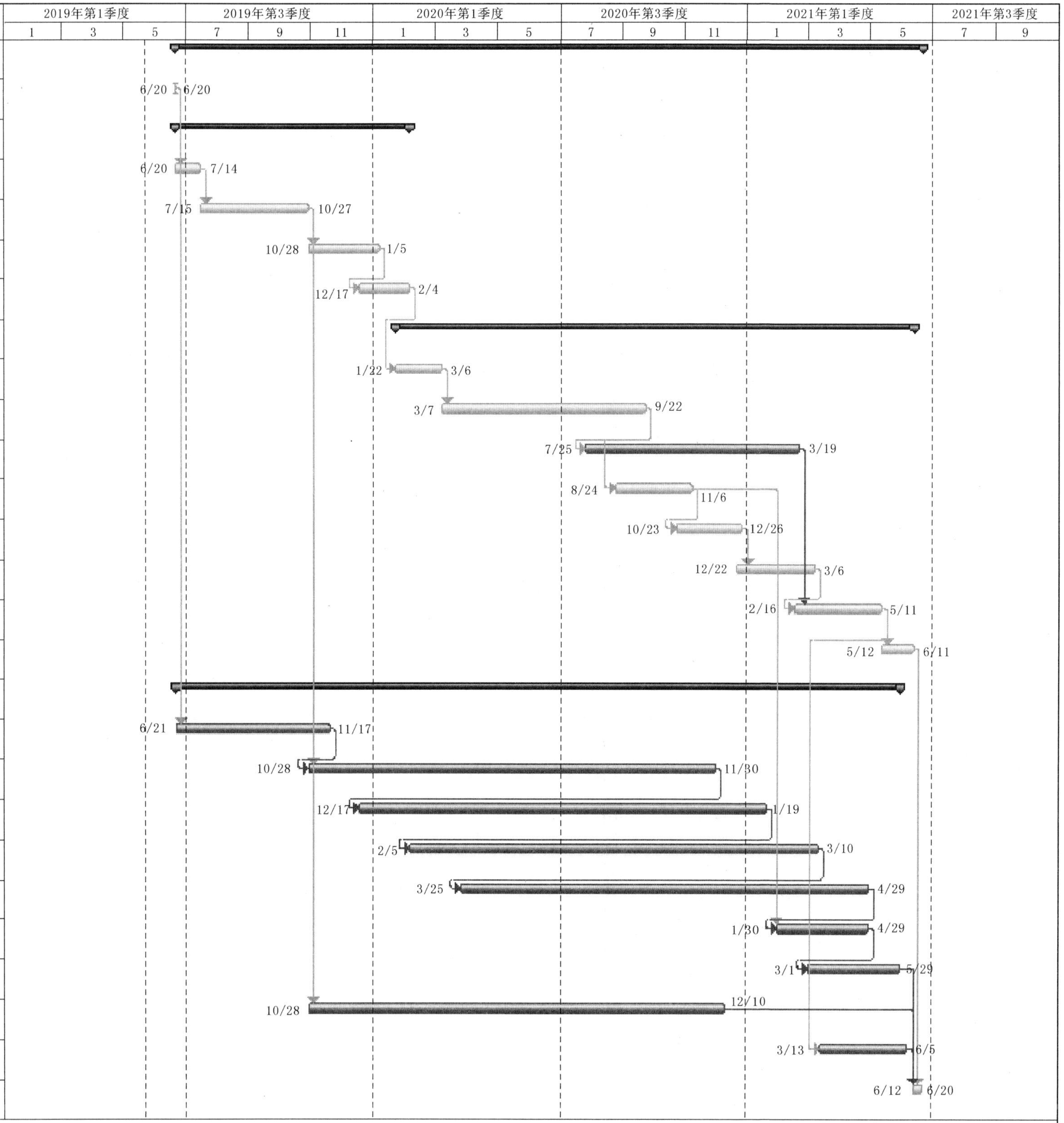

项目：密云水库第一溢洪道改建工程施工1标（土建）

0任务 进度 摘要 总成型关键任务 总成型进度 外部任务 摘要分值

关键任务 里程碑 总成型任务 总成型里程碑 拆分 项目摘要 期限

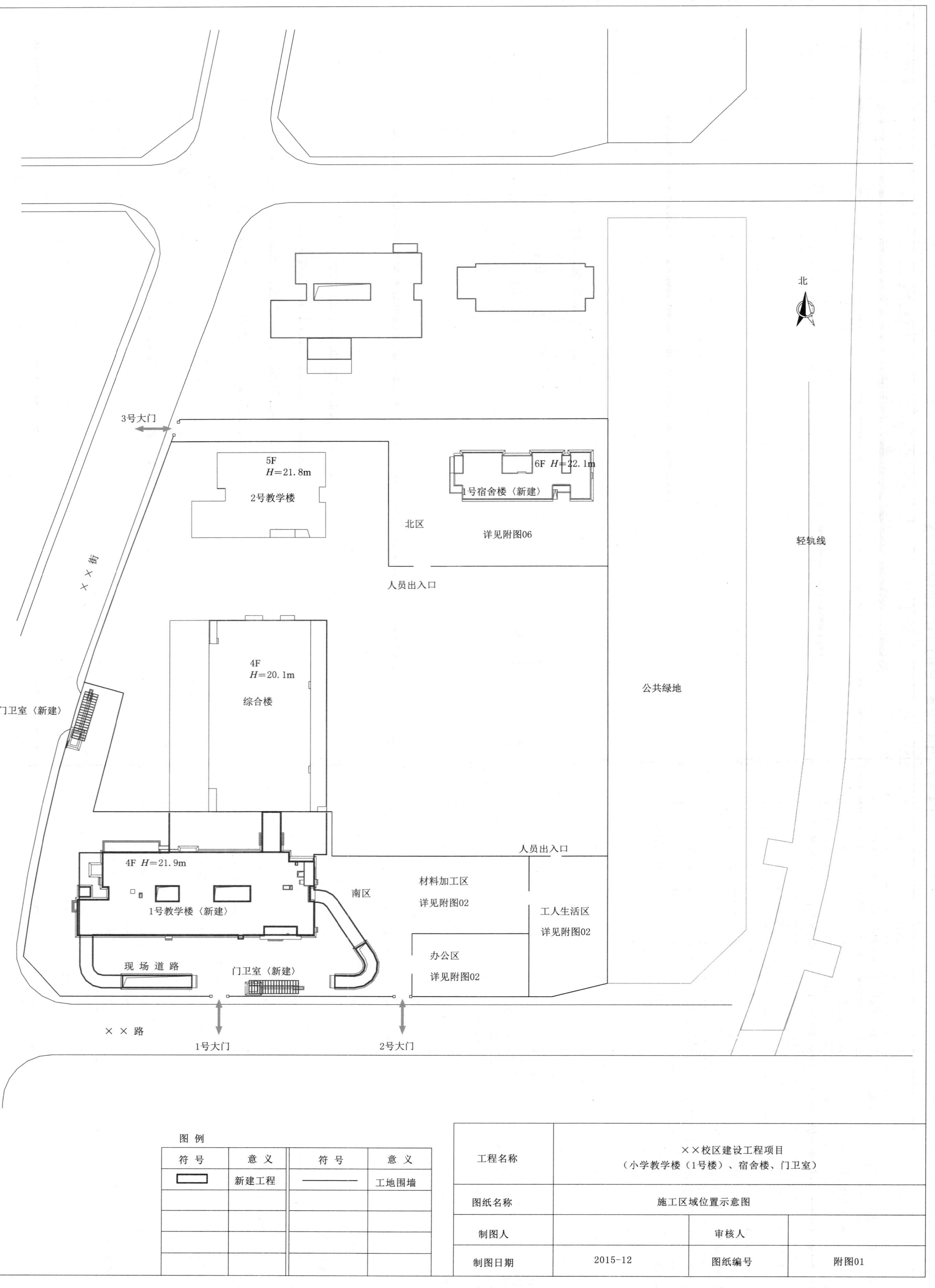

图 8.17　施工区域位置示意图